인공지능 시대의 인간학

인공지능과 인간의 공존

이 저서는 2016년 대한민국 교육부와 한국연구재단의 지원을 받아 수행된 연구임
(NRF-2016S1A5A2A03927217)

인공지능과 인간의 공존

인공지능 시대의 인간학

Humanology of Artificial Intelligence

이중원 엮음

이중원 · 목광수 · 이영의 · 이상욱 · 박충식 · 천현득 · 고인석 · 신상규 · 정재현 지음

한울
아카데미

자율주행차, 의사 왓슨, 변호사 로스, 인공지능 문인과 예술가 등에서 보듯이 인공지능(로봇)은 이미 인간 사회에 깊숙이 들어와 있고, 앞으로 더 빠른 속도로 우리 삶의 일부가 될 것이다. 그리고 시간이 지날수록 이들은 수동적 존재가 아니라 스스로 자율적 판단을 내리고 행동을 결정하는 능동적 행위자이자 비인간적 인격체로 거듭날 것이다. 실제로 많은 미래학자들은 다양한 형태의 인공지능이 지수적인 기술 발전의 결과로 수십 년 내에 인간의 지능을 뛰어넘는 상황, 즉 특이점(singularity)이 도래할 것이라고 주장하고 있다. 또한 인공지능 연구자들은 대체로 미래학자보다는 조심스럽지만 여전히 컴퓨터 하드웨어 및 머신러닝 기법의 혁신적인 발달로 언젠가는 인간 수준의 지능을 갖춘 인공지능이 등장할 것이라는 점을 부인하지 않는다. 이러한 인공지능(로봇)의 출현으로 인간은 과거에 전혀 경험하지 못한 새로운 삶을 접하고 새로운 유형의 윤리적·사회적·법적 문제들에 직면하게 될 것이며 인간과 인공지능의 공존이라는 새로운 과제를 떠안게 될 것이다.

이 문제에 좀 더 능동적이며 미래지향적으로 대처하는 것이 필요하다는 판단하에, 2016년부터 3년간 인공지능에 관한 존재론적·윤리학적·인간학적 관점에서의 체계적인 철학 연구, 곧 [포스트휴먼 시대의 인공지능 철학]에 대한 연구 프로젝트를 시작했다. 인공지능(로봇)에 대한 막연한 두려움이나 단순한 도구주의적 관점을 넘어, 인공지능의 본성, 존재론적 지위, 사회적 역할 등을 통합적으로 검토, 체계적인 인공지능의 철학 체계를 구축하는 일이 필요했기 때문이다. 도대체 인공지능의 정체가 무엇인가, 스스로 학습하여 똑똑해지는 이들을 우리는 어떤 존재자로 봐야 할 것인가, 이들의 등장으로 인간의 생활세계는 어떻게 달라질 것인가, 달라진 생활세계에는 어떤 윤리적 문제들과 사회적 문제들이 발생할 것인가, 우리는 이들과 어떻게 공존할 것인가, 다가올 포스트휴먼 시대에 인간의 정체성은 무엇인가 등등. 이러한 질문들을 우리가 얼마나 진지하게 숙고하고 이에 어떻게 선제적으로 대응하는가에 따라, 앞으로 다가올 포스트휴먼 시대에 대한 인간의 대처 능력은 많이 달라질 것이다.

[포스트휴먼 시대의 인공지능 철학]에 관한 연구 프로젝트가 지향한 바는 포스트휴먼 시대 인공지능의 철학 체계를 미래의 관점에서 구축하는 것이다. 인간 중심적 관점에서 벗어나 포스트휴먼 관점에서 인공지능의 본성을 평가할 수 있는 인공지능의 존재론, 인공지능의 윤리학, 인공지능의 인간학의 통합 체계를 구축하는 것이다. 이 연구 결과의 일부는『인공지능의 존재론』(2018)과『인공지능의 윤리학』(2019)으로 이미 출간되었다.

2018년에 출판된『인공지능의 존재론』은 인공지능의 과학적-공학적 측면에 대한 검토에서 출발하여, 인공지능의 존재론적 지위와 본성을 철학적 관점에서 정립하고자 했다. 특히 인격체의 다양한 요소들에 대한 철학적 분석을 토대로, 인공지능이 비인간적 인격체라는 지위를 부여받을 가능성을 모색했다. 인격체의 조건이라 할 수 있는 생명, 의식, 자율성, 감정, 지향성, 그리고 인격성의 개념을 철학적으로 분석하고, 인공지능에 어떠한 인격적 지위가 부여될 수 있는지를 동양철학 및 서양철학의 관점으로부터 검토했다. 인공지능과 관련된 윤리적·사회적 문제들의 해결을 위한 논의의 토대를 제공하기 위함이다.

　2019년에 출판된『인공지능의 윤리학』은『인공지능의 존재론』에서 정립된 인공지능의 존재론적 본성에 기초하여 인간이 인공지능과 맺는 관계를 새롭게 정립하고, 인공지능의 등장으로 새롭게 제기된 윤리적 문제들을 해결하기 위한 규범 원리들, 그리고 이 원리들을 정당화할 수 있는 새로운 윤리학적 관점을 모색하고자 했다. 자기 스스로 학습을 통해 자율적으로 사고하고 사회적으로 중요한 행위를 수행하는 사회적 행위자로서 인공지능(로봇)이 등장하면서, 행위에 대한 윤리적 책임의 문제와 새로운 도덕적 존재자에 대한 논의의 필요성이 지속적으로 요구되었기 때문이다. 이러한 문제의식을 배경으로『인공지능의 윤리학』은 인공지능이 인간 사회의 한 구성원으로 생활할 때 발생할 수 있는 다양한 윤리적 쟁점들, 인공지능의 판단과 행동이 따라야 할 윤리적 가치와 규범, 그리고 인공지능의 도덕적 지위와 인공지능과의 공존을 위한 새로운 윤리학의 가능성을 다뤘다.

2021년, [포스트휴먼 시대의 인공지능 철학]에 대한 연구의 마지막 종착지인 『인공지능 시대의 인간학: 인공지능과 인간의 공존』을 출판하게 되었다. 올해에 출판된 이 책은 『인공지능의 존재론』과 『인공지능의 윤리학』에서의 연구 성과를 바탕으로, 인간과 인공지능이 조화롭게 공존할 수 있는 미래 사회의 모습과 그에 필요한 사회 거버넌스를 인간학적 관점에서 고찰하고자 했다. 그렇다면 왜 인공지능의 인간학인가? 보통 인간학은 일반적으로 '인간이란 무엇인가?' 또는 '인간의 본질이란 무엇인가?'의 문제를 다룬다. 특히 철학에서 인간학은 인간 자신에 대한 가장 근본적인 이해의 차원에서 인간의 정체성 문제를 다룬다.

하지만 여기서 다루려는 인간학은 인간이 유일한 주체인 휴먼 시대에 오직 인간의 내재적 본질과 정체성의 문제를 다루던 전통적인 의미의 인간학이 아니다. (인간은 아니지만) 인간처럼 생각하고 행동하는 지능을 갖춘 자율적인 인공지능(로봇)이 인간과 더불어 주체로 부상하는 포스트휴먼 시대에, 인간다운 삶의 본질과 가치의 문제를 다시금 성찰하는 더 넓은 지평 위의 인간학이다. 또한 인간들 사이의 관계만이 아니라 동등한 사회적 행위자로서 인공지능이 인간과 맺는 관계 역시, 인간의 사회적 정체성을 규정하는 데 중요하다고 판단하는 인간학이다. 인공지능의 인간화 경향이 강해지는 포스트휴먼 시대에 인간과 인공지능의 경계는 무엇인가, 인공지능(로봇)을 포함한 모든 것들이 인간과 네트워크로 복잡하게 얽혀 있는 초연결 사회에서 인간의 생활세계는 어떻게 달라지는가, 인공지능(로봇)이 하나의 사회적 행위자로 인간과 공존하는 포스트휴먼 사회에서 인간으로 살아가는 것 혹은 인간답게 사는 것은 무엇을 의미하는가, 인공지능(로봇) 과의 공존을 위해 인간은 무엇을 할 것인가 등이 중요한 화두가 된다.

이러한 문제의식을 배경으로 『인공지능 시대의 인간학: 인공지능 과 인간의 공존』의 핵심 내용을 크게 두 부분으로 나누어 살펴봤다. 첫 번째 부분은 '인공지능과 미래의 생활세계'로, 비인간 인격체 혹은 사회적 행위자로서의 존재론적 지위를 갖는 인공지능(로봇)의 등장으 로 인해 달라지는 미래의 인간 생활세계의 변화에 관한 것이다. 두 번 째 부분은 '인공지능과 인간의 공진화'로 인공지능 기술의 비약적인 발전과 기계의 인간화 경향 및 인간의 기계화 경향의 강화로 인한 포 스트휴먼의 가능성과, 인공지능과 인간의 공진화에 관한 것이다. 각 부별로 글의 내용을 간략히 소개하면 다음과 같다.

1부 인공지능과 미래의 생활세계는 인공지능 및 네트워크에 기반하 고 있는 초연결 사회에서 새롭게 제기될 윤리적·법적·사회적 쟁점들 에 관한 문제, 롤즈의 분배 정의론 관점에서 빅데이터의 소유권을 인 정하고 이를 기본소득 형태로 배분하는 문제, 인공지능 시대에 인공 지능이 인간의 노동을 대체할 것이라는 노동종말론 주장의 부당함 문제, 미래의 뛰어난 인공지능이라 할지라도 인간의 학습 과정을 완 전히 대체할 수 없는 상황에서 인공지능이 교육에 성공적으로 접목 할 수 있는 세 가지 접점에 관한 논의, 인공지능에 대한 거버넌스로서 소셜 머신의 가능성 문제를 다뤘다.

1장 인공지능 네트워크 기반, 초연결 사회의 새로운 윤리적·법적·사 회적 쟁점들(이중원)은 21세기의 대다수 인간이 네트워크에 연결되어 있고, 그들의 삶의 중요한 부분들이 네트워크상에서 이뤄지는 인공지능 네트워크 시대에는 과거 및 현재와는 근본적으로 다른 문제들이 나타날 텐데, 어떤 윤리적·사회적·법적 문제들이 새로 발생하고 있고 이에 대응하는 방식 또한 근본적으로 어떻게 달라져야 하는지를 다루고 있다. 먼저 인공지능 시대를 여는 데 중추적인 역할을 한 네 가지의 핵심 기술인 사물인터넷 기술, 빅데이터 기술, 기계학습 기술, 클라우드 컴퓨팅 기술을 살펴보고 있다. 다음으로 이러한 기술이 만들어 낸 새로운 패러다임으로서의 초연결 사회의 특성을 분석하고, 네 가지의 핵심 기술 각각이 야기할 수 있는 다양한 윤리적·법적·사회적 쟁점들을 제기하고 있다. 그리고 이러한 쟁점들에 대한 올바른 접근을 위해 관계와 책임 개념의 확장을 제안하고 있다. 초연결 사회의 관계 개념은 인간뿐 아니라 인간처럼 사고하고 행동하는 자율적 행위자로서의 기계, 그리고 사물 전반으로 확대되고 있다. 또한 네트워크 안에서 여러 행위자들은 서로 긴밀히 연결되어 협업을 수행하기에 집합적인 전체성이 중요한데, 이럴 경우 책임을 누구에게 어떻게 부과할 것인가와 기존의 책임 개념을 인간이 아닌 사회적 행위자들에게 적용할 수 있는가의 문제가 중요하다. 이런 맥락에서 미래를 대비하기 위한 전략적 담론의 구축을 제안하고 있는데, 첫째는 초연결 사회의 존재론적 토대로서 관계 실재론을 정립하는 것이고, 둘째는 초연결 사회의 거버넌스를 위한 윤리적 담론을 모색하는 것이며, 마지막은 행위자 연결망 사회에 관한 담론을 구축하는 것이다.

2장 빅데이터의 소유권과 분배 정의론 : 기본소득을 중심으로(목광수)는 빅데이터를 통한 이윤 창출에서 데이터 제공자인 데이터 주체와 플랫폼 기업 사이의 정의로운 분배 방식이 무엇인지를 존 롤즈(John Rawls)의 정의론을 통해 모색하고 있다. 먼저 롤즈 정의론의 관점에서 데이터 제공자는 데이터의 소유권을 갖기에, 빅데이터를 통한 이윤을 플랫폼 기업이 독점하고 이익 산출에 기여한 데이터 제공자가 정당한 혜택을 분배받지 못하는 '데이터 비대칭성'은 부정의에 해당하며, 따라서 빅데이터를 통해 산출한 이윤에 대해서는 현행과 달리 데이터 제공자에게도 일정 부분 정당한 몫을 돌려주는 것이 정의롭다. 그렇다면 어떤 방식으로 분배하는 것이 정의로울까? 데이터 제공자의 기여에 따른 분배가 논리적으로 타당해 보이지만, 데이터 자체가 타자와의 관계성을 반영한다는 점에서 데이터 제공자와 관계된 타자의 몫도 고려하는 것이 현실적으로 필요하다. 사회적 관계성을 많이 반영하는 빅데이터가 산출한 이윤에 대한 정의로운 분배는 사회 전체에게 해당 이윤을 일정 부분 나눠 주는 기본소득 방식이 적절하다. 구체적으로 롤즈의 '최소치 보장을 전제로 최소 극대화 규칙 추구를 포함하는 분배 원칙'인 차등 원칙 가운데 최소치를 보장하는 기본소득 방식이 하나의 방안으로 제시될 수 있다. 이러한 제안은 데이터 비대칭성이라는 빅데이터 분배 정의 문제에 대한 효과적인 해결 방안을 제시할 뿐만 아니라, 기본소득 논의가 가진 재원 마련의 난제에 대한 해결의 실마리를 제시해 줄 것으로 기대된다.

3장 인공지능 시대의 노동(이영의)은 인공지능이 인간의 노동을 대체한다고 보는 노동종말론 주장의 부당성을 보여 주고 있다. 제러미 리프킨(Jeremy Ripkin) 식의 노동종말론에 따르면, 21세기의 인공지능은 더는 '마음은 없고 몸만 있는' 데카르트적 기계가 아니다. 특정 영역에서 인간보다 더 나은 인지능력을 갖고 인간과 의사소통뿐만 아니라 정서적으로 상호 작용하고 있기에, 단순노동은 물론이고 법률, 경영, 회계, 의료와 같은 전문 분야, 그리고 상담 및 돌봄과 같은 감성 분야 등 대다수의 영역에서 '노동'을 하고 있다고 주장한다. 그래서 조만간 인간이 더는 노동할 수 없는 사태가 발생할 것임을 주장한다. 하지만 이러한 노동종말론은 노동의 본질을 오해하고 있을 뿐 아니라, 포스트휴먼 시대로 갈수록 근거가 희박한 인간-기계의 이분법에 기초하고 있다. 한나 아렌트(Hannah Arendt)에 따르면 인간의 근본 활동인 노동은 인간이 세계를 살아가기 위한 행위로서, 시대에 따라 노동의 행위 유형은 변할 수 있지만 인간과 세계와의 상호작용으로서 노동이라는 성격은 변하지 않는다. 또한 포스트휴먼 시대에는 기계의 인간화 경향이 강해지면서 인간과 기계를 엄격히 구분하는 것 자체가 어렵기에, 인간과 기계를 상호 공진화를 통해 공생하는 존재로 봐야 한다. 그렇다면 인공지능에 의해 대체되는 것은 노동의 주체로서의 인간이 아니다. 달라지는 것은 노동의 유형이다.

4장 인간-인공지능 연합 팀을 위한, 인공지능과 교육의 세 접점(이상욱)은 미래의 인공지능이라 할지라도 인간의 학습 과정을 완전히 대체할 수 없으며 도구, 활용, 윤리의 세 측면에서 교육과 의미 있게 접목할 필요가 있음을 강조하고 있다. 이러한 주장은 기본적인 '인간의 조건'에 대한 성찰과 인공지능의 특별한 인지능력에 대한 정확한 이해를 바탕으로 한다. 학습 도구로서 인공지능은 보통 에듀테크의 형태로 개발되어 활용되는데, 인간 교사에 비해 학습자에게 최적화된 교육 프로그램을 제공하는 장점이 있지만 '일반 지능'을 갖춘 인간 교사의 다양한 교육 경험을 제공할 수 없는 단점이 있다. 따라서 인간 교사를 인공지능으로 대체하기보다는, 인간 교사의 장점과 인공지능의 학습 도구로서의 장점을 결합한 연합 팀의 구성이 미래의 성공적인 교육을 위해 중요하다. 인공지능의 활용 교육도 그동안 주로 코딩 교육만이 강조되었는데, 범용 지능으로서 미래의 인공지능을 생각한다면 인공지능의 기술적 특성과 활용 원리를 이해하고 인공지능과 사회의 접점에서 발생하는 다양한 문제들을 인식하는, 확장된 의미에서의 인공지능 리터러시 교육이 더 중요하다. 또한 이 확장된 의미의 인공지능 리터러시 교육에는 인공지능이 제기하는 다양한 가치론적·사회적 쟁점을 이해하고 해결을 모색하는 인공지능 윤리 교육이 핵심적으로 포함되어야 한다.

5장 인공지능 거버넌스로서의 소셜 머신: 구성적 정보 철학적 관점에서(박충식)는 정보의 개념적 본성과 원칙, 동역학, 활용 및 과학을 주제로 하는 정보 철학을 토대로 인공지능에 대한 거버넌스로서 소셜 머신(social machine)의 가능성을 검토하고 그것이 갖는 인문·사회학적인 함의를 논의하고 있다. 인공지능이 도래한 세상에 대해서는 기대도 많지만 우려도 많다. 이러한 기대와 우려는 인공지능 자체에서 기인하기도 하지만, 근본적으로 인공지능을 둘러싼 이해 당사자인 인간의 문제라고 볼 수 있다. 이러한 인간 공동체의 문제는 결국 구성원들 간의 소통의 문제이기에 거버넌스를 통해 해결할 수밖에 없는데, 이를 위해 인공지능에 대한 효과적인 거버넌스의 하나로 '소셜 머신'을 제안하고 있다. 소셜 머신의 기능 및 역할과 관련해서는 사회 구성원들의 소통 증진이 핵심인데, 구성주의에 기반한 정보 철학은 사회 구성원들의 소통 증진에 필요한 이론적 토대를 제공해 준다. 즉, 구성적 정보 철학의 관점에서 보면, 소셜 머신은 공유하는 정보만큼이나 서로 다른 정보들을 가지고 있는 인간들의 의사소통이 정보통신 기술을 활용하여 가급적 유사한 개념들의 언어 정보를 통해 더 나은 방식으로 이뤄질 수 있도록, 유도하고 모니터링하는 기제를 제공한다.

2부 인공지능과 인간의 공진화는 지능 폭발로서의 특이점이 도래하는 단계와 특이점이 도래할 기술적 가능성의 문제, 인공지능을 활용하여 인간의 인지능력을 향상하기 위한 조건의 문제, 디지털 영생을 가능하게 하기 위한 업로딩 조건의 문제, 다산 철학에 기반한 인간과 인공지능의 평화로운 공존 가능성 및 인공지능과 인간의 바람직한 공진화 모델에 관한 문제를 다뤘다. 각각의 내용을 간략히 소개하면 다음과 같다.

6장 특이점은 어떻게 오는가?(천현득)는 지능 폭발로서 정의된 특이점이 도래할 것인지, 도래한다면 어떠한 방식으로 도래할 수 있는지를 철학적으로 검토하고 있다. 인공지능 기술이 기하급수적으로 발전하면 기술적 특이점이 도래할 것이라는 전망이 많다. 만일 특이점의 도래가 불가피하다면 인류의 실존적 위협에 어떻게 대비할 수 있는지, 인간과 공존할 수 있도록 어떻게 인공지능에게 인간의 가치에 대해 가르칠 수 있는지 등이 논의되어야 한다. 그러나 그에 앞서, 특이점이 어떠한 조건에서 어떠한 방식으로 도래할 수 있는지를 검토해야 한다. 특이점이란 정확히 어떠한 상태이며 어떠한 경로로 그러한 상태에 도달할 수 있는지 아주 분명하지 않기 때문이다. 이와 관련하여 특이점에서 지능 폭발이 발생할 것이라는 주장에 대한 데이비드 차머스(David Chalmers)의 논증을 세 단계로 분석하고 있다. 첫째는 인간과 같은 수준의 인공지능이 생겨날 것이라는 동등성 단계이고, 둘째는 인간 수준의 인공지능이 생겨난다면 그보다 더 뛰어난 인공지능도 생겨날 것이라는 연장 단계이며, 그리고 끝으로 인간보다 더 뛰어난 인공지능이 생겨난다면 인공초지능이 생겨날 것이라는 확장 단계다. 여기서 첫 번째 단계의 시작이 중요한데, 이와 관련하여 인간 수준의 인공지능이 개발될 수 있는 경로로 전뇌 에뮬레이션, 기계학습, 씨앗 인공지능 등을 고려하고 있다. 나아가 각 기술이 인공지능을 인간보다 더 지능적으로 만들어 줄 수 있는지, 그리고 초지능까지 확장될 수 있는지 검토하고 있다.

7장 인공지능을 활용하는 인지능력 향상의 전망: 인공지능이 인간 인지체계의 일부로 작동할 조건(고인석)은 인공지능을 뇌와 연결하여 인간의 인지능력을 향상하는 일이 실현 가능하다고 판정하려면 어떤 조건이 충족되어야 하는지의 문제를 다루고 있다. 이 논의를 위해 중앙신경체계에 연결된 의수를 생각대로 움직이는 사람의 경우, 뇌에 알파고 칩을 장착하고 바둑을 두는 사람의 경우, 그리고 외국어 통·번역 인공지능이 작동하는 칩을 두개골 안에 이식한 사람의 경우 등 가상의 사례를 중심으로 검토했다. 생체공학 의수의 경우는 인공지능으로 사람이 더 똑똑해지는 경우와 다르지만, 인공지능이 신체 제어 기능이 약화된 인간의 인지체계의 작동을 보완하는 실질적인 기술로 활용될 가능성을 함축하고 있다. 뇌 안에 이식된 알파고 칩의 경우 모종의 확률이 개입하는 방식으로 인지능력의 향상이 가능함을 볼 수 있다. 하지만 인간의 뇌가 알파고 칩의 도움을 받아 결정한 것인지, 아니면 알파고 칩이 인간 뇌의 여러 작용의 도움을 받아 결정한 것인지 결정과 제어의 주체 문제가 논란으로 남게 된다. 통·번역 인공지능의 경우 특정 방식을 통한 인지능력의 향상 가능성을 전망하게 하지만, 그 방식을 사람의 인지능력 자체를 향상하는 것으로 보기는 어렵다. 인간의 뇌가 언어의 의미를 어떻게 처리하는지가 해명될 때, 비로소 통·번역 인공지능이 인간 인지체계의 일부로 활용될 가능성이 열린다.

8장 업로딩과 디지털 영생의 가능성(신상규)은 디지털 업로딩을 통하여 죽음을 극복할 가능성이 있는가의 문제에 대해, 인격 동일성에 대한 데릭 파핏(Derik Parfit)의 견해에 기대어 그 가능성을 검토하고 있다. 디지털 불멸을 추구하는 많은 트랜스 휴머니스트는 뇌 하드웨어가 급진적으로 변형되더라도 동일한 프로그램을 실행하는 한 정신은 여전히 유지되며, 사람의 생존은 소프트웨어 패턴의 생존에 달려 있다는 패턴주의를 주장한다. 수잔 슈나이더(Susan Schneider)는 『인공적인 당신(Artificial You)』(2019)에서 패턴주의를 비판하며, 정신에 대한 소프트웨어 예화 견해에 입각하여 업로딩은 생존과 양립 가능하지 않고 자살에 해당한다고 주장한다. 하지만 인격 동일성에 대한 파핏의 견해를 활용하면 슈나이더의 비판을 무력화할 수 있다. 또한 신체는 심성 상태의 지향적 내용을 결정하는 구성적 요소라는 체화된 마음의 논제를 따르면, 만일 신체가 변화할 경우 우리의 심성 상태의 만족 조건도 달라진다고 말할 수 있다. 정리하면 업로딩에서 말하는 디지털 형식으로 추출된 정보로서의 정신 상태는 불완전한 복제에 해당하며, 우리가 원할 가치가 있는 생존이 되려면 생물학적 신체의 복제를 포함한 업로딩이어야 한다.

9장 인공지능과 인간의 공진화 모델로서의 다산(茶山) 철학(정재현)은 인간의 자율성과 상관적 관계성의 균형을 강조하는 다산의 철학이 미래의 인공지능과 인간의 공진화 과제에 대한 새로운 관점을 제공할 수 있음을 강조하고 있다. 동양사상에서 책임과 자율성의 문제를 다룸에 있어 다산의 철학은 영명(마음), 자주지권(자유의지) 등의 개념을 통해 자율성을 강조하는 동시에, 그것을 도의지성(도덕적 본성)과 연결시켜 자신이 생각하는 자율성이 자유주의의 자율성이 아니라 도덕적 책임을 수반하는 자율성이라는 것을 분명히 한다. 또한 다산 철학은 상관적 관계성을 강조하는데, 이는 미래 사회에 인간과 인공지능의 평화로운 공존에 중요한 함의를 줄 수 있다. 미래로 갈수록 사회관계는 인간들 사이의 관계에서 인간과 인공지능의 관계로 확대될 것이며, 인간과 인공지능의 관계 또한 위계적이 아니라 상호적인 관계로 발전할 것이다. 이런 상황에서 인공지능은 인간지능을 초월하는 슈퍼 지능을 지닌다 하더라도, 인간에게 늘 일방적으로 명령하는 것이 아니라 인간이 제공한 정보를 통해 언제든지 명령을 수정할 수 있는 관계적 존재가 된다. 한마디로 다산의 상관적 관계성 개념은 (슈퍼 지능이 등장하더라도) 인간의 자율성을 보존하고 강화함은 물론, 인공지능과 인간의 공진화 모델을 잘 지지해 주는 중요한 토대로 볼 수 있다.

끝으로 이 책이 가까운 미래에 맞닥뜨리게 될 인간과 공존하는 인공지능의 연구 및 개발에 실질적으로 조금이나마 보탬이 될 수 있기를 소망해 본다. 인공지능이 우리와 함께 생활하는 경우 발생할 수 있는 다양한 윤리적·법적·사회적인 문제들에 대한 인지는 이에 대한 제도적인 차원의 대응책을 선제적으로 마련하는 데 충분히 기여할 수 있을 것이다.

이 책이 나오기까지 많은 분들의 도움이 있었다. 제일 먼저 국내의 많은 학자들이 모여 3년이라는 긴 시간 동안 인공지능의 철학(존재론, 윤리학, 인간학)에 관한 다각도의 심층적인 논의가 가능하도록 지원해 준 한국연구재단에 깊은 감사를 드린다. 또한 논의 과정에 함께 참여하여 인공지능의 인간학이 좀 더 성숙하고 세련되도록, 수많은 시간을 함께 모여 토론하고 숙의했던 국내 수많은 과학자들과 철학자들(이 책의 필자들과 그 외 세미나 참가자들)에게도 이 자리를 빌려 진심으로 감사의 뜻을 전한다. 마지막으로 이 책의 출판을 흔쾌히 수락해 준 한울엠플러스(주)의 김종수 대표와 편집 관계자들에게도 깊은 감사를 드린다.

서울 배봉골 산자락에서
이중원 씀

차례

_1부_
인공지능과 미래의 생활세계

_1장_

인공지능 네트워크 기반, 초연결 사회의 새로운 윤리적·법적·사회적 쟁점들

이중원

1. 문제 제기: 왜 초연결 사회에 주목하는가?

21세기의 사회는 한마디로 인공지능 네트워크에 기반한 초연결 (hyper-connective) 사회다. 이미 사물인터넷 기술을 시작으로 초연결 시대의 막은 열렸다. 가트너 그룹의 분석에 따르면, 2015년에 49억 개의 사물들이 "연결형(connected) 사물"로 네트워크를 구축했고, 2020년에는 이것이 250억 개 이상으로 증가하리라 전망하고 있다. 한편 시스코(CISCO) 기업은 370억 개의 지능형 장치들을 2020년까지 사물인터넷으로 연결하여 정보의 기하급수적 증가를 꾀하는 시스코 프로젝트(CISCO project)를 추진하고 있다. 소위 '모든 것의 인터넷 (Internet of Everything: IoE)'을 만들려 한다. 이러한 초연결 네트워크 는 당연히 인간의 생활에 커다란 변화를 야기할 것이다. 가령 스마트

홈의 등장, 인터넷 뱅킹이나 비트코인 등 새로운 금융 인프라의 등장, 스마트 헬스케어의 보편화, 자율 교통 및 운송 시스템의 등장, 생산-유통-소비 관계 및 관련 시스템의 변화, 스마트 팩토리 등에 기반한 산업 구조의 재편, 블록체인의 등장과 개인보안 강화, 감시와 통제의 일상화 등등. 한마디로 사람과 사람 간 의사소통뿐 아니라 사물과 사물 간 의사소통 및 사물과 사람 간 의사소통이 가능해지고, 이를 바탕으로 인간의 생활세계 안에 사물과 사람이 복잡하게 얽혀 있는 정보 네트워크 체계가 구축됨으로써 인간 생활세계 전반의 거대한 변화가 예상된다.

이처럼 대다수 인간이 네트워크에 연결되어 있고, 그들의 삶의 중요한 부분들이 네트워크상에서 이뤄지는 인공지능 네트워크 시대에는 과거 및 현재와는 근본적으로 다른 윤리적·사회적·법적 문제들이 새로이 발생할 것이다. 따라서 이에 대응하는 방식도 근본적으로 달라질 필요가 있다. 사실상 그 문제들은 현재에도 이미 부분적으로는 현실적 위협으로 나타나고 있는데, 미래에는 그 범위가 방대하고 그 파급효과 또한 매우 클 것으로 전망된다. 이 글에서는 바로 이러한 문제들을 논의하려 한다. 구체적인 문제들을 논하기 앞서 이러한 문제들을 바라보고 접근하는 기본적인 방향(혹은 태도)의 정립을 위해, 이들 문제에 핵심적인 두 개념에 대해 먼저 언급하고자 한다.

하나는 네트워크로 연결된 인간, 기계, 사물 상호 간 관계에 관한 것이다. 전통적인 관계 개념은 주로 인간과 인간에 국한되어 있었지만, 인공지능에 기반한 지능형 기계와 사물들이 등장하면서 관계 개념은 인간, 기계, 사물 전반으로 확대되고 있다. 특히 인공지능에 기반한 기계들의 경우, 인간을 대신하여 인간에 준하는 사고와 행동을 일정 수준 자율적으로 수행할 수 있는 존재인 만큼, 단순한 도구를 뛰어넘는 하나의 행위자로 볼 수 있다. 그런 까닭에 이 관계 개념은 인간을 넘어 모든 행위자들에 적용되는 개념으로서, 초연결 사회를 이해함에 있어 매우 중요한 개념이다. 다른 하나는 행위자의 행위와 관련한 책임 개념이다. 네트워크 안에서 여러 행위자들은 서로 긴밀히 연결되어 협업의 형태로 하나의 목적 지향적 작업을 수행한다. 그 작업은 개별자 각각의 행위에 기반하지만, 최종적인 결과를 만들어 내는 것은 이들의 시퀀스다. 그만큼 네트워크에서는 개별적인 국소성보다는 집합적인 전체성이 중요하다. 이럴 경우 책임을 누구에게 어떻게 부과할 것인가라는 책임의 소재 문제, 혹은 책임의 귀속 문제가 발생한다. 또한 인공지능에 기반한 지능형 기계들을 하나의 행위자로 볼 경우 전통적으로 인간 행위자에게만 부과해 왔던 책임 개념을 이들에게 확대 적용할 수 있는가라는 근본적인 문제도 발생한다. 이처럼 책임 개념은 초연결 사회를 이해하는 또 하나의 열쇠다.

인공지능 네트워크에 기반하고 있는 초연결 사회에서 발생하게 될 다양한 윤리적·법적·사회적 문제들을 올바로 이해하고 이에 대한 체계적인 대응책을 마련하기 위해서는, 이러한 핵심 개념들에 대한 우리의 사고의 지평을 넓히는 것이 중요하다. 바로 사회 체계가 인간만이 아니라 지능형 존재자들이 함께 사회의 구성원으로 행위자로 참여하는 일종의 행위자 연결망 사회로 바뀌게 될 것이기 때문이다. 이러한 사고의 바탕 위에서 이제 초연결 사회에서 발생하게 될 문제들을 구체적으로 살펴보자.

2. 초연결 사회의 기술적 토대들

오늘의 인공지능 시대를 가능케 한 것은 결국 정보통신기술의 발전이다. 그렇다면 구체적으로 어떤 기술들이 지금의 인공지능 시대를 여는 데 중요한 역할을 하고 있는가? 크게 다음의 네 가지 기술을 생각해 볼 수 있다. 사물인터넷으로 대변되는 초연결 네트워크 기술, 무한 네트워크 기반 위에 방대한 데이터를 수집·분석·처리하는 빅데이터 기술, 이 빅데이터를 인공지능(로봇)이 스스로 학습할 수 있도록 한 기계학습(machine learning) 기술, 그리고 사용자가 요구하는 유용한 서비스의 제공을 가능토록 하는 클라우드 컴퓨팅 기술이다. 이 기술들은 인공지능(로봇)이 방대한 빅데이터에 기반하여 인간의 삶에 실제로 유용한 다양한 플랫폼 서비스를 언제 어디서나 제공하는 데 필수적인 기술들이다.

1) 초연결 네트워크 기술: 사물인터넷

오늘날과 같은 네트워크 기술의 원조는 유비쿼터스(Ubiquitous) 기술이다. 1988년 제록스(Xerox) 사의 팔로알토(Palo Alto) 연구소(PARC)의 연구원인 마크 와이저(Mark Weiser)는 유비쿼터스 계산(Ubiquitous Computing)이라는 개념을 처음으로 제시했는데, 어떤 기기나 사물에 컴퓨터를 집어넣어 의사소통이 가능하도록 해 주는 정보기술(IT) 환경 또는 정보기술 패러다임을 의미했다.[1] 이를 기반으로 유비쿼터스 네트워크(Ubiquitous Network)가 구현되는데, 이를 유비쿼터스 공간이라 부른다. 물리적 공간과 사이버 공간의 한계를 극복하고 이 두 개의 공간을 긴밀하게 연계·통합함으로써 원자와 비트가 원소로서 연계되는, 사람·컴퓨터·사물이 하나로 연결되어 있는 공간이다.

이 안에서는 다양한 방식으로 융합(Convergence)과 확장이 일어나고 무수히 많은 이질적인 것들의 잡종(Hybrid)이 탄생하여, 이에 바탕한 새로운 유형의 다양한 지식 서비스를 제공해 준다. 이는 인간관계에도 많은 변화를 준다. 특히 모든 컴퓨터가 나를 둘러싸는 까닭에 타자와의 공유와 협력의 필요성 그리고 사람과의 면대면 접촉이 줄어들고, 컴퓨터가 제공하는 다양한 정보와 지식 서비스를 중심으로 자기조직화(self-organizing)하는 현상이 발생한다. 또한 전통적인 위계질서 및 집단주의가 약화되면서, 종적 상하관계가 횡적 평등관계로 변화한다. 나아가 물리적 공간 이동의 자유를 넘어서서 네트워크를 기반으로 삶과 사유의 지평에서 '창조와 탈주를 반복하는' '디질로거

---

1 유비쿼터스라는 말은 "시공을 초월해 언제 어디서나 존재한다"라는 뜻을 지니고 있다. 마크 와이저는 유비쿼터스 기술 환경의 네 가지 특징을 다음과 같이 언급하고 있다. 첫째, 실제적(Real)이다. PC 속의 가상공간과 실제 세계의 물리적 공간이 결합한 실제 공간 중심의 서비스가 가능함으로써, 실제 세계를 강화한다. 둘째, 연결성(Connected)이다. 네트워크상에서 소위 5-any, 즉 어느 시간(anytime), 어느 장소(anywhere), 어느 연결망(anynetwork), 어떤 장치(anydevice), 어떤 서비스(anyservice)와의 연결이 가능하다. 셋째, 보이지 않게(Invisible) 숨겨져 있다. 사물 속에 보이지 않게 내재되어 있어, 사람들이 인식하지 않는 사이에도 서비스를 제공하는 지능적 존재다. 넷째 조용함(Calm)이다. 평소에는 조용하게 배후에서 지원하다가, 필요할 때 사용자의 개입을 요구함으로써 인간의 집중력을 효과적으로 활용하는 사용자 중심의 기술 환경이다.

(Digiloger)'의 등장도 예견된다.

　이러한 유비쿼터스 네트워크는 21세기에 들어와 사물인터넷으로 한 차원 높게 확대 발전한다.[2] 사물인터넷이란 말은 1999년 매사추세츠 공과대학(MIT)의 오토아이디 센터(Auto-Id Center)의 소장인 케빈 애시턴(Kevin Ashton)이 처음 사용한 말로서, 일상생활에서 사용하는 사물에 전자태그(RFID)와 센서를 부착하면 사물 상호 간 의사소통 및 정보 교류가 가능한 인터넷이 구축될 수 있음을 표현한 것이었다. 그러나 오늘날 인터넷으로 연결할 수 있는 사물은 물질세계에 존재하는 유형의 물리적 개체만이 아니라, 컴퓨터에 저장된 다양한 데이터베이스나 인간의 행동 패턴과 같은 가상공간에 존재하는 무형의 대상도 모두 포함한다. 나아가 사물인터넷은 우리 주위의 사물들을 네트워크에 연결시킬 뿐만 아니라 이들을 지능화함으로써 사물의 가치를 증대시키고 이를 활용한 새로운 서비스를 창출한다. 가령 만보기의 경우 사물인터넷을 통해 다양한 건강 정보를 수집·분석하는 건강관리 플랫폼에 연결된다면, 단순히 걸음 수를 재는 도구가 아니라 건강을 측정하고 판단하며 예측하는 지능적인 기능과 역할을 수행하는 존재자가 될 수 있다. 그런 의미에서 네트워크에 연결된 사물은 더 이상 수동적인 존재가 아니다. 인간의 직간접적인 개입 없이도 스스로 서비스를 만들고 관련된 프로세스를 실행할 수 있다. 한마디로 사물인터넷은 "사람·사물·공간·데이터 등 모든 것이 인터넷으로 서로 연

2　넓은 의미로 보면, 유비쿼터스 네트워크 기술도 이러한 사물인터넷 기술의 오래된 한 종류로 볼 수 있다. 기본적인 아이디어와 작동 메커니즘은 동일하기 때문이다.

결되어, 정보가 생성·수집·공유·활용되는 초연결 인터넷"[3]을 의미한
다고 할 수 있다.

2) 빅데이터 기술

21세기는 데이터 빅뱅 시대다.[4] 수많은 정보의 공급원들(sources),
가령 개인 컴퓨터, 스마트폰이나 태블릿 등 모바일 기기, 웹사이트상
에서의 검색과 B2B나 B2C 등 온라인 상거래, 페이스북·트위터 등
SNS, GPS 위치 정보 서비스, 각종 지능형 센서들로부터 무한한 정보
들이 생성되어 쏟아져 나온다. 사물인터넷을 통해 모든 사물과 사람
이 서로 연결되고 클라우드 컴퓨팅을 통해 수많은 서비스들이 온라
인상에서 가능하게 된 이래로, 정보는 기하급수적으로 급팽창하고
있는 것이다. 생성·수집되는 정보들의 유형도 문서나 서적과 같은 정

---

3 2014년 미래창조과학부가 정의한 내용이다.

4 혹자는 지금을 제타바이트(zetabite) 시대라고도 부른다. 인간이 인쇄술을 발명한
  이래로 2006년까지 기록된 정보의 총량은 대략 180엑사바이트(exabite)로 추정되
  는데, 사물인터넷이 발달한 2006년에서 2011년 사이에 축적된 정보의 총량은 이의
  열 배인 1800엑사바이트(또는 1.8제타바이트)에 이른다. 한편 2011년부터 2013년
  까지 저장된 총 정보량은 대략 4제타바이트 정도로, 2년 사이에 두 배로 증가했다.
  이후 2년에 두 배씩 정보량이 증가할 것이라고 사람들은 내다봤다. 여기서 1엑사
  바이트(EB)는 1기가바이트(GB)짜리 영화 10억 편의 분량이다(1ZB=1,000EB=
  1,000,000PB=1,000,000,000TB, 1TB=1,000GB)(John Gantz and David Reinsel,
  2013).

형화된 정보에 국한되지 않고 이미지·사진·영상 정보라든가 실시간 개인정보와 같은 비정형화된 정보에 이르기까지 다양하고 이질적이다. "이 데이터들은 우리 사회에 대한 '신호'를 담고 있다. 이제 우리는 데이터들을 활용해 지금 무슨 일이 벌어지고, 또 상황이 어떻게 돌아가고 있는지 알아내야 한다."[5] 이렇듯 빅데이터는 인간과 연결된 모든 존재자들이 만들어 낸 정보들의 집합체로서, 인간의 심리와 사고 및 행위 그리고 사회의 구조 및 현상에 대한 분석과 예측에 매우 유용하며, 인간 개개인의 삶은 물론이고 모든 사회 영역에서 혁신을 이끌어 낼 잠재력을 지닌 중요한 콘텐츠다. 또한 자율적 학습 능력을 지닌 인공지능이 인간의 생활세계 곳곳에서 학습하고 분석하는 내용이자 대상이다. 따라서 빅데이터가 없는 인공지능 시대는 상상할 수조차 없다.

빅데이터의 수집·분석·활용 과정을 보면 이 기술이 지니는 몇 가지 중요한 특성들이 드러난다. 첫째, 수많은 공급원들(컴퓨터, 스마트폰, 모바일 기기, 웹사이트, SNS, 위치 정보 서비스, 각종 센서들 등)로부터 분산된 형태로 정보들이 수집된다는 점이다. 빅데이터에 관한 수집·저장·분석·처리·활용 등 일련의 과정은 특정 대리인(agent)에 의한 통합 방식이 아니라, 여러 기관들(agents)이 분산된 체제하에서 분산된 작업을 각자 수행하고 이를 네트워크를 통해 연결하여 협력하는 방식을 취하는 것이다. 둘째, 정보들의 유형이 문서나 서적과 같은

---

5 반기문의 유엔총회 연설(2011.11).

정형화된 정보에서부터 이미지·사진·영상들과 같은 감성 정보나 실시간 개인 위치 정보와 같은 비정형화된 정보까지 다양하고 이질적이라는 점이다. 셋째, 이렇게 수집된 분산된 정보들은 저장·분석·처리 과정에서 다양한 결합과 해체를 반복하면서 새로운 정보로 거듭난다는 점이다. 넷째, 이렇게 거듭난 정보들은 정보의 대상에 대한 식별 및 재식별(reidentification) 작업에 지속적으로 관여한다는 점이다. 다섯째, 빅데이터가 이와 같은 과정을 통해 강력한 힘을 얻게 됨에도 불구하고 우리는 그 누구도 이러한 과정이 기술적으로 어떻게 진행되고 있는지 전혀 알 수 없다는 점이다. 여섯째, 활용 과정에서 정보가 누구에 의해 어떤 목적으로 활용되는가에 따라 정보에 대한 사회적·윤리적 평가가 달라질 수 있다는 점이다. 일곱째, 이러한 점을 고려한다면, 빅데이터에 대해 인간을 훨씬 능가하는 강력한 인지 능력(cognitive capacity)과 이에 기반한 사회적 결정 능력(social decision power), 그리고 행위의 분산(distribution of activity) 능력을 부여할 수 있다는 점이다.

3) 인공지능 기술: 기계학습을 중심으로

기계학습에 대해 살펴보자. 기계도 인간처럼 스스로 학습할 수 있을까? 세계 그 자체는 변화를 예측하기 어려울 정도로 항상 새로운 상황과 환경에 열려 있기에, 인간처럼 사고하고 행동하려는 인공지능이라면 그러한 변화에 적극적으로 대응할 수 있도록 스스로 학습하는 능력을 갖출 필요가 있다. 실제로 2016년에 첫 등장한 알파고(소위 '알파고 리(AlphaGo Lee)' 버전에는 이러한 기계학습을 가능하게 하는 심화학습(deep learning) 프로그램이 들어 있었다. 심화학습 프로그램은 인간 두뇌를 모방한 심화신경망(Deep Neural Network: DNN)에 기초하고 있는데, 수많은 입력 데이터들로부터 어떤 패턴을 발견하고 이를 통해 사물을 판별하는 두뇌의 정보처리 방식을 컴퓨터에서도 가능하도록 프로그램화한 것이다. 알파고 리 버전에서 잘 드러났듯이, 수많은 입력 정보들이 주어졌을 때 자체 내의 피드백 시스템을 통해 내부의 가중치들을 스스로 조정하는 방식으로 출력 정보가 정답에 가까워지도록 하는 자기-주도적인 학습 알고리즘이 작동한다. 이는 마치 어린아이가 반복적인 학습을 통해 자기 스스로 정답을 찾아 나가는 과정과 유사하다. 이들 모두는 기존의 정보들(혹은 빅데이터)을 활용하여 이미 존재하는 정답을 찾아 나가는 지도학습의 방식을 취하고 있다. 이 과정에서 정답에 도달하기 위한 기본 전략 혹은 방침[6]을 제시하고 이를 알고리즘 안에 구현하는 것은 프로그램을 설계하는 인간의 몫이지만, 그러한 방침에 따라 실제 대국에서 구체적으로 가중치 값을 정하고 특정한 수를 선택하여 두는 것은 전적으로 알파고의 자율적인 결정이다. 인간은 알파고가 인간이 제시한 가이

---

6 가령 알파고에게 대국에서 '특정 값 a 이상의 확률을 지닌 수들만을 고려하라', '그러한 수들 가운데 최종 승리 확률이 가장 높은 수를 두어라' 하는 식의 전략적 방침이 가능할 수 있다. 여기서 확률 값 a는 알파고가 모든 경우의 수에 전부 반응할 수 없기에, 의미 있게 대응해야 하는 수들의 최소 확률 값이다. 이는 대체로 수많은 기보를 활용한 지도학습을 통해 결정되는 경우가 많다. 이에 대한 자세한 내용은 이중원(2018: 117~136)을 참고할 것.

드라인 안에서 최고의 승률을 위한 수로 왜 그리고 어떻게 그러한 수를 선택했는지 그 구체적인 결정 과정에 대해서는 알지 못한다.

한편 최근에 한층 업그레이드된 알파고[소위 '알파고 제로(AlphaGo Zero)' 버전]는, 기존의 기보들에 대한 학습 없이 순전히 바둑의 기본적인 규칙만을 배운 상태에서 작동한다. 사실상 정답이 존재하지 않는 상황에서 어떤 수가 승률을 높이는 가장 좋은 수인지를 기존 정보들의 도움 없이 피드백만으로 스스로 찾아가는 강화학습 방식이다.7 이는 인공지능이 사고하고 판단하고 행동하는 과정에서 인간에 의해 생산되고 축적된 빅데이터에 대한 의존도가 낮아지고 있으며, 상대적으로 인공지능 자체의 자율성은 한층 강화되고 있음을 의미한다. 이들 모두는 인공지능에게 인간과 동일할 수는 없지만 특정한 수준의 자율성을 부여할 수 있는 좋은 근거가 된다. 한마디로 이러한 기반 기술들에 힘입어 이제 인공지능(로봇)은 인간의 본성에 관한, 그리고 인간의 생활세계 전반에 관한 막대한 정보(빅데이터)를 자기-주도적으로 학습함으로써 인간처럼 사고하고 판단하며 행동하는 능력을 갖게 되었고, 초연결 네트워크상에 구축된 플랫폼을 통해 인간의 삶에 매우 유용한 각종 서비스들을 인간의 능력을 뛰어넘어 제공함으로써

---

7 실제로 이러한 비지도 방식의 강화학습이 거둔 성과는 매우 놀랍다. 업그레이드된 알파고 제로는 2016년에 이세돌 9단을 5전 4승으로 이긴 알파고 리를 상대로 100전 100승을 거두었고, 2017년에는 바둑 세계 챔피언인 중국의 커제(柯洁) 등을 비롯해 유수한 기사들에 완승한 알파고 마스터(AlphaGo Master)를 100전 89승으로 이겼다. 알파고 제로는 더 이상 인간에 적수가 없어 현재 바둑계를 은퇴하고 알파 제로로 남아 새로운 미션 수행을 준비하고 있다.

막강한 영향력을 발휘하는 역할을 수행할 수 있게 되었다.

4) 클라우드 컴퓨팅 기술

클라우드 컴퓨팅(Cloud Computing)은 사물인터넷, 인공지능, 빅데이터, 핀테크, 블록체인 등의 기반이 되는 기술과 서비스로써 4차 산업혁명을 이끌 핵심 인프라 기술이다. 또한 정보통신망을 통해 소프트웨어, 데이터, 서버, 플랫폼 등 공동 이용(pooling)할 수 있는 정보통신(IcT) 자원을 이용자의 요구에 따라 사용 권한을 부여하는 형태로 제공하거나 이용하는 정보처리 체계나 관련 서비스를 가리키기도 한다. 또한 인터넷 기술 활용, 다수의 사람들에게 높은 수준의 확장성을 가진 자원들을 서비스로 제공할 수 있도록 한 컴퓨팅의 한 형태(인터넷을 통해 가상적 자원들이 제공되는 컴퓨팅 환경)를 가리키기도 한다. 여기서 사용자는 언제, 어디서나, 어떤 단말을 통해서든(AnyTime, AnyWhere, Any Device) IT 자원을 제공하는 서비스 플랫폼들과 서로 연결되어 있다. 이를 활용하면 각 PC 단말에서 개별적으로 프로그램을 설치해 데이터를 저장하던 기존 방식에서 벗어나, 인터넷 네트워크상에 모든 IT 자원(소프트웨어, 스토리지, 서버, 네트워크 등)을 저장하여 개별 컴퓨터에 할당하는 개념으로 제공 업체들이 고객들의 필요에 따라 소프트웨어, 플랫폼, 인프라로 이뤄진 IT 서비스를 사용한 만큼 가격을 책정하여 사설 또는 공용 네트워크 기반으로 서비스를 제공할 수 있다.

클라우드 컴퓨팅 기술은 다음과 같은 특징을 지닌다(맹정환, 2011:

114; 박준석, 2011: 156~157; 이창범 외, 2010: 9~10). 첫째는 (사용자의) 필요에 따라 자원의 양을 빠르게 증가 또는 감소시킬 수 있는 신속한 탄력성(Elasticity)이 있다. 둘째는 사용자의 요구에 기반한 자가 서비스가 가능하다. 사용자가 클라우드 제공자와의 직접적인 접촉이나 특별한 상호작용 없이도 이용할 수 있는 서비스가 자동으로 제공된다. 셋째는 언제 어디서나 어떤 장치를 통해서도 광범위한 서비스에 접속이 가능한 유비쿼터스적인 특성이 있다. 넷째는 사용자들을 다중 소유자 혹은 공유자로 봄으로써 자원들을 공동으로 이용하는 것이 가능하다. 다섯째는 클라우드 컴퓨팅 서비스와 관련하여 사용량 예측이나 이에 기반한 과금 정책과 같은 계량화된 서비스(measured service)가 가능하다.[8]

---

8 현재 이러한 서비스로는 다음의 세 가지 유형이 실제로 제공되고 있다.

IT 자원에 따른 클라우드 컴퓨팅 서비스의 종류와 특징

분류	개념	대표 서비스
SaaS (Software as a Service)	• S/W나 애플리케이션을 서비스 형태로 제공 • 기존 S/W처럼 라이선스를 구매해 단말에 직접 설치하는 것이 아니라 웹을 통해 '임대'하는 방식	Google Apps, Apple MobileMe, Nokia Files on Ovi, MS Dynamic CRM Online 등
PaaS (Platform as a Service)	• 애플리케이션 제작에 필요한 개발 환경, SDK 등 플랫폼 자체를 서비스 형태로 제공 • 개발사 입장에서는 비싼 장비와 개발 툴을 자체 구매하지 않고도 손쉽게 애플리케이션 개발이 가능함	Google App Engine, WindowsAzure, Facebook F8, Bungee Labs 등
IaaS (Infrastructure as a Service)	• 서버, 스토리지(storage), CPU, 메모리 등 각종 컴퓨팅 기반 요소를 서비스 형태로 제공 • 자체 인프라에 투자하기 어려운 중소업체가 주요 고객	Amazon EC2 & S3, GoGrid, Joyent, AT&T 등

자료: 박준석(2011: 159~160), 송석현(2012: 61), 정제호 외(2009: 13).

3. 새로운 패러다임으로서의 초연결 사회

　이러한 기술들이 만들어 낼 초연결 사회는 다음과 같은 특징을 지
닐 것으로 추론해 볼 수 있다. 첫째는 시공간을 초월한 통합과 정보의
유기적인 소통이다. 사이버 가상공간과 물리적 공간의 경계가 사라
질 뿐 아니라 서로 통합된 상태에서 인간과 인간은 물론 인간과 사물,
사물과 사물 간의 유기적인 소통, 즉 하나의 통합된 정보공간(info-
sphere) 안에서 정보를 매개로 한 소통이 가능해질 것이다. 둘째는 동
종 간, 이종 간의 다양한 융합이다. 산업 간 경계가 허물어지는 등 다
양한 삶의 영역에서의 융합이 지배적인 경향으로 나타날 것이다. 셋
째는 지능화다. 사회, 문화, 경제, 산업, 교육 등 모든 분야에서 인공
지능과 빅데이터를 활용한 지능화가 가속화될 것이다.

　이러한 특징을 기반으로 초연결 사회는 과거와 다른 새로운 패러
다임의 사회로 나아갈 것으로 전망된다. 우선 경제 패러다임에서 큰
변화가 예상된다. 경제 발전의 원동력으로 앞서 언급한 과거와 다른
새로운 기술적 요소들이 중요하게 작용하기에 새로운 양상들이 나타
날 가능성이 높다. 첫째, 초연결 사회에 잘 부합하는 새로운 공유경
제(Sharing Economy) 시스템이 등장할 가능성이 높다. 단순한 생산과
소비의 개념을 넘어, 재화, 지식, 데이터 또는 공유지 등 유·무형 자
산을 공유하거나 관련 서비스를 공유하는 공유 플랫폼 형태의 협력
적 생산과 소비 활동이 나타날 것이다. 에어비앤비, 우버 택시, 공유
키친, 공유 주차장 등에서 보듯이, 이미 공유를 통한 새로운 생산과
소비 시스템이 나타나고 있다. 둘째, 소비가 다시 생산으로 선순환하

는 경제 체계가 나타날 것이다. 소비에 관한 빅데이터 정보는 인공지능의 분석을 통해 맞춤형 재생산으로 투입되는 선순환 구조를 만든다. 셋째, 생산 양식과 생산 체계에서의 변화도 예상된다. 스마트 공장의 등장이나 원격 근로와 같은 유연한 생산 체계가 등장할 것이다. 정보통신기술을 활용해 생산공정을 사이버 물리 시스템으로 업그레이드하여 구축하고, 이를 통해 제품 생산부터 구매, 유통, 서비스에 이르는 모든 과정을 통합적으로 관리하고 제어할 수 있다. 넷째, 생산노동 및 생산관계에서의 변화도 예상된다. 인공지능 시대에서는 인간과 기계(특히 인공지능)의 노동이 역전될 가능성이 존재한다. 과거 전통적인 생산노동의 경우 인간이 복잡한 정신노동을 수행하고 기계는 단순한 물리적 노동을 주로 담당했다면, 미래에는 이 관계가 역전될 가능성이 다분히 존재한다. 어쩌면 궁극적으로 인간의 노동이 없는 기계노동 사회의 출현도 가능할지 모르겠다. 또한 근로자 범주에 인간 외에 인공지능(로봇)이 중추적 존재로 포함될 수 있기에 사용자(자본가)와 근로자(노동자)의 관계에서도 어떤 변화가 예상된다. 이 외에도 경제활동을 위한 생태계의 많은 변화들이 예상된다. 기존 화폐를 대체할 가상화폐(예: 비트코인 등) 시스템, 카카오뱅크로 대변되는 IT 금융 시스템, 이를 뒷받침해 줄 블록체인 보안 기술, 그리고 이 외에 다양한 재정 기술(핀테크)들이 기존의 경제활동 생태계의 변화를 가져올 것이다.

다음으로 사회구조와 생활양식의 변화도 예상된다. 특히 인공지능(로봇)을 하나의 행위자(actor 혹은 agent)로 포함하는 행위자 연결망 사회로의 변화가 특히 주목된다. 전통적인 사회관계는 근대적 개인들의 인간관계를 기반으로 하고 있지만, 인공지능에 기반한 포스트 휴먼 시대의 사회관계는 인간과 인간, 인간과 인공지능(로봇) 간의 복잡한 상호관계를 기반으로 확대될 가능성이 높다. 인공지능(로봇)의 경우 인간처럼 사고하고 행동함으로써 인간의 생활세계에 직접적인 영향을 가할 수 있는 능동적 행위자로서, 인간 사회 안에서 중요한 사회적 지위를 가질 것으로 볼 수 있기 때문이다. 물론 현재와 같은 약인공지능 단계에서는 이러한 경향성이 다소 약하겠지만, 인간처럼 개념적 사고가 가능한 강인공지능 단계에 이르면 하나의 자율적인 사회적 행위자로서의 위상은 더욱 강화될 것으로 예상된다.

이러한 사회 패러다임의 변화에 맞추어 인간의 생활양식에도 새로운 변화들이 출현할 것으로 예상된다. 초연결 사회의 인간형은 디지털 노마드(Digital Nomad)[9]로서, 시공간을 초월한 정보공간을 유목민처럼 자유롭게 이동하면서 스마트폰과 태블릿과 같은 디지털 장비를 활용해 정보를 끊임없이 접하고 생산하며 창조하는 삶의 방식을 지닐 것이다. 일하는 방식도 달라질 것이다. 과거에는 고정된 한 장소에서 분업화된 자신의 업무만 수행하면 되었지만, 앞으로는 언제 어디서나 시공간의 제약 없이 자유롭게 자신의 기기를 통해 일할 수 있는 'BYOD(Bring Your Own Device)'가 확산될 것이다. 또한 증가하는 1인 가구와 고령화 사회를 염두에 두고, 인간의 오감이나 근력을 보조하거나 만성질환 등을 관리해 주는 개인 맞춤형 웨어러블 디바이스

---

9 프랑스 사회학자 자크 아탈리는 "21세기는 디지털 장비를 갖고 떠도는 디지털 노마드의 시대"라고 규정했다(아탈리, 1999).

들의 개발과 활용도 가속화할 것이다. 이러한 방식의 디지털화는 '개인' 중심의 사회를 강화할 것이고, 개인화에 바탕하면서도 서로 연결된 소위 신인류인 '호모 코넥투스'의 출현을 예고한다. 또한 인간의 다양한 생활공간들—가령 주거·작업·쇼핑·문화·교통 공간 등—이 각기 고립·분산되어 있는 대신, 상호 간 연결과 융합 또는 중첩이 역동적으로 일어날 것이다. 가령 주거공간이 원격 작업이 이뤄지는 생산공간이면서 온라인 쇼핑이 가능한 소비공간이 되고, 가상 및 증강 현실을 활용하여 예술활동을 실감나게 구현하는 문화공간이 될 수 있다. 이러한 특성들로 말미암아 초연결 사회는 과거와는 질적으로 다른 다음과 같은 새로운 윤리적·법적·사회적 문제들을 야기할 것으로 보인다.

4. 초연결 사회의 윤리적·법적·사회적 쟁점들

1) 네트워크 관련 윤리적·법적·사회적 쟁점들

사물인터넷과 클라우드 컴퓨팅에 기반한 네트워크 서비스가 활성화될수록, 다음과 같은 법적 문제들이 새롭게 제기될 가능성이 높다. 첫째는 이용자 개인의 정보 보호와 보안의 문제이며, 둘째는 클라우드 서비스를 통한 저작권 침해의 문제이고, 마지막으로 데이터의 국외 이전 등 데이터 주권에 관한 문제다. 하나씩 살펴보자.

초연결 사회의 가장 큰 문제 가운데 하나는 우리의 사생활 정보가 밖으로 유출될 수 있다는 것이다. 우선 가정에서 사용하는 사물인터넷에 연결된 정보통신 기기들—스마트 TV, 스마트 냉장고, 로봇 청소기, 인공지능 스피커 등 스마트 홈 기기들—의 경우 외부로부터의 해킹에 쉽게 노출된다. 이들 각각에 바이러스 검사나 해킹 방지를 위한 방어 시스템을 구축할 수 없기 때문이다. 따라서 홈 네트워크 차원에서 가정 내 정보 기기들에 대한 통합 보안 시스템이 필요하다. 또한 클라우드 서비스의 경우, 이를 제공하는 자가 이용자를 위해 대량의 데이터를 저장·보관·처리하기에 이용자의 개인정보 보호 및 보안 문제가 발생할 수 있다. 클라우드 컴퓨팅 환경이 기존 PC 기반의 컴퓨팅 환경보다 개인정보의 노출 가능성이 큰 까닭에, 클라우드에 저장된 모든 데이터의 암호화 문제가 중요하게 대두된다. 한편 개인들이 클라우드 환경에서 SNS나 블로그 등을 통해 사진이나 동영상 등을 공유하는 경우, 개인정보의 노출뿐 아니라 개인정보의 상업적인 무단 이용, 나아가 개인에 대한 감시 문제 등까지 발생할 수 있다. 기업의 입장에서도 기업정보의 유출과 훼손, 기업이 관리하는 고객정보의 유출과 같은 문제가 발생할 수 있기에, 보안 문제는 초연결 사회의 핵심 관건이라 할 수 있다.

현재 개인정보는 개인정보보호법(GDPR)에 의해, 정보의 수집, 유출, 오·남용으로부터 사생활이 보호될 수 있도록 엄격하게 보호되고 있지만, 다음과 같은 법적 쟁점들이 남아 있다. ① 클라우드 컴퓨팅 환경에서 처리되는 개인정보의 기술적·관리적 보호조치 의무의 주체 및 책임의 범위, ② 클라우드 컴퓨팅 서비스 제공자가 개인정보처리 업무의 수탁자로서의 책임을 부담하는지 여부, ③ 클라우드 컴퓨팅에서 개인정보 유출 등의 사고가 발생할 때 누가 누구에게 유출 및 신고 의무를 부담하는지 여부, ④ 그 밖에 개인정보처리 방침 공개, 위탁사실 고지 등 각종 공개, 고지, 통지 등의 의무 주체, ⑤ 과징금의 부과 기준, ⑥ 개인정보 및 중요 데이터의 국외이전 제한 등이다.

이용자 보호의 문제는 클라우드 서비스 사업자가 파산하여 서비스를 중단하거나 혹은 장애가 발생하는 경우 특별히 중요하게 대두된다. 이 문제는 플랫폼의 독립성 강화로 해결할 수 있다. 즉, 사업자가 파산하거나 사업이 폐지되더라도, 플랫폼의 독립성을 강화하여 플랫폼이 서비스를 지속할 수 있도록 하는 것이다. 이용자 정보의 보호 문제 역시 매우 중요한데, 여기서 이용자 정보란 클라우드 컴퓨팅법상 이용자가 제공자의 정보통신자원에 저장하는 정보로서, 이용자가 소유 또는 저장하는 정보를 말한다(클라우드 컴퓨팅법 제2조 제4호). 개인정보 처리자나 정보통신 서비스 제공자가 수집하여 보관하는 이름, 사진, 주민등록번호 등의 특정 개인정보와는 다르다. 클라우드 서비스 이용자는, 서비스 가입 시 가입에 필요한 개인정보를 제공할 뿐, 가입한 후에는 클라우드 서비스를 이용하여 다양한 유형의 정보를 스스로 저장·관리하는 것이지, 클라우드 컴퓨팅 서비스 제공자에게 정보를 제공하는 것은 아니기 때문이다. 클라우드 서비스 제공자는 저장된 정보가 무엇인지 알 수 없다.

다음으로 클라우드 컴퓨팅 환경에서의 저작권 침해 문제다. 주로 다음과 같은 경우에 제기된다. 주로 소프트웨어 서비스(SaaS) 사업을 할 때 소프트웨어 저작권의 문제가 제기되는데, 해당 사업자가 소프트웨어를 이용자에게 스트리밍 형태로 주로 제공하고 이 과정에서 그 소프트웨어가 이용자 컴퓨터의 RAM에 일시적으로 복제되기 때문이다. 다시 말해 저작물의 이용 주체가 복제 행위의 주체로 간주되는 경우, 저작권의 문제가 발생하게 된다. 한편 온라인 서비스 제공자(Online Service Provider: OSP)가 클라우드 환경에서 콘텐츠 서비스를 제공하는 경우 (타인의 저작물을 무단으로 전송하는 등) 또 다른 저작권의 문제가 발생할 수 있다. 이 경우 책임의 문제가 매우 중요한데, 저작권자의 경우 서비스가 제공되고 있는 클라우드 컴퓨팅 내부에서 자신의 저작권이 침해되고 있는지 여부를 인지하기 어렵고, 온라인 서비스 제공자의 경우 클라우드 서비스에 저장되는 모든 파일에 대해 사실상 감시·검색 의무가 주어져 있지 않아 저작권 침해 여부를 확인할 수 없기 때문이다.

마지막으로 클라우드 서비스에 제공된 개인정보에 대한 데이터 주권(Data Sovereignty)의 문제다. 네트워크로 연결된 초연결 사회에서 데이터는 모든 사회의 기반이라 할 만큼 매우 중요한데, 이러한 데이터를 구글과 같은 소수의 거대 인터넷 서비스 기업이 독점하고 있고 그 저장된 데이터에 대해 정보 제공자조차도 접근이 제한되어 있는 상황은 심각한 문제가 아닐 수 없다. 데이터의 사회경제적 가치가 높아지면서 개인이든 국가든 사용자가 언제든지 자신의 정보를 직접 관리할 수 있는 데이터 주권 문제가 더욱 중요해지고 있다. 데이터 주권이란 자신의 데이터가 어디서, 어떻게, 어떤 목적으로 사용될지를 스스로 결정할 수 있는 권리를 말한다. 마치 개인에게 신체나 재산의 권리가 있는 것처럼 정보 권리를 부여하는 것이다. 가령 유럽연합이 2018년에 공표한 개인정보보호법은 사용자 개인에게 잊힐 권리와 데이터 이동권 등 데이터에 대한 자기 결정권을 새롭게 보장함으로써 정보 주체의 권리를 강화하고 있다. 또한 국가적 차원에서도 자국민의 데이터를 보호하기 위한 다양한 법적·제도적 장치가 필요함을 강조하고 있다. 개인정보가 담긴 자국민 데이터의 국외 이전을 제한한다거나, 정보처리를 위한 서버를 자국 내에 두어 자국 내에서 처리하도록 강제하는 방안 등이 제시되고 있다.[10] 국외의 클라우드 서버에 저장된 자국민의 정보에 대해서는 이에 대한 접근권을 확대하고 관리를 강화하는 방안이 중요하다. 예를 들어 한국보다 개인정보 보호 수준이 낮은 국가로 개인정보가 이전되는 경우 해당 국가로 개인정보 이전을 제한하거나, 이미 이전되어 있는 경우 해당 국가의 개인정보 보호 수준을 한국 수준에 준하도록 강제할 수 있는 법적 근거를 마련하는 것이 필요하다. 이러한 노력은 국가 및 기업이 개인정보의 보호를 저해하지 않는 균형을 유지하면서 데이터를 적극 활용할 수 있는 기회를 높여 줄 뿐 아니라, 몇몇 소수의 글로벌 기업에 편중되어 있던 데이터 서비스 사업을 정보 주체 중심으로 바꾸어 나가는, 그래서 데이터 활용 생태계를 새롭게 구축하는 패러다임적 전환을 의미하기도 한다.[11]

---

10 유럽연합 외에도 중국, 일본 등 많은 국가들에서 개인정보 또는 네트워크 관련 법들이 강화되면서, 클라우드 저장 정보의 국외 이전에 제한이 가해지고 있다.

11 영국의 마이데이터(MiData)와 프랑스의 셀프데이터(SelfData) 제도는 개인정보를 정보 주체에게 돌려주고, 정보 주체가 스스로 판단하여 개인정보의 활용 여부 및 방법을 제시하도록 하고 있다. 영국의 마이데이터 제도는 자신의 거래 내역을

2) 빅데이터 관련 윤리적·법적·사회적 쟁점들

앞서 언급했듯이 빅데이터와 관련 기술의 발전은 일차적으로 우리 삶의 혁신과 함께 상상을 초월하는 혜택을 가져올 것이지만, 동시에 지금까지 우리가 겪어 보지 못했던 새로운 위험들과 윤리적 문제들을 창출할 것이다. 그렇다면 어떠한 윤리적 문제들이 발생할 것인가? 크게 일곱 가지의 윤리적 문제들이 심각하게 제기될 것으로 예상된다. 인간 자율성의 문제, 투명성(transparency)의 문제, 정보에 근거한 동의(informed consent) 문제, 정체성(identity)의 문제, 프라이버시(Privacy)의 문제, 소유권(Ownership)의 문제, 마지막으로 책무(accountability) 또는 책임(responsibility)의 문제가 그것이다. 구체적으로 살펴보자.

첫째, 인간의 자율성에 관한 문제다. 빅데이터의 등장으로 인간 자율성의 실질적인 약화가 우려된다. 앞서 언급했듯이 빅데이터는 개인의 모든 다양한 정보들을 모아 개인의 정체성을 규정하고 이에 근거하여 개인의 미래 행위를 정확히 예측해 내는 능력을 가지고 있다. 이런 결정성은 빅데이터가 점점 확대될수록 더욱 강력한 도구들(다양한 디지털 장치들과 플랫폼 등)에 의해 한층 강화될 것이다. 이는 빅데이터를 통해 개인 행위에 대한 (거의 완전한) 모니터링이 가능하고 나아

'MiData' 파일 형식으로 받을 수 있도록 했고, 프랑스의 셀프데이터는 개인이 자신의 목표 달성을 위해 자신의 통제하에 개인정보를 생산하여 사용하고 공개할 수 있도록 하고 있다.

가 미래 행위에 대한 상당한 예측 또한 가능함을 의미하기에, 인간의 자유의지 및 주체성의 실질적 약화라는 중대한 문제를 야기한다.

둘째, 투명성에 관한 문제다. 한마디로 빅데이터에 의한 혁신 과정은 결코 투명하지 않다.[12] 빅데이터는 모든 형태의 공개된 개인정보들을 광범위하게 수집한 결과지만, 역설적으로 빅데이터를 산출해 내는 일련의 과정이 기술적으로 어떻게 진행되고 제도적으로 어떻게 통제되는지는 우리에게 전혀 드러나지 않고 은폐되어 있다. 또한 한 단계에서 드러난 데이터의 이동성과 투명성은 그다음 단계에서의 투명성을 보장하지 못한다. 투명성이 현실화되려면, 데이터 수집과 사용이 데이터 공급 사슬 매 단계마다 눈에 보이고 설명되어야 하는데 이는 실제로 매우 어렵기 때문이다. 결과적으로 빅데이터를 구축하는 시스코 프로젝트의 사례에서 보는 것처럼, 370억 개의 지능형 장치들을 2020년까지 사물인터넷으로 연결하여 정보를 기하급수적으로 증가시킴으로써 세계를 더욱 투명하게 만들려 하지만, 정보의 집적 과정은 점점 더 불투명해진다.

셋째, 상세한 정보에 근거한 동의 문제다. 여러 가지 문제들이 제기되는데, ㉠ 우선 동의가 실제적으로 어떻게 진행되는지 그 절차가

---

12 리처드와 킹은 이를 투명성의 역설로 간주하고 이 역설 외에도 정체성의 역설(본문에서 언급한 정체성의 문제와 동일)과 힘의 역설(빅데이터가 개인의 정보들이 만들어 내는 힘에 바탕하여 사회의 변화와 혁신을 추구하지만, 그 결과는 이와 상반되게 평범한 개인들의 희생을 대가로 거대 정부와 기업에 특혜를 주는 영향력 있는 힘을 지니게 됨)을 빅데이터의 세 가지 역설로 제시하고 있다. 이에 관한 상세한 논의는 Richards and King(2013)을 참조할 것.

매우 복잡하여 규제 등 일관된 관리 조치를 취하기가 어렵다. ⓛ 다음으로 초기 단계인 데이터 수집 단계에서부터 이해 당사자 간 동의가 필요한데, 현실적으로 초기 단계에서는 빅데이터의 활용에 따른 가능한 혜택이나 아직 알려지지 않은 위험을 포착하는 데 어려움이 있어 충분한 정보에 근거한 동의 자체가 한계를 지닌다. 따라서 이 경우 동의 개념을 제한적으로 적용하거나 아니면 보다 진행 단계마다 적용을 달리하는 역동적인 동의 개념을 개발하는 등의 대안 모색이 필요하다. ⓒ 동의와 투명성 관계의 문제로(Data & Society Research Institute, 2014), 자신의 데이터에 대한 사용을 동의하고 허락해 주었다 하더라도, 무엇에 동의한 것인지를 사람들이 아는가의 문제가 발생한다. 한 개인이 자신의 정보를 어떤 응용 프로그램에 제공하는 것에 동의한 경우라도, 그 정보가 자신에게 적절하게 고지되지 않고 팔린다거나 다른 정보와 결합하여 변형될 수 있기 때문이다. ⓔ 개인의 동의 수준과 공공적 활용 간의 조율 문제다. 인간 게놈 프로젝트의 사례를 보면, 충분한 정보에 근거한 동의와 함께 개인의 유전 정보의 공개에 따른 프라이버시나 위험 문제에 대해 신중하고도 진지한 접근이 필요함을 역설하고 있다. 하지만 개인의 포괄적인 의료 정보일지라도 공공 영역에서 보다 유익하게 활용되려면 동의와 개인정보 보호가 어느 수준에서 적절한지에 대한 진지한 검토가 필요한데, 이는 두 개의 가치가 서로 충돌하는 자가당착적 성격의 문제여서 현실적으로 매우 어렵다.

넷째, 정체성의 문제다. 개인의 정체성은 다면적이고, 빅데이터 기술은 각 개인의 정체성의 다양한 양상들을 사이버 공간 곳곳에서 자유롭게 끌어모아 서로 연관 짓는 방식으로 개인의 정체성에 관한 정보들을 포괄적으로 제공해 준다. 이런 배경에서 볼 때, 개인의 정체성에 관한 정보가 온라인에서 공유될 때와 오프라인상에서 공유될 때 동일한가라는 근본적인 문제가 제기될 수 있다. 한편 개인의 정체성에 관한 민감한 정보를 특정 기관들(예: Facebook, MySpace 등)이 보유하고 있는 상황에서, 개인정보 왜곡이나 조작 등 개인 정체성의 재설정(reidentification) 문제(Davis and Patterson, 2012)[13]도 발생할 수 있다. 결과적으로 빅데이터는 인간에 대해 정체성을 추구하면서 동시에 인간의 정체성을 위협할 수 있는 양가성을 지니고 있다. 또한 인간은 자기 자신의 (인격적) 정체성에 대한 권리를 갖고 있다. 하지만 빅데이터 시대에 내가 누구인가는 나에 관한 수많은 정보들로부터 규정될 것이기에 나의 정체성에 대한 권리가 여전히 유효한가라는 질문이 가능하다. 이를 극복하려면 빅데이터로부터 본래의 자기 정체성을 보호할 수 있는 장치를 마련하는 것이 필요하다.

다섯째, 프라이버시의 보호 문제다. 빅데이터의 등장으로 프라이버시는 그 어느 때보다 심각한 위험 상황에 처해 있다. 개인의 민감한 정보들이 빅데이터에 손쉽게 포함됨으로써 타자가 개인을 속속들이 알게 되는 상황이 발생하고 있다. 한마디로 빅데이터 기술의 발전으

---

13 한편 크로프트는 개인정보의 왜곡과 관련 개인정보를 모으고 분석하고 포장하여 이것을 타인이나 기업 또는 광고회사 등에 파는 '데이터 중개상(data brokers)'(예: Acxiom, Epsilon, Datalogix and BlueKai 등)에게 개인정보가 일종의 유용한 상품으로 간주되고 있다는 사실에 특히 주목하고 있다(Kroftand and Pope, 2014).

로 세상은 의도하든 의도하지 않든 우리를 어떤 방식으로든 인지하고 있다는 점이 빅데이터 시대에 프라이버시 문제를 새롭게 보게 하는 배경이다. 빅데이터 기술의 발전으로 프라이버시 개념의 변화가 필요한가? 프라이버시의 정의 및 표준에 대한 수정이 필요하고 (Vayena et al., 2016), 나아가 개인의 정보 보호인가 아니면 공공의 유용성인가에 대한 엄격한 양자택일적(binary) 인식에 기반한 전통적인 프라이버시 이해 방식에 대한 수정이 필요하다(Vayena et al., 2016). 한마디로 빅데이터에서 보듯이 개인정보의 새로운 사용, 새로운 흐름, 새로운 결정들을 통제할 수 있는 새로운 규범이 필요하다 (Richards and King, 2014). 이를 위해서는 개인정보와 관련한 기밀 (confidentiality), 보안, 민감성(sensitivity) 등의 용어에 대한 개념의 수정도 함께 필요할 것이다.[14] 정리하면 궁극적으로 빅데이터 기술 혁신으로 가능해진 개인정보 활용에 따른 이익의 수혜와 위험의 발생 간의 균형을 어떻게 잡는가가 관건이다.[15]

---

[14] 알트만은 프라이버시의 현대적 분석 체계를 제안하면서, 프라이버시 개념 외에도 이런 개념들의 수정을 강조하고 있다. Micah Altman et al., supra note 1, at *30-31; Alexandra Wood et al., supra note 1, at 5-6.

[15] 이 외에 빅데이터 시대의 개인정보의 데이터화(datafication)에 맞게 '빅데이터 프라이버시' 개념을 새로이 정립하자는 제안이 있을 수 있다. 이는 빅데이터 시대에 변화하는 프라이버시에 대한 시각을 반영한 결과인데, 속성을 기반으로 프라이버시를 사고하는 방식에서 작동 과정 중심으로 프라이버시를 사고하는 방식으로의 전환을 요청한다. 빅데이터 경우 개인의 행동들에 관한 데이터 수집 과정에서 개인의 동의 등 전통적인 프라이버시 보호는 더 이상 중요하지 않기 때문이다. 이에

여섯째, 소유권에 관한 문제다. 오프라인상에서 소유권 문제는 일반적으로 정보의 원천이자 원작자인 개인에 대해 그 정보가 그의 이해관계와 관련된 경우 타인에 의한 공유 과정에서 원작자의 권리의 문제(저작권 등)가 발생하는 데서 비롯된다. 그런데 빅데이터의 경우 소유권 문제는 일차적으로 오프라인에서의 권리와 우선권이 온라인상에 그대로 적용될 수 있는가라는 문제의식에서 출발한다. 이 문제는 누가 데이터를 소유하는가, 데이터에 대한 권리는 양도될 수 있는가, 데이터를 사용하는 기관들에게는 어떤 의무가 부여되는가와 같은 질문들에 대한 대답과 밀접히 연관되어 있다(Davis and Patterson, 2012).

일곱째, 책임의 문제다. 빅데이터는 개인에 관한 정보의 흐름 자체를 변화시킬 수 있는 힘(power)을 지니고 있다. 이 일련의 과정에 수많은 알고리즘들, 이의 설계자·관리자·사용자, 데이터의 공급망에 참여한 각종 기관들 및 사람들 등 다양한 존재자들이 개입하지만, 투명성의 문제에서 제기했듯이 알고리즘을 포함하여 무엇이 어떻게 진행되는지는 구체적으로 드러나지 않는다. 그런데 만약 이 일련의 과정에서 손해 혹은 부정적인 결과가 발생했다면, 이에 대해 누가 어떻게 책임을 져야 할 것인가의 문제가 중요하게 제기된다. 데이터가 서로 다른 영역들을 가로질러 공유되면서 데이터 집합들이 한층 복잡하게 얽히고 결합되는데, 그렇게 되면 책임의 문제도 매우 복잡하게

관한 자세한 논의는 Mai(2016)를 참조할 것.

바뀌게 될 것이다.

마지막으로 초감시 사회의 출현 가능성에 관한 문제다. 빅브라더 혹은 빅브라우저의 탄생이 우려된다. 빅브라더가 정부에 의한 개인 정보의 일원적 관리를 상징한다면, 빅브라우저는 구글처럼 기업이 개인정보 데이터베이스를 구축함으로써 수집 축적된 개인정보가 당초의 목적과 다르게 이용될 기회 가능성이 훨씬 높아진 상황과 관련이 있다. 하지만 근본적으로 보다 중요한 문제는 공유와 감시가 상호 양면성을 지닌다는 점이다. 공유가 긍정적인 측면이라면, 감시는 동일한 상황에서 나타날 수 있는 부정적인 측면을 언급한다.

3) 인공지능 관련 윤리적·법적·사회적 쟁점들

스스로 학습하는 자율형 인공지능의 등장은 알파고가 2017년 세계 바둑계를 평정하고, IBM의 왓슨이 인간 퀴즈쇼에서의 우승을 넘어 의사, 변호사, 판사와 같은 전문가로 활동하는 등 새로운 시대를 예고해 왔다. 최근에는 뉴스의 기사를 작성하고 소설을 쓰며 그림을 그리고 작곡을 하는 등 문화 예술가로도 활동하고 있고, 주식 투자나 재정회계 자문 그리고 면접관 등으로도 활동하고 있다. 인간을 단순히 보조하는 도구 수단으로서의 수준을 뛰어넘어, 이제는 인간 사회 곳곳에서 어느 정도 자율성을 지닌 중요한 사회적 행위자로 활동하고 있는 것이다. 그러한 연유로 이 같은 인공지능과 관련해서 다양한 윤리적·법적·사회적 문제들이 발생할 수 있다. 인공지능 변호사나 판사가 법률적 판단을 내림에 있어서 성별·인종별·종교별·민족별로 편향된 빅데이터를 활용하는 경우 공정한 판단을 내릴 수 없게 된다. 또한 가짜 기사나 가짜 사진 등을 작성하는 등 정보 조작 및 거짓 정보의 양산으로 인간의 정당한 선택권이나 참정권이 침해받을 수도 있다. 진짜 같은 가짜 뉴스를 대량으로 생산할 수 있는 인공지능 알고리즘(2019년) '오픈 인공지능(Open AI)'이나 가짜 영상을 자유자재로 만드는 '딥페이크(Deepfake)' 알고리즘이 대표적이다. 또한 데이터의 집중과 독점이 가속화되고 인공지능의 데이터 처리 능력 또한 고도화되면서, 정보독재 체제 또는 정보감시 사회가 등장할 가능성이 높아질 수 있다. 정리하면 인공지능과 관련해서도 빅데이터와 마찬가지로 윤리적·법적·사회적 차원에서 다음과 같은 쟁점들이 존재한다고 말할 수 있다. 공공성(Publicness)의 문제, 책무성(Accountability)의 문제, 투명성(Transparency)의 문제가 그것이다.[16]

첫 번째는 공공성의 문제다. 공공성은 문자 그대로, 자율형 인공지능의 개발 및 활용 목적이 공공의 이익 증진에 있어야 함을 강조한다. 즉, 인공지능의 개발 및 사용은 사회문제 해결과 같은 공공적 활동을 추구해야 하며, 인공지능에 의해 창출된 다양한 성과와 혜택은 인류 모두에게 형평성 있게 공유되어야 한다는 것이다. 이를 위해 인공지

---

16 이 요소들은 일종의 인공지능 윤리의 대원칙으로서, 이들 원칙이 지켜지지 않을 경우 앞서 언급한 다양한 윤리적·법적·사회적 문제들이 야기될 수 있다. 이러한 원칙들은 국가마다 문화마다 다양할 수 있고, 또한 동일하더라도 민감도에서 차이가 날 수 있다. 여기서는 한국에서 제시된 윤리 원칙을 중심으로 논의하고자 한다 [과학기술정보통신부(2018) 참조].

능의 설계 및 개발 그리고 활용 과정 모두에서 성, 인종, 종교, 지역의 차이로 인한 근본적 차별을 방지하고 빈익빈 부익부 편재에 따른 사회적 차별 요소를 배제하는 공정성이 확보되어야 하고, 그 성과를 공유하되 사회적 약자들에 대한 접근성 보장 등 배려가 필요하며, 궁극적으로 인류의 보편적 복지라는 공동선을 지향해야 한다. 이를 간과하거나 무시한다면 인공지능의 사용에 따른 윤리적·법적인 차별과 사회적 격차는 한층 가속화될 것이다.

하지만 공공성을 추구하더라도 다음과 같은 문제는 여전히 남는다. 인공지능이 이러한 공공적 활동을 충실히 수행하려면 더 견실하고 진정성 있는 빅데이터가 필요한데, 이는 결국 개인정보의 광범위한 수집에 의존하는바, 공공성의 증대와 개인정보 보호 사이에 미묘한 긴장이 조성될 수 있다는 것이다. 이는 전통 철학에서도 난제로 남아 있는 공동체의 가치와 개인의 권리 간 충돌의 문제로, 이를 해결하기 위해서는 철학적인 근본 원리보다는 사회적 합의를 통한 조율이 필요하다고 할 수 있다. 인공지능의 공공성 확보를 위해서도 마찬가지로 조율이 필요하다. 가령 공동선을 위해 개인정보의 활용이 불가피한 경우, 포괄적 동의 절차를 통해 개인이 자발적으로 정보 공개에 참여할 수 있는 길을 열어 놓을 필요가 있다. 앞으로 균형 및 조화의 원리와 조율의 사회학이 필요하다.

두 번째는 책무성의 문제다. 이는 인공지능의 개발에서 활용에 이르기까지 전 과정과 거기서 파생되는 결과에 대해 책임을 공유해야 함을 강조한다. 가령 개발자의 경우 나쁜 의도나 목적을 위해 혹은 사회적 차별을 배제하지 않은 채 인공지능을 개발한 경우, 지켜야 할 윤리적 원칙을 따르지 않은 책임이 뒤따르게 된다. 인공지능을 활용한 서비스 공급자나 사용자도 마찬가지다. 공급이나 활용의 목적이 윤리적 원칙에 어긋나지 않도록 해야 할 책임이 있으며, 인공지능의 활용이 심각한 사회적 부작용을 야기할 가능성이 높다고 판단될 경우 사전주의적 원칙에 입각하여 예방 조치를 취해야 할 책임이 있고, 오남용으로 인해 실제로 사회적인 위험이 초래될 경우 그 결과에 대한 책임 또한 피할 수 없다. 정리하면 개발자, 공급자, 이용자 모두 해당 과정에서 각자 지켜야 할 윤리적 책무가 있으며, 그 결과에 대해서도 책임을 공유해야 한다. 예를 들어 인공지능에 기반한 자율주행차가 횡단보도에서 사람을 치었을 경우, 이에 관여한 개발자(기계학습 기반 알고리즘 개발자, 초연결 네트워크 설계자, 교통 플랫폼 설계자, 실시간 교통 데이터 수집 장치 개발자, 데이터 기반 디지털 주행 시스템 개발자 등), 공급자(교통 플랫폼 서비스 제공자, 교통 빅데이터 공급자 등), 이용자 모두 공동으로 책임을 져야 할 것이다.

  하지만 책무성의 경우에도 여러 가지 현실적인 난제들이 존재한다. 가령 공동책임의 경우 관여한 모든 인간들에게 책임이 분산될 텐데 각자에 해당하는 책임의 범위와 정도를 구체적으로 어떻게 결정할 것인가, 또한 결국 자율적인 인공지능이 최종적인 판단을 내린 만큼 인간이 아닌 인공지능에게도 어떤 책임이 있다고 볼 수 있는데 인공지능에게 책임을 부과하는 것이 과연 합당한가, 나아가 인공지능에게도 책임을 부과할 수 있다면 구체적으로 어떻게 부과할 것인가 등이 난제다. 최근 이러한 문제를 일부 해소하기 위해 인공지능이 책무성의 일환으로 사고발생 경위를 설명할 수 있도록 하는 설명 가능한 인공지능(explainable AI: XAI)의 개발이 논의되고 있지만, 아직은 인간에 대한 설득이 목표인 설명을 과연 인공지능이 수행할 수 있는지 그 자체에 대한 의문이 더 큰 상황이다. 현재의 인공지능은 디지털 기호에 의거한 정보처리 시스템으로, 그 안에서 어떤 정보를 어떤 논리에 바탕해서 처리했는지를 알 수 없는 일종의 블랙박스이기 때문이다. 앞으로 책무성에 대해서도 더 많은 연구가 필요하다.

세 번째는 투명성 문제다. 인공지능의 연구, 개발 그리고 활용 과정은 모두 투명해야 한다. 인공지능은 알고리즘 자체가 복잡하고 난해할 뿐 아니라 학습 과정에서 사용하는 빅데이터도 매우 복잡하고 불완전해, 그 작동 과정에 언제나 불확실성이 존재한다. 이는 인간의 직접적인 통제를 어렵게 함으로써 커다란 위험 요인으로 작동하게 되는데, 이를 최소화하거나 미연에 방지하려면 인공지능의 연구 및 개발과 활용의 전 과정이 투명해야 한다. 가령 인공지능이 처음부터 나쁜 목적을 위해 연구·개발된 것은 아닌지, 나쁜 목적에 사용될 수 있는 인공지능의 기능을 은닉하고 있는 것은 아닌지, 의도하지 않았지만 인공지능이 나쁜 목적에 활용될 가능성은 없는지, 인공지능이 혹여 나쁜 목적에 사용되었을 경우 그에 따른 인간 사회의 위험은 어느 정도인지, 이 위험을 제어할 인간의 통제 수단은 존재하는지, 인공지능의 정보처리 과정 자체는 적절하고 합당한지, 인공지능이 정보를 처리한 과정을 인간에게 설명할 수 있는지, 인공지능의 사용에 대한 사회적 영향평가 결과를 인공지능의 연구·개발 과정에 피드백하여 반영하는지 등을, 인공지능의 투명성을 위해 확인할 필요가 있다.

인공지능과 관련하여 사람이 수행하는 작업 또는 활동의 경우, 현실적으로 투명성을 높이는 것이 상당 부분 가능하다. 가령 연구자나 개발자의 경우, 어떤 목적으로 어떤 기능을 수행하도록 어떤 알고리즘과 데이터를 활용했는지에 관한 정보를 공개하고 이를 서비스 공급자 및 사용자들과 공유하는 것이 투명성을 제고하는 데 매우 중요하다. 또한 서비스 공급자의 경우도 해당 서비스와 관련한 인공지능의 오남용의 가능성과 그로 인해 발생할 수 있는 위험에 관한 정보들을 공개하고 공유한다면, 투명성을 충분히 높일 수 있다. 사용자의 경우에는 인공지능 이용에 따른 부작용이나 이상 현상들이 발생했을 시 이를 공개·공유하고 문제를 제기함으로써, 연구 개발자나 공급자가 보다 투명한 환경에서 작업하도록 견인하고 유도할 수 있다. 하지만 여기에도 현실적인 난제가 존재한다. 인공지능 자체가 그 안에서 어떤 정보를 어떤 논리에 바탕해서 처리했는지를 알 수 없는 일종의 블랙박스인 까닭에, 자발적인 인공지능의 경우 인간 활동의 투명성과는 달리 인공지능의 정보처리 과정 자체의 투명성을 확보하기란 매우 어렵다. 가령 자율주행차가 교통사고를 냈을 때, 어떤 자료에 바탕해서 어떤 알고리즘의 작용을 거쳐 교통사고를 유발하는 판단에 도달했는지 인공지능에게 설명을 요구한다면, 현재의 인공지능은 이에 투명한 대답을 내놓지 못한다. 복잡한 디지털 신호 처리 과정을 인간이 이해할 수 있는 개념적 언어로 전환하여 설명한다는 것 자체가 결코 쉽지 않기 때문이다. 그런 면에서 자발적인 인공지능의 경우 인간이 접근하여 통제할 수 없는 정보처리 과정이 존재할 수 있으며, 이에 대해서는 투명성을 확보하기가 매우 어렵다. 그런 면에서 설명 가능한 인공지능의 개발은, 인공지능의 설명 자체가 자기변명을 정당화할 위험성이 있을 수 있다 하더라도, 어느 정도의 투명성 제고를 위해서는 매우 필요하고도 중요한 작업이라 할 수 있다.

5. 어떻게 미래를 대비할 것인가?

지금까지 초연결 사회의 새로운 윤리적·법적·사회적 쟁점들에 대해 살펴보았다. 사물인터넷과 플랫폼에 기반하고 있으면서 인공지능과 빅데이터가 접목된 새로운 유형의 초연결-네트워크 사회인 만큼, 과거와는 사뭇 다른 새로운 윤리적·법적·사회적 쟁점들이 부각되고 있음을 볼 수 있었다. 그런데 초연결 사회의 존재적 기반 자체가 기존과 매우 다른 만큼, 이러한 쟁점들을 올바로 이해하고 해결하기 위해서는 초연결 사회 자체를 바라보는 관점과 접근 방식 등이 우선 바뀌어야 한다. 여기서는 이런 맥락에서 초연결 사회에 대한 체계적 이해와 구체적 분석의 근간이 될, 초연결 사회의 존재론적·윤리적·사회적 담론에 대해 살펴보고자 한다.

1) 초연결 사회의 존재론적 토대로서의 관계 실재론 정립

초연결 사회는 만물 각각이 서로 네트워크로 연결되어 정보를 생성하거나 상호 소통하는 정보의 주관자이자, 이러한 정보에 바탕해서 만물 각각이 혹은 개개의 만물이 상호 연결된 국지적 네트워크가 하나의 존재 단위로 사회적 활동을 수행하는 사회적 행위자가 되는 존재론적 특성을 지니고 있다. 달리 말해 정보의 연결망으로서의 네트워크 그 자체가 관계의 담지자로서 중요한 실재가 된다. 여기서 네트워크의 노드는 (노드에 위치해 있는 만물 개개의 물리적 특성과 직접 상관없이) 정보 차원에서 관계망으로서의 네트워크가 형성됨과 동시에 그 존재적 지위와 특성이 네트워크에 의해 규정되는 특징을 지닌다. 이를 뇌 안에서 네트워크로서의 신경망과 신경세포의 관계에 대한 비유를 통해 설명할 수 있다. 뇌에 존재하는 신경세포 각각은 세포로서의 고유한 물리적 특성을 지니고 있지만, 이들이 수행하는 특정한 기능과 역할은 (이들의 물리적 특성과 직접 상관없이) 이들이 시냅스를 통해 구축한 관계망으로서의 신경망을 통해서만 비로소 구현된다. 보통 뇌에서 일어나는 다양한 기능적 작용들은 신경세포들의 연결인 다양한 신경망에 의해 이뤄지며, 신경세포 각각의 존재적 특성은 해당 신경세포가 속한 신경망의 기능과 역할에 의해 규정된다. 한마디로 관계가 존재를 규정하는 셈이다. 앞으로 이 같은 특성을 지닌 존재론을 관계 실재론이라 부르겠다. 이는 원자와 같이 불변의 존재적 특성을 지닌 일차 존재가 있고, 이들에 의존한 상호작용으로 양자 사이에 관계가 이차 존재로 형성되는, 전통적인 원자론적 세계관에서의 존재론적 구조와는 근본적으로 다르다. 정보 관계망으로서의 네트워크를 기본 실재로 하는 초연결 사회 역시 이러한 관계 실재론적 특성을 지닌다. 좀 더 구체적으로 살펴보자.

우선 초연결 사회에서 네트워크 자체는 정적인 존재가 아니라 동적인 생성 혹은 과정과 깊은 관련이 있다. 즉, '있음(being)'이 아니라 '됨(becoming)'이 중요하다. 처음부터 고정불변의 어떤 형상이나 실체로 존재하는 것이 아니라, 정보의 흐름과 관계망의 형성이라는 장 안에서 끊임없이 생성 변화한다. 가령 라이프니츠의 모나드(monad, 단자)는 자신 속에 모든 것을 가진 데 비해, 네트워크는 타자와의 연결, 곧 관계 맺음을 통해 끊임없이 자신을 변화시키며 확장시켜 나간다. 이러한 방식으로 자기를 재구성하거나 재배치함으로써 새로운 관계의 담지자, 사회적 행위자로 거듭나는 것이다. 이는 앞서 언급했듯이 특정한 기능적 작용을 수행하는 뇌에서의 신경망과 매우 흡사하다. 신경세포들의 결합과 해체의 반복, 이에 바탕한 신경망의 구성과 재구성, 배치와 재배치가 수행해야 할 기능적 작용에 맞게 신경세포들의 관계 맺음을 통해 지속된다.

둘째, 초연결 사회에서 네트워크를 구성하는 핵심 요소는 다양한 관계들과 관계들의 접점으로서의 노드(nod)다. 들뢰즈의 용어를 빌려 하나의 사물, 여기서는 노드가 다른 것과 하나의 계열을 이루며 연결되는 것을 '계열화'라 하고, 공시(共時)적인 차원에서 만들어지는 계열들을 '배치'라고 해 보자(들뢰즈, 1987).[17] 그렇다면 하나의 사물이나

---

17 들뢰즈에 대한 인용과 관련해서는 들뢰즈의 해체 철학을 반영한다는 의도보다는 들뢰즈의 표현이 갖는 유용성에 주목하고자 한다. 가령 들뢰즈의 계열화와 배치 개념은 뇌에서의 신경망의 형성과 변화에 매우 유용하게 적용해 볼 수 있다. 신경세포들에 의한 하나의 신경망 구축은 계열화에 대응된다. 그리고 서로 다른 기능을 수행하는 다양한 신경망들의 동시적 존재는 배치에 대응된다. 그런데 여기서 중요한 점은 뇌에서 특정한 기능적 작용의 수행이 특정한 신경세포들에 의해 구축된 특정한 신경망에 전적으로 의존하지 않는다는 점이다. 이는 뇌의 가소성에 기인하는바, 교통사고로 우뇌가 절단되어 우뇌의 활동이 멈춘 사람에게서 우뇌가 수

사실은 그것이 다른 것과 어떻게 연결되는가, 어떤 관계를 맺는가, 다시 말해 다른 것과 어떻게 계열화되는가에 따라 다른 의미를, 심지어 상반되는 의미를 가질 수 있다. 곧, 사물의 의미는 지시나 의도 혹은 기호 작용이 아니라 이웃 항들과의 관계에 의해 정의될 수 있다. 가령 다음의 경우를 생각해 보자. 배치 안에서 각각의 항은 다른 이웃 항과 접속하여 다른 기능적 작용을 수행하는데, 예를 들어 손이라는 존재자는 식당에서 밥을 먹는 일련의 계열화 혹은 배치 속에 있을 때와, 목욕탕에서 때를 미는 일련의 배치 속에 있을 때 다른 기능을 수행함으로써 서로 의미가 달라진다. 결국 배치란 계열 안에서 사물의 존재적 특성을 규정하는 외부적인 관계성을 강조하는 동시에, 그것의 가변성을 강조한다고 볼 수 있다. 이는 네트워크를 구성하는 핵심 요소인 관계와 노드에 그대로 적용될 수 있는 중요한 특성이다.

셋째, 초연결 사회의 물리적 기반이 되는 네트워크상에서 내부와 외부를 명확하게 경계 짓는 것은 불가능하다. 기존의 물리적 공간과 가상공간의 구분 역시 사물인터넷에 의한 네트워크의 확장으로 사실상 그 의미가 약해졌고, 어느 한 존재자의 정체성을 규정하는 특성적 내용도 그것이 어떤 외부 존재자와 접촉하는가에 따라 다른 효과를 발휘하며 다른 의미를 가질 수 있다. 가령 인간의 자아 자체는 선천적

행했던 기능적 작용들이 좌뇌에서 해당 신경망이 구축됨으로써 수행될 수 있다는 사례 보고가 이를 잘 보여 준다. 이는 서로 다른 신경세포가 동일한 계열에 참여할 수 있음을 의미한다. 동시에 계열들의 배치가 뇌 전체에서 다양하게 이뤄질 수 있음을 함축한다.

인 어떤 내재성에 의해 결정된다기보다는, 외부와의 끊임없는 접촉과 만남을 통해 사회적으로 구성될 가능성이 매우 높다. 한편 인간의 뇌를 보더라도 의식 활동에서 특정한 역할을 수행하는 것으로 이미 확립된 뇌의 영역들도, 새로운 자극이 주어지고 새로운 환경에 노출되게 되면 다른 역할을 수행하거나, 해당 역할을 수행하는 뇌의 영역 자체가 바뀌는 경우들이 존재한다. 이렇듯 이미 완성된 것으로 밝혀진 것조차 새로이 다가올 외부와의 어떤 연결 혹은 관계 맺기에 의해 다른 것이 될 수 있다. 들뢰즈의 용어를 빌리자면, 어떤 항 하나가 추가되거나 떨어져 나가는 것만으로도 하나의 '계열'은 전혀 다른 의미를 갖는 다른 '계열'이 될 수 있다. 한마디로 순간순간마다 상이한 외부와의 접속과 연결을 통해 하나의 전체성을 획득해 나가는 유기적 체계가 가능한 것이다. 이러한 유기체는 각각의 부분들이 어떤 상위의 중심을 통하지 않고 직접 이웃과 만나 상호 연결된 비중심화된 체계로서, 열린 체계이고 연결된 부분들이 늘거나 줄어듦에 따라 성질이 달라지는 가변적 체계다. 이는 하나의 중심 혹은 하나의 본질로 모든 것을 귀속시키는 본원적 실체론의 관점에 대한 거부를 함축한다.

이러한 관계 실재론에 바탕하고 있는 초연결 사회에는 다음과 같은 존재론적 원리가 그 기저에 작동하고 있다고 말할 수 있다. 첫째는 접속과 연결(connection)의 원리다. 연결은 관련된 항들을 어떤 하나의 방향으로 몰고 가는 것이 아니라 두 항이 등가적으로 만나 제3의 것을 생성한다. 어떤 동질성을 전제하지도 않으며, 어떤 특정한 귀결점이나 좋고 나쁨의 선별도 없다. 둘째는 이질성의 원리다. 이질적인 모든 것에 대해 새로운 연결 가능성을 허용한다. 다양한 종류의 이질적인 연결이 새로운 이질성을 창출할 수 있다. 셋째는 다양성의 원리다. 차이가 차이 그 자체로서 의미를 갖게 된다. 어떤 하나의 중심 혹은 '일자(一者)'로 포섭되거나 동일화되지 않는 차이, 곧 진정한 의미의 다양성이 존재한다. 이러한 원리들이 작동하는 사회에서는 주어진 가치 체계 또는 기존의 지배적인 가치관과 코드에서 벗어나 새로운 가치를 창조하되, 거기에 머물지 않고 끊임없이 새로운 영역으로 옮겨 다니는 창조와 탈주를 반복한다.[18] 특정한 가치와 삶의 방식에 얽매이지 않고, 끊임없이 자기를 부정하면서 새로운 자아를 찾아가는 것이 가능하다.

2) 초연결 사회의 거버넌스를 위한 윤리적 담론 모색

우선 빅데이터의 윤리를 모색하기 위해 '분산된 도덕성(distributed morality)' 개념과 같은 새로운 윤리적 개념들의 적극적 도입이 필요해 보인다. 분산된 도덕성 개념은 전 지구적 차원의 도덕적 행동이나, 인격적 개인의 차원을 넘어서서 다양한 행위자가 포함된 행위에 대한 도덕성을 지시하기 위한 개념으로 플로리디에 의해 처음 제시되

---

18 네트워크에 기반한 21세기의 초연결 사회를 겨냥한 것은 아니지만, 들뢰즈의 노마디즘(Nomadism) 역시 이와 유사한 관계론적 관점을 강조하고 있다. "노마드의 핵심은 물리적 이동이 아니라 기존 영역을 횡단해 새로운 가치를 창조하는 데 있다"(들뢰즈, 1968). 특정한 가치와 삶의 방식에 얽매이지 않고 자기를 부정하면서 끊임없이 새로운 자아를 찾아가는 것을, 그는 이동-창조-탈주의 반복으로 보고 이를 창조적 파괴라고 보았다.

었다(Floridi, 2013: 729; Floridi and Sanders, 2004).[19] 이 다양한 행위자들 안에는 인격적 개인이 아닌 행위의 주체 또는 객체들(가령 인공물, 하이브리드, 알고리즘 등)이 넓은 의미의 행위자(actor)로 포함된다. 이 분산된 도덕성 개념이 작용하는 기제는 다음과 같다. 다양한 행위자들의 행동들이 도덕적으로 중립이거나 무시할 만한 행동들이라 하더라도, 이러한 행동들이 거대한 시스템 안에서 서로 엮이고 통합되면서 도덕적으로 선한 혹은 악한 결과들을 야기할 수 있다.[20]

---

19 플로리디는 그의 분산된 지식 개념을 바탕으로 '분산된 도덕성' 개념을 명료화하고 옹호하려 한다. 가령 어떤 사람 A가 자동차가 차고에 있거나 철수가 그것을 가져갔다라는 사실을 알고 있고, 어떤 사람 B는 자동차가 차고에 있지 않음을 알고 있다고 할 때, A나 B 누구도 철수가 그 차를 가져갔다는 사실을 알지 못하지만, 일종의 초인간이라 할 수 있는 '인간 A+인간 B'는 철수가 그 차를 가져간 것을 안다. 이는 논리학의 규칙에 따른 결과다. 이렇듯 두 개의 인식적 상태들이 통합되면 새로운 지식이 만들어지는데, 그런 의미에서 이 새로운 지식의 기반이 된 지식들은 분산되어 있다고 말하고 있다. 나아가 그는 도덕성도 이와 유사한 방식으로 분산된다고 본 것이다. 하지만 지식이 이와 같은 방식으로 융합된다 하더라도, 도덕적 판단 역시 이와 같은 방식으로 융합이 된다고 주장하는 데는 비약이 있어 보인다. 참·거짓의 인식적 가치를 부여하는 것과, 선·악의 도덕적 가치를 부여하는 것이 같은 논리적 맥락에서 가능할 수 없기 때문이다. 그런 의미에서 플로리디의 주장은 약한 유비적 시도에 불과하다고 하겠다. 하지만 이런 인식적인 차원의 유비를 염두에 두지 않는다면, 플로리디의 분산된 도덕성 개념은 빅데이터를 활용하는 시스템에 대한 도덕적 평가에는 매우 의미 있는 시도라고 볼 수 있다.

20 물론 도덕적으로 옳지 못한 판단들이 모이고 결합하여 도덕적으로 선한 결과를 야기할 수도 있고, 도덕적으로 선한 많은 행동들이 모이고 결합했지만 도덕적으로 악한 결과들을 야기할 수도 있다. 이러한 모든 상황들은 인간의 선험적인 내재론적 본성에 의해 도덕적 판단을 결정하는 의무론적 관점으로는 설명이 어렵고, 주

둘째로 다중-행위자(multi-agents) 시스템 개념의 도입이 필요해 보인다(Floridi, 2013). 이는 엄격히 말하면 '분산된 도덕성' 개념이 실제로 적용될 수 있는, 현실적으로 구체화된 대상 개념이다. 빅데이터 시대에는 수많은 정보들과 이와 연관된 행위자들이 거대한 연결망안에 서로 복잡하게 얽혀 있다. 다중-행위자 개념은 이러한 상황을 존재론적으로 구체화하여 지시하는 개념이다. 또한 앞서 언급한 빅데이터의 존재적 특성들을 잘 담아낼 수 있는 구체적인 존재자의 모습을 표현하기도 한다. 빅데이터가 수집·저장·분석·처리·활용되는 일련의 과정에서 다양한 역할의 사람들뿐 아니라 다양한 분석 알고리즘들이나 네트워킹 및 클라우드 컴퓨팅 환경 기술 등이 복잡하게 상호 연결되어 개입하고 있기 때문이다.

셋째로 책임 개념과 책무 개념의 구분도 필요하다.[21] 다중-행위자 시스템 자체가 인간으로만 구성되어 있지 않고, 인간에 의해 모든 것이 조절 통제되지도 않는다. 또한 앞서 빅데이터에서 보았듯이 다중-

---

변과의 상호작용 문맥 속에서 도덕적 의미가 결정될 수 있다는 일종의 결과론적 관점이 이러한 상황에 적합하다고 할 수 있다.

21 플로리디의 경우 책임과 책무를 다음의 사례를 통해 구분하고 있다. 그는 인공지능 설계자에 대해서는 책임성(responsibility)을 강조하고, 인공지능에 대해서는 책임성 개념 대신 윤리적 책무성(ethical accountability) 개념을 강조한다. 결국 그에 따르면, (인공지능의 행동에 대한 윤리적 책임)=(인공지능 자체의 윤리적 책무성)+(인공지능 설계자의 책임성)이 된다. 다른 예로 어린 자녀의 행동에 대해 부모는 책임성을 지지만 책무성은 가지지 않는다. 이에 대한 자세한 내용은 Floridi(2008)을 참조할 것.

행위자 시스템에서도 마찬가지로 은폐성과 불투명성의 문제가 충분히 제기될 수 있다. 이는 다중-행위자 시스템에서 도덕적으로 심각한 문제가 야기될 경우, 누구에게 어떻게 도덕적 책임(responsibility)을 지울 것인가의 문제가 발생한다. 문제는 모든 것이 인간에 의해 완전하게 통제되지 못한 상황이기에, 인간에게만 도덕적 책임을 물을 수 없다는 것이다. 이를 위해 필요한 개념이 바로 비인격적 행위자들에 적용하기 위한 도덕적인 책무(accountability) 개념이다. 앞서 분석했듯이 빅데이터는 개인에 관한 정보의 흐름 자체를 변화시킬 수 있는 힘을 지니고 있다. 따라서 만약 이 과정에서 손해 혹은 부정적인 결과가 발생했다면, 빅데이터 역시 이에 대해 책무를 져야 할 것이다.

마지막으로 초연결 사회에서의 윤리학(Zwitter, 2014)을 위한 단계적 모색 전략이 필요하다. 이 논의의 출발점은 빅데이터의 등장이 우리의 윤리적 사고와 판단 그리고 행위에 어떤 변화를 주는가다. 18세기 말부터 정립되어 온 현대 윤리학(흄, 칸트, 벤담, 밀 등)은 개인의 도덕적 책임성을 윤리학의 당연한 전제로 받아들였다. 하지만 빅데이터의 등장은 이러한 인격적 개인의 도덕성에 기반한 윤리학 체계에 문제를 던지고 있다. 따라서 현재의 윤리적 개념 및 원리들에 대한 사유의 전환이 요청되고 있다. 이를 위해 다음과 같은 네 가지의 주제들에 대한 검토가 필요하다. 첫째는 도덕적 책임성에 관한 전통적인 윤리적 원리들에 대한 재검토, 둘째는 윤리적 연관성이 높은 빅데이터의 특정 성질들에 대한 분석, 셋째는 새로운 하이퍼-연결망 윤리(hyper-networked ethics)의 출현 가능성에 대한 고찰, 마지막으로 새롭게 부각되는 윤리적 문제들에 대한 검토 등이다.

3) 행위자 연결망 사회 담론 구축

미셸 칼롱(Michel Callon)과 브뤼노 라투르(Bruno Latour)는 과학과 사회의 관계를 논하면서, 과학이란 근본적으로 행위자들 간에 구축된 강한 사회적 연결망의 산물이라고 주장한다. 여기서 행위자들은 인간만이 아니라 다양한 비인간적 요소들, 가령 자연적 혹은 기술적 혹은 사회적 요소들(생물체, 기계, 텍스트, 건물, 제도 등)을 포함하는데, 이들이 네트워크를 통해 상호 연결되어 있는 까닭에 이를 행위자-연결망 이론(actor-network theory)이라고 부른다. 결국 과학을 본질적인 방법론을 지닌, 사회와는 분리된 합리적인 지식 체계로 보는 전통적인 관점을 거부하고, 과학 역시 다양한 행위자들의 상호관계를 통해 형성된 동적인 산물임을 강조한다.

그런데 이 이론 안에는 다음과 같은 중요한 철학적 전제들이 내재되어 있다. 첫째, 인간 대 비인간, 인간 대 자연, 사회적인 것 대 기술적인 것 사이의 구분에 대한 거부다. 이러한 구분을 인간 중심주의에 바탕한 근대적 이분법으로 보고, 인간과 비인간의 행위자성(agency) 사이에 근본적인 구분이 없다고 비판한다. 둘째, 모든 행위자는 사회적이든 자연적이든 지속적으로 변화하는 상호관계 속에 존재한다. 상호관계는 네트워크상에서 상호 연결로 구현되며, 사물 간 유물론적 관계라든가 개념 간 기호학적 관계 등 다양한 유형들이 존재한다. 한마디로 세계 전체가 수많은 인간과 비인간의 결합, 즉 이질적 연결망들로 이뤄져 있음을 강조한다. 셋째, 연결망은 그것을 구성하는 행위자들 없이 존재할 수 없고, 행위자는 자신의 정체성과 기능적 역할을 규정하는 연결망 없이 존재할 수 없다. 따라서 행위자는 원래부터 본질적인 능력을 갖고 있다기보다는, 특정한 관계의 연결망 속에서 특정한 능력을 갖게 된다고 할 수 있다(Callon, 1995).

이러한 전제들이 갖는 함의는 단지 칼롱이나 라투르의 주장처럼 과학의 본성에 관한 논의에 국한되지 않으며, 앞서 분석해 온 초연결 사회의 사회적 담론을 형성하는 데 충분히 의미 있게 확대 적용될 수 있다. 사물인터넷을 기반으로 하는 초연결 사회의 네트워크 역시 인간만이 아니라 비인간적 존재자들의 상호 연결에 의해 구축되며, 상호 연결된 존재자들은 그것의 존재론적 본성과 무관하게 정보를 주고받는 정보 행위자로서 동등성을 지니고 있기 때문이다. 한마디로 초연결 사회는 인간이든 비인간이든 정보를 주고받는 정보 행위자들이 구축한 네트워크에 기반한 사회, 곧 정보 행위자-연결망 사회라고 할 수 있다. 이를 토대로 행위자-연결망 이론에 바탕한 초연결 사회에 관한 사회적 담론을 구축해 볼 수 있다. 물론 기존의 행위자-연결망 이론을 그대로 적용하기보다는, 초연결 사회의 특성에 적합한 방식으로 수정 보완할 필요가 있다. 여기서는 그러한 수정 보완의 방향을 제시하는 것으로 논의를 마치고자 한다. 가장 중요한 점은 기존의 행위자-연결망 이론이 행위자들의 무차별성, 달리 말해 수평적 동등성 또는 대칭성에 기반하고 있다면, 초연결 사회에 관한 정보 행위자-연결망 사회 이론은 정보에 다양한 층위(가령 0과 1로만 구성된 디지털 기호 정보, 이에 대응하는 아날로그적인 언어기표 정보, 언어기표 정보에 의미를 결합한 개념 정보 등)가 존재하고 있고 각 층위마다 정보 행위자의 기능과 역할이 다른 만큼, 정보 행위자 범주의 세분화와 행위의 능동성에 따른 정보 행위자의 다층위화 그리고 이러한 정보 행위자들이 구축한 이질적 연결망들의 층위 구분 등이 필요하다는 점이다.

참고문헌

과학기술정보통신부. 2018. 「지능정보사회윤리 가이드라인 및 윤리헌장」.

들뢰즈, 질(Gilles Deleuze). 1968. 『차이와 반복』. 민음사.

_____. 1987. 『천 개의 고원』. 새물결.

맹정환. 2011. 「클라우드 컴퓨팅과 관련된 법적 문제점 및 해결방안에 대한 연구」, ≪Law & technology≫, Vol.7, No.5, 112~133쪽.

박준석. 2011. 「Cloud Computing의 지적재산권 문제」, ≪정보법학≫, 15권 1호, 153~189쪽.

송석현 외. 2013. 「클라우드 기반의 공공서비스 도입체계에 관한 연구」, ≪디지털융복합연구≫, 제11권 제5호, 63~72쪽.

아탈리, 자크(Jacques Attali). 1999. 『21세기 사전』. 랜덤하우스코리아.

이중원. 2018. 「인공지능과 관계적 자율성」. 『인공지능의 존재론』. 이중원 외. 한울아카데미.

이창범 외. 2010. 『클라우드 컴퓨팅 활성화를 위한 법제도 개선방안 연구』. 한국인터넷진흥원 연구보고서. 한국인터넷진흥원.

Altman, M.//supra note 1, at *30 31; Alexandra Wood et al., supra note 1

Callon, Michel. 1995. "Four Models for the Dynamics of Science." in S. Jasanoff, G. E. Markle, J. C. Peterson and T. Pinch(eds.). *Handbook of STS*. Thousand Oaks, California: SAGE Pr.

Data & Society Research Institute. 2014. "Event Summary: The Social, Cultural, & Ethical Dimensions of 'Big Data'." March 17 — New York, NY. http://www.datasociety.net /initiatives/2014-0317/

Davis, Kord and Doug Patterson. 2012. *Ethics of Big Data: Balancing Risk and Innovation.* O'Reilly.

Floridi, Luciano. 2008. "Information Ethics: A reappraisal." *Ethics and Information Technology*, 10(2~3), pp.189~225.

_____. 2013. "Distributed Morality in an Information Society." *Sci Eng Ethics*(2013) 19:727743. DOI 10.1007/s11948-012-9413-4.

Floridi, Luciano and J. W. Sanders. 2004. "On the Morality of Artificial Agents." *Minds and Machines*, vol.14, pp.349~379.

Gantz, John and David Reinsel. 2013. The Digital Universe in 2020, IDC Country Brief. http://www.emc.com/leadership/digital-universe/2012iview/index.htm

Kroftand, Kory and Devin G. Pope. 2014. "Does Online Search Crowd Out Traditional Search and Improve Matching Efficiency? Evidence from Craigslist." *Journal of Labor Economics*, Volume 32, Number 2.

Mai, J-E. 2016. "Big data privacy: The datafication of personal information." *The Information Society*, 32(3), pp.192~199.

Richards, Neil M. and Jonathan H. King. 2013. "Three Paradoxes of Big Data", Stan. L. Rev. Online.

_____. 2014. "Big Data Ethics", *Wake Forest Law Review*.

Vayena, Effy et al. 2016. "Elements of a new ethical framework for big data research." *Washington and Lee Law Review* Online, Volume 72, Issue 3.

Zwitter, Andrej. 2014. "Big Data ethics." *Big Data & Society*, 1(2014). DOI: 10.1177/2053951714559253

_2장_

빅데이터의 소유권과 분배 정의론*
기본소득을 중심으로

목광수

1. 논의의 배경

인공지능(artificial intelligence: 이하 AI) 기술을 통해 빅데이터의 활용이 원활해진 오늘날, 빅데이터 기반의 산업 중심으로 세계의 경제 흐름이 변화하고 있다.[1] 예를 들어, 시장 자본화(market capitalization)

---

* 이 글은 ≪철학·사상·문화≫, 제33호(2020), 158~182쪽에 수록된 같은 제목의 논문을 이 책의 취지에 맞게 수정한 것이다.

1 이 글에서 빅데이터라고 말할 때는 빅데이터를 형성하는 데이터 자체뿐만 아니라 빅데이터 과학기술까지 포함한다. 왜냐하면 데이터 자체가 아무리 많아도 이를 수집하고 저장하는 기술, 그리고 활용하는 기술이 없다면 빅데이터가 성립될 수 없기 때문이다. 과거에 수집하기 어려웠던 다양한 형식의 데이터를 기술 발전에 따라 수집할 수 있게 되면서 대용량의 데이터가 생성될 수 있고, 그렇게 생성된 대용

를 기반으로 세계 기업의 규모를 평가한 2020년 3월 31일 기준 자료에 의하면, 세계 10대 기업 가운데 아마존, 구글의 자회사인 알파벳, 알리바바, 페이스북 등의 플랫폼 기업들이 포함되어 있다. 세계의 경제 흐름이 제조업 중심에서 정보기술(information technology)을 거쳐 빅데이터를 활용한 새로운 이윤창출 방식으로 전환되는 현시점에서 제기되는 윤리적 물음은, 다양한 데이터를 제공하는 데이터 주체(data subject)들과 이러한 데이터를 수집하고 분석하여 판매하는 플랫폼 기업 사이의 관계, 그리고 플랫폼 기업이 데이터를 거래하는 기업들과의 관계에서 이윤 분배를 어떻게 하는 것이 정당한가다. 아직 빅데이터의 소유권과 관련된 논의가 법적 차원에서 확립되지 않았지만, 후자의 물음인 플랫폼 기업과 기업 사이의 이윤 분배와 관련해서는 이미 시장 원리를 통해 실질적으로 적절한 이윤 분배가 이뤄지고 있다.[2] 그러나 전자의 물음인 개인과 플랫폼 기업 사이의 관계와 관

량의 데이터를 처리할 수 있는 기술 덕분에 수집된 데이터가 활용 가치가 있는 빅데이터가 될 수 있다는 점을 주목한다면, 빅데이터 자체와 빅데이터 과학기술은 개념적으로는 분리할 수 있지만 실질적인 의미에서는 분리하기 어렵다.

2 예를 들어, 페이스북이 2010년 3억 5500만 달러의 광고 수익과 2011년 1월 15억 달러의 금융 수익을 냈다는 보도는 빅데이터의 매매와 가치에 대해 기업들 사이에서는 시장 원리가 작동하고 있음을 보여 준다(이항우, 2017: 135). 또한 구글이 구글뉴스와 구글도서 사업을 전개하면서 언론사 그리고 출판사 등과 법적 분쟁을 통해 사용료에 합의한 사건도 빅데이터에 대한 기업 사이의 거래에서 시장 원리가 작동하고 있고, 이익 갈등에 대해 해결을 모색하려는 시도가 있음을 보여 준다(이항우, 2017: 117~120).

련된 물음에 대해서는 실질적 이윤분배 논의가 전무하다. 이 글은 데이터를 제공한 사람들, 즉 데이터 주체가 자신이 제공한 데이터에 대해 정당한 대가를 받고 있느냐는 물음, 즉 데이터를 통해 얻은 이익에 대해 이익 산출에 기여한 사회 구성원들이 정당한 혜택을 분배받지 못하는 '데이터 비대칭성(data asymmetry)'이 정당한가에 대한 물음에 집중하고자 한다.[3] 이 글에서 데이터 비대칭성은 데이터가 산출한 혜택에서 데이터 제공 주체가 배제되고 이러한 혜택이 데이터를 수집한 플랫폼 기업에 의해 독점되는 현상을 의미한다. 이러한 현상은 단순한 사실 기술에 그치는 것이 아니라, 2절과 3절에서 부분적으로 논의할 것처럼 데이터 제공자의 일자리 감소와 사회적·경제적 불평등이라는 가치훼손 형태로 나타난다는 점에서 윤리적 검토가 요구된다. 그럼에도 불구하고 2절에서 검토할 것처럼 이러한 가치 훼손은 데이터 제공자의 무관심과 무지로 인해, 그리고 플랫폼 기업들의 이익독점 옹호 논리로 인해 은폐되거나 감지되지 못하고 있다.

이 글은 데이터의 비대칭성 문제에 대한 윤리적 대응, 즉 빅데이터를 통한 이윤 창출에서 데이터 주체와 플랫폼 기업 사이의 정의로운

---

3 2016년 12월 13일 국제전기전자기술자협회(IEEE)에서 윤리적 인공지능 시스템 개발을 위한 지침서 *Ethically Aligned Design*의 초안(http://standards.ieee.org/develop/indconn/ec/ead_v1.pdf)을 출판했다. 이 초안 56~67쪽에는 개인의 데이터로 인한 수익이 데이터 제공자에게 공평하게 제공되지 않는 현상뿐만 아니라 데이터 통제와 관리 등에서 소외되는 현상 등을 폭넓은 의미에서 '데이터의 비대칭성'이라고 명명한다. 이 글은 이 용어를 차용하면서 좀 더 분배 정의의 관점에 집중하여 전자의 의미로만 사용한다.

분배 방식을 모색하고자 한다. 이를 위해 먼저 데이터 또는 빅데이터의 소유권(ownership) 논의, 즉 데이터를 제공한 개인들인 데이터 주체의 데이터 소유권과 이를 수집하고 분석한 플랫폼 기업의 빅데이터 소유권을 어떻게 이해하는 것이 정당한지를 검토하고자 한다(2절). 또한 이러한 데이터 소유권 논의에 대한 정당한 이해를 토대로 빅데이터 활용을 통한 이윤이 어떻게 분배되는 것이 정당한지를 데이터 주체와 플랫폼 사이의 관계를 중심으로 검토하고자 한다(3절). 이러한 검토를 통해 이 글은 빅데이터가 산출한 이윤에 대한 분배 정의론으로 기본소득(basic income)이 정당하다고 주장한다.[4] 이러한 주장은 데이터 비대칭성이라는 빅데이터 분배 정의 문제에 대한 효과적인 해결 방안을 제시할 뿐만 아니라, 기본소득 논의가 가진 재원 마련의 난제에 대한 해결 실마리를 제시해 줄 것으로 기대된다.[5]

---

4   AI와 빅데이터 활용의 수익에 대해 기본소득을 통해 재분배해야 한다는 논의들은 적지 않다(이광석, 2017: 157~163; 이항우, 2017: 228~237; 강남훈, 2016; 강남훈, 2019: 108~146; 곽노완, 2018; 정원섭, 2018; 남기업, 2014). 기존 논의는 데이터 비대칭성 현상 자체에 대한 기술에서 문제를 파악하고 이를 해결하기 위한 방안으로 기본소득의 필요성을 당위적으로만 강조할 뿐 이를 정당화하기 위한 논리적 설명과 충분한 이유를 제시하지 않았다. 이 글은 데이터 소유권과 존 롤즈(John Rawls)의 차등 원칙(difference principle) 중 최소치 부분에 대한 논증을 통해 기존 논의가 부족했던 철학적 정당화를 보완한다는 점에서 기존 논의와 차별화된다.

5   기본소득 논의는 오랜 역사를 가질 뿐만 아니라 다양한 사상에 의해 지지되고 있음에도 불구하고 현실화되지 못했는데 그 이유 중 하나는 도덕적 정당성에 대한 의구심이고 다른 하나는 재원 마련의 현실성 부족이다(라벤토스, 2016: 50). 전자는 노동과 일을 한 사람이 납부한 세금을 일하지 않는 게으른 사람에게 조건 없이

2. 빅데이터와 데이터의 소유권 논의

빅데이터 가운데 가장 활용도가 높고 경제적 가치가 클 것으로 예상되는 보건의료 빅데이터와 관련된 최근 연구들을 검토한 브렌트 다니엘 미텔슈타트(Brent Daniel Mittelstadt)와 루치아노 플로리디(Luciano Floridi)의 논문 "The Ethics of Big Data: Current and Foreseeable Issues in Biomedical Contexts"(2016)에 따르면, 보건의료 빅데이터와 관련된 소유권 논의는 중요하다. 왜냐하면, 보건의료 빅데이터가 복제되고 거래되어 수익이 산출되는데도 이에 대한 분배 과정에서 데이터를 제공한 데이터 주체는 아무런 이익을 향유하지 못하고 데이터를 수집한 플랫폼 기업이 독점하기 때문이다. 이러한 기업 독점에 주목할 필요가 있는 것은, 보건의료 빅데이터는 제공자의 데이터로 구성되었다는 점에서 데이터 제공자가 일정 부분 소유권을 갖는다고 볼 수도 있기 때문이다. 2017년 유네스코 국제생명윤리위원회는 *Report of the IBC on Big Data and Health*에서 보건의료 빅데이터의 혜택을 데이터 제공자에게 보상하고 데이터 소유권이 공익적 차원에서 고려되어야 함을 주장한다.

직관적으로는 이러한 주장이 타당해 보일 수 있지만, 현실에서 빅데이터가 창출한 이윤은 정보를 수집하여 분석한 플랫폼 기업들이 독점하는 데이터 비대칭성 현상이 발생하고 있다.[6] 즉, 플랫폼 기업

지급한다는 것이 불공정하다는 우려인데, 이에 대해서는 목광수(2019a)를 참조하기 바란다. 이 글은 후자의 물음에 대한 간접적 대응이다.

이 빅데이터의 소유권을 독점하고 있다. 이러한 플랫폼 기업의 소유권과 이윤 독점을 옹호하는 논리는 첫째, 임금노동이 아닌 활동으로 산출된 데이터에 대해 데이터 제공자가 소유권을 주장하기 어렵다는 점이다. 둘째, 데이터 제공자는 자신의 데이터 제공을 대가로 이미 플랫폼 기업으로부터 플랫폼 무상 사용의 혜택을 누리고 있으며 이런 사실에 대해 동의했다는 논리다. 셋째, 플랫폼 기업이 수집하고 분석한 빅데이터가 이윤을 산출하는 것이지 빅데이터를 형성하는 데이터 제공자의 개별 데이터 자체는 이윤 산출을 하지 못한다는 논리다. 이러한 논리가 정당하다면, 데이터 비대칭성 현상은 단순한 사실 기술일 뿐 윤리 문제가 아니다. 이 절에서는 이러한 논리에 대한 비판적 고찰을 통해 빅데이터와 데이터 소유권에 대한 정당한 논의가 무엇인지 검토하고자 한다.

---

6 박경신은 한국의 개인정보보호법이 개인정보에 대해 수집 과정에서의 동의를 받아야 한다는 조건과 수집 목적에 따라서만 사용한다는 조건을 제시하고 있다는 점에서 데이터 주체의 데이터 소유권을 전제하고 있다고 해석한다(박경신, 2019: 259~260). 박준석 또한 자신의 개인정보에 대해 일정한 권리를 가지고 있다는 사실은 "세상 그 누구도 다투지 않는 분명한 출발점"이라고 주장한다(박준석, 2019: 148). 이런 의미에서 개인이 자신의 데이터에 대한 '명목상의 소유권'을 갖는 것은 분명하지만 데이터 비대칭성 현상이 보여 주는 것처럼 '실질적인 소유권'은 플랫폼 기업이 가지고 있다(이항우, 2017: 165). 이러한 혼란은 부분적으로 데이터가 갖는 비물질적 속성, 예를 들면 3절에서 논의할 관계적 속성 때문으로 보인다. 관계적 속성으로 인해 데이터 소유는 독점적·배제적으로 규정하기 어렵기 때문이다.

1) 데이터 주체의 소유권 부재 논리에 대한 비판적 고찰

기존의 철학적 차원의 소유권 논의는 노동 또는 일과 깊이 관련된다. 소유권 논의의 원류로 볼 수 있는 존 로크(John Locke)의 소유권 이론은 개인의 노동을 소유권의 핵심으로 보았기 때문이다. 그런데 이러한 노동 개념은 당시 사회적 물적 토대를 배경으로 임금노동, 즉 경제적 보상으로서의 일과 연계되어 이해되었다. 빅데이터의 토대가 되는 개인의 데이터는 이러한 관점에서 볼 때, 노동의 산물로 보기 어렵다는 점에서 빅데이터는 기존 소유권 논의에서 벗어난다. 왜냐하면, 빅데이터의 토대가 되는 개인의 데이터는 경제적 보상으로서의 일인 임금노동이라기보다는 개인의 사회적 활동이나 사회에 기여하는 개인적 차원의 취미 활동 등과 관련되어 나타나는 자유노동 또는 무료/부불 노동(free labor)의 산물이기 때문이다(이항우, 2017: 222~225). 오히려 로크의 소유권 이론에 대한 기존의 이해 방식에서는 인터넷이라는 공유지(commons)에서 만들어진 데이터 또한 공유재(commons)로 볼 여지가 있다. 그러나 이러한 기존의 이해 방식은 로크가 포착한 소유권에 대한 정신에 당대의 사회적 물적 토대의 이해를 반영한 것이어서 새로운 물적 토대를 반영하는 빅데이터 시대에는 부적절한 측면이 있다. 왜냐하면, 빅데이터 시대는 사회 협력(social cooperation)과 관련된 노동 또는 일, 그리고 여가(leisure)의 경계를 허물고 재검토할 것을 요구하는 새로운 물적 토대의 시대이기 때문이다. 과거에는 노동 또는 일로 간주되지 않았던 활동들, 예를 들어 자신의 취미 생활을 동영상으로 촬영하여 유튜브에 공개하는 활동이 경제활동이 되거나 경제활동은 아니더라도 사회의 중요한 가치로 인정되는 시대이기 때문이다. 따라서 로크의 소유권 논의의 근저에 있는 정신에 주목해 본다면, 무언가 활동을 통해 변화를 야기하는 새로운 물적 토대인 빅데이터 시대에는 다양한 활동들이 직접적인 임금노동의 방식은 아니라고 하더라도 이로 인해 가치를 창출하고 사회에 기여하기 때문에 소유권의 토대가 될 수 있다.

20세기 분배 정의론을 주도한 존 롤즈의 논의 또한 빅데이터 시대의 데이터 주체가 갖는 데이터 소유권을 옹호하는 논의로 해석될 수 있다. 사회 협력에 여가는 포함되지 않고 당시의 물적 토대에 근거한 이해 방식이었던 임금노동만을 포함했다고 평가되었던 롤즈의 논의는 빅데이터 시대에 적합하게 새롭게 해석될 수 있다. 롤즈의 논의에서 여가나 일 또는 노동이 다양한 층위로 사용되고 있으며 이를 구분하여 분석한다면 기존의 이해와 달리 빅데이터 시대의 여가 행위도 사회적 기여로서의 상호성에 상당 부분 포함될 수 있다고 해석될 수 있기 때문이다.[7] 롤즈는 자신의 정의론의 토대가 되는 사회 협력 개념을 임금노동으로서의 일뿐만 아니라 "사회적 삶의 부담을 공유하는데 각자의 역할을 기꺼이 하려 한다"는 넓은 의미의 사회적 기여로 제시하고 있다(Rawls, 2001: 179). 더욱이 롤즈는, 일(work) 개념을 임금노동으로 기술할 뿐만 아니라 "사람들이 원하는 것은 타인들과의

---

7   롤즈의 일과 상호성, 여가 등의 해석에 대한 아래의 논의는 목광수(2019a)의 내용을 요약한 것이다. 이 글의 목적상 개념 해석에 대한 논의는 가급적 생략하며 이에 대해서는 해당 논문을 참조하기 바란다.

〈표 2-1〉 여가, 일, 상호성 개념의 상호관계

넓은 의미의 여가 개념				
경제적 보상으로서의 일	가사, 돌봄, 봉사 활동, 예술 활동 등의 사회적 기여 활동	개인적 차원의 취미 활동	휴식	상호성 없는 활동
넓은 사회적 기여로서의 일				
사회적 기여로서의 상호성				

자유로운 결사를 통해서 의미 있는 활동(meaningful work)을 하는 것"
등의 구절에서 자유노동을 포함하는 탄력적 해석의 가능성을 열어
놓고 있다(Rawls, 2001: 257). 비슷한 맥락에서 유발 하라리(Yuval Noah
Harari)는 가치 있는 수많은 활동들, 예를 들면 공동체를 구성하는 것,
이웃을 돌보는 것, 자녀를 양육하는 것 등이 일에 포함되어야 한다고
주장한다(하라리, 2018: 71~72). 〈표 2-1〉은 이러한 논의를 토대로 롤
즈의 논의에서 다양한 층위로 해석될 수 있는 여가, 일, 상호성 개념
의 상호관계를 정돈한 표다.

〈표 2-1〉에 따르면, 롤즈의 정의론은 경제적 보상으로서의 일만
사회적 기여로 보지 않으며 넓은 의미의 여가 개념에는 상호성 없는
활동, 예를 들면 상호성을 파괴하는 행위나 사회로부터 도피하려는
행위를 제외한 활동들은 넓은 사회적 기여로서의 일이나 사회적 기
여로서의 상호성에 포함될 수 있다. 이러한 롤즈의 논의에 대한 해석

은 현대 사회에서의 일과 노동에 대한 이해, 상호성에 대한 이해와도 상당 부분 일치한다. 예를 들어, 페미니즘 비평의 역사에서 볼 수 있는 것처럼 자유노동 또는 무료 노동에 해당하는 가사 노동은 고된 노동일뿐만 아니라 사회 자체의 재생산이라는 가치 있는 활동으로 인정된다. 빅데이터 시대의 자본주의에서 노동은 가치를 생산하는 모든 활동을 가리키며 임금노동만 중시하는 시대에는 노동이 아니라고 간주했던 소비와 여가 활동 등의 비물질 노동, 자유노동인 무료 노동도 포함한다. 비슷한 맥락에서 일부 학자들은 실물이 아닌 데이터 제공자가 플랫폼에서 표출하는 흥미, 만족, 관심 등의 비물질 노동인 정동(affect)이 경제적 기반이 된다는 점에서 빅데이터 경제를 정동 경제(affect economy) 또는 관심 경제(attention economy) 등으로 명명하기도 한다(이항우, 2017: 102). 롤즈의 논의에 대한 재해석과 현대 사회적 이해를 토대로 할 때, 임금노동을 중시하는 기존의 소유권 이해 방식과 달리 현대 사회에서의 넓은 사회적 기여로서의 일이나 상호성 이해는 개인의 활동에서 야기되는 개인 데이터에 대한 데이터 제공자의 소유권을 인정할 이론적 토대를 마련해 준다. 이러한 소유권 이해 방식은, 로크의 소유권 정신을 빅데이터라는 새로운 물적 토대에 반영한 것이다.

2) 데이터 제공자의 동의에 대한 비판적 고찰

앞의 논의처럼 데이터 제공자의 데이터 소유권을 인정한다고 하더라도, 플랫폼 기업은 자신들이 정당하게 획득한 이익에 대해 재분배를 요구하는 것이 부당하다고 주장할 수 있을 것으로 보인다. 왜냐하면, 플랫폼 기업은 각 개인의 데이터를 강제로 뺏은 것이 아니라 플랫폼 이용을 대가로 데이터를 양도한다는 동의(consent) 또는 선택(choice)을 통해 얻었고, 이 과정에서 데이터 제공자의 소유권은 사라졌다고 판단할 여지가 있기 때문이다.[8] 이러한 동의에 입각한 플랫폼 기업의 소유권 독점 주장은, 동의 내용에 대한 피동의자의 무지로 인해 도덕적 정당성을 부여할 수 없다는 비판이 제기될 수 있다. 빅데이터와 관련된 개인의 데이터 제공이 정당한 동의가 되기 위해서는 데이터 주체의 자율성(autonomy)에 입각한 동의, 즉 '인지 동의(inform-ed consent)'여야 한다.[9] 생명의료윤리학의 교과서로 불리는 『생명의

---

8 예를 들어, 혈액이나 검체 등이 치료 목적으로 제공되면서 이뤄진 동의 과정을 거쳤을 때, 이에 대한 데이터 제공자의 소유권이 사라진다는 주장도 가능하다. 「생명윤리 및 안전에 관한 법률」의 하위 규정인 '보건복지부령 별표 34호' 서식의 동의서 마지막 부분은 "귀하의 인체 유래물 등을 이용한 연구 결과에 따른 새로운 약품이나 진단 도구 등 상품 개발 및 특허 출원 등에 대해서는 귀하의 권리를 주장할 수 없"다고 명시하고 있다. 이 문구는 문구 자체의 모호성에도 불구하고 동의하므로 데이터 제공자의 권리가 없다는 근거가 될 여지가 있다. 이러한 근거 제시의 한계와 문제점에 대해서는 이원복(2017: 142~152)을 참고하기 바란다.

9 법학계와 생명의료윤리학계에서 동의의 한 유형으로 제시되는 'informed consent'에 대해서는 다양한 번역어가 있는데, 만약 그 의미를 동의를 요청하는 사람의 측면에서 기술할 때는 '충분한 정보에 의거한 동의'라는 번역어가 적절할 것으로 보이며, 만약 동의가 동의하는 피동의자의 입장에서 충분히 이해되어 수용한다는 측면에 주목한다면 '인지 동의'가 더 정확한 번역어로 생각된다. 왜냐하면, 동의를 요청하는 사람의 입장에서 충분한 정보를 제공해 주었다고 하더라도 피동의자의 입장에서는 인지하지 못할 수 있기 때문이다. 이 글의 논의 맥락에서는 데이터 제공

료윤리학의 원칙들(Principles of Biomedical Ethics)』(8판, 2019)의 저자인 톰 비첨(Tom Beauchamp)과 제임스 칠드레스(James Childress)는 자율적인 행위를 ⓐ 의도를 갖고, ⓑ 이해와 함께, ⓒ 행위를 결정하는 통제적 영향력 없이 행동하는 것으로 정의한다. 이러한 자율성 개념은 환자가 첫째, 제안된 치료 계획의 리스크와 혜택 그리고 조건들을 알 수 있고, 둘째, 적절한 예후(prognosis)와 리스크가 환자 자신에게 일어날 수 있음을 이해할 수 있고, 셋째, 치료의 장단점을 추론하고 가치 판단할 수 있으며, 넷째, 의료진과 의사소통하고 결정에 도달할 수 있다는 조건 아래, 의학적으로 합당한 대안들(medically resonable alternatives) 가운데 결정할 수 있는 환자의 권리와 관련된다. 이러한 논의에서 알 수 있는 것처럼, 각 행위자의 선택이나 동의가 정당화되기 위해서는 그러한 선택이나 동의가 자율적 행위여야 하는데, 그러기 위해서는 자신의 결정이 가져올 이익과 피해에 대해 충분한 정보를 인지한 상태에서 이뤄진 선택 또는 동의여야만 한다. 그런데 플랫폼을 이용하는 개인이 자신의 데이터를 플랫폼 기업이 이용하게 하는 동의가 충분한 정보에 따른 인지 동의인지 의심스럽다. 왜냐하면, 개인은 자신의 데이터가 플랫폼 기업의 이윤 창출에 얼마나 기여하는지에 대한 이해 그리고 자신이 제공한 데이터가 초래할 프라이버시 침해의 리스크에 대한 인지가 없거나 불충분한 상태에서 플랫폼을 이용하기 위한 조건으로 이뤄진 동의이기 때문이다. 하라리는 이

자인 피동의자의 입장에 주목하기에 후자의 번역어를 사용한다.

러한 상황을 과거 아프리카나 아메리카의 원주민이 유럽 제국주의에게 화려한 구슬이나 싸구려 담요를 대가로 부지불식간 온 나라를 넘긴 것에 비유하며 데이터 제공자는 저항 못하고 자신에게 정말 소중한 가치인 데이터를 플랫폼 기업에게 넘기고 있다고 지적한다(하라리, 2018: 131).

구글 사용자가 자신의 정보를 통해 구글이 2014년에 750억 달러를 벌었다는 것을 안다면 단순히 플랫폼을 이용하는 대가로 자신의 데이터를 지금처럼 쉽게 주지 않았을 것이다. 또한 유전자 회사인 23앤미(23andMe)나 미놈(Miinome)에 저렴한 유전 검사를 대가로 자신의 유전 정보를 넘긴 소비자들도 유전 정보의 충분한 가치와 의미에 대해서 알았더라면 그런 가격에 넘기지 않았을 것이다. 왜냐하면, 데이터 제공자가 데이터 제공으로 향유하는 혜택은 플랫폼 기업이 제공받은 데이터로 산출하는 이익과 큰 차이를 보여 상호성(reciprocity)에 어긋나기 때문이다. 마이클 샌델(Michael Sandel)은 『정의란 무엇인가(Justice: What's the Right Thing to Do?)』(2007)에서 동의 또는 계약만으로 도덕적 가치를 획득하는 것이 아니라고 주장한다. 왜냐하면, 거래 과정에서 동의나 계약이 양자의 이익을 충분히 반영하는 상호성에 입각하지 않는 불공정한 내용이라면 그러한 동의에 대해 도덕적 의미를 부여하기 어렵기 때문이다. 샌델은 변기수리 비용으로 5만 달러 지급 요구에 동의한 할머니의 계약이 도덕적으로 정당하지 않다는 사례를 통해 이러한 주장을 뒷받침한다. 비슷한 맥락에서 2019년 독일 경쟁 당국은 페이스북이 사용자 데이터를 통합하여 수집한 행위에 대해 비록 데이터 제공자의 동의가 있었다고 하더라도 페이스북이 독일에서 SNS 시장의 95%를 점유하고 있는 상황하에 이뤄졌다는 점에서 자발적 동의라고 볼 수 없다고 판결했다(임용, 2019: 211~215). 플랫폼을 사용하기 위해 플랫폼 기업에 개인 데이터를 제공하는 데이터 주체는 자신의 데이터가 갖는 가치에 대해 무지할 뿐만 아니라, 자신의 데이터 제공으로 자신이 더 비싼 제품을 구매하고 있다는 사실을 모른다. 데이터 제공자는 플랫폼 기업이 제품 기업에 판매한 자신의 데이터에 맞춘 광고로 제품을 구매할 수 있는데, 이 경우 해당 제품 가격은 제품 기업이 플랫폼 기업으로부터 구매한 데이터 가격과 맞춤형 광고 비용을 추가한 가격이기 때문이다.

더욱이 데이터 제공자는 데이터 제공으로 자신이 감당해야 할 리스크, 예를 들면 프라이버시 침해 가능성이 얼마나 큰지에 대해 충분히 이해하지 못한다.[10] 비식별화를 통한 데이터는 비교적 안전하다는 믿음이 일반적이지만 컴퓨터 파워의 증대와 알고리즘 기술의 발전은 비식별화된 데이터를 재식별화할 수 있게 되었다. 하버드 대학교의 라타냐 스위니(Latanya Sweeney) 교수는 미국 인구조사에 포함된 우편번호와 생년월일, 그리고 성별에 대한 자료만 분석하더라도 피조사자의 87.1%의 신원 확인이 가능함을 입증했다. 스위니 교수는 또

---

10 이 글은 경제적 가치를 산출하는 데이터는 비식별화를 했다고 하더라도 재식별화가 가능하며 이로 인해 프라이버시 침해 가능성이 상존한다는 입장을 전제하고 있다(심홍진, 2018: 9). 이러한 전제는 데이터 익명화 자체를 거부하는 것이 아니라, 온전히 익명화된 데이터는 경제적 가치 산출이 어렵기 때문에 이 글이 주목하는 빅데이터 경제와 관련한 데이터는 재식별화가 가능한 데이터라는 의미다.

한 2015년 발표한 논문 "De-anonymizing South Korean Resident Registration Numbers Shared in Prescription Data"에서 민감한 개인 정보로 분류되어 비식별화하여 그동안 안전하다고 간주되었던 한국의 처방전 데이터의 주민등록번호가 재식별화될 수 있음을 보여 줌으로써 현재 사용 중인 비식별화 방식이 프라이버시에 취약함을 드러냈다. 다음 절에서 검토할 빅데이터의 관계성 논의에서 더 분명해지겠지만, 데이터에는 제공에 동의한 나의 프라이버시 침해 가능성뿐만 아니라 데이터 제공자와 관련된 사람들의 프라이버시 침해 가능성도 포함된다. '외부성을 갖는 프라이버시(privacy with externalities)' 논의가 잘 보여 주는 것처럼, 나의 데이터 제공은 내 가족이나 내 직업군의 사람들, 또는 내가 올린 사진에 있는 지인의 정보, 즉 지인이 발생시킨 데이터도 의도치 않게 함께 보내 지인들의 프라이버시 침해 가능성 또한 야기한다(Choi, Jeon, and Kim, 2019).

혹자는 이러한 비판에 대응하는 동의 모델을 제시하여 동의 모델의 한계를 극복하려고 시도할 수 있다. 그러나 빅데이터 가운데 가장 많이 동의 모델 논의가 이뤄지고 있는 보건의료 빅데이터 동의 논의를 볼 때, 동의 논의 자체가 도덕적 정당성을 확보하기 어렵다는 비판이 제기된다.[11] 기존의 충분한 설명에 의한 동의(informed consent) 모

---

11 이 단락의 동의 모델에 대한 비판과 대안 제시는 목광수(2019b)의 내용을 토대로 한 것이다. 목광수는 빅데이터의 윤리적 활용에 있어서 제기되는 동의 모델의 이러한 한계를 극복하기 위해서는 상호성, 즉 데이터 제공자와 데이터 수집자 또는 활용자 사이의 상호 이익(mutual benefits)의 균형을 모색해야 할 뿐만 아니라 상

델 정신을 유지하면서도 메타 동의 성격까지 포함하여 가장 정교한 동의 모델로 평가되는 넓은 역동적 동의(wide dynamic consent) 모델 조차 빅데이터의 활용이 산출할 이익 분배에 대해 정당한 방안을 제시하지 못할 뿐 아니라, 데이터 수집자의 의도와 무관하게 야기될 수 있는 프라이버시 침해 가능성에 대해 충분히 고려하지 못하기 때문이다.[12]

3) 개별 데이터의 경제적 가치 미비 논리에 대한 비판적 고찰

앞 절의 논의에 따라 데이터 제공자의 데이터 소유권을 인정할 뿐만 아니라 동의 모델이 갖는 한계를 인정한다고 하더라도, 개인이 제공한 데이터 자체는 경제적 가치가 미비하기 때문에 이에 대한 이윤 분배는 적절하지 않다고 주장할 수 있다. 페이스북이 2010년에 벌어들인 3억 5500만 달러의 광고 수익은 모든 페이스북 이용자들의 연간 0.7달러만큼의 잉여가치 창출 노동시간에 토대를 둔 것이라는 분석

호 존중(mutual respect)을 추구하는 합의 모델로의 전환을 주장한다.

12 프라이버시 침해 가능성이라는 리스크에 대해 혹자는 프라이버시와 관련된 개인 정보가 유출되어야만 성립하는 것으로 볼 수 있다. 그러나 앨런 웨스틴(Alan Westin)의 연구는 이뿐만 아니라 개인이 자신도 모르는 규모와 내용의 프라이버시와 관련된 데이터를 타인이 가지고 있을 수 있다는 리스크만으로도 개인의 활동 및 자유가 위축될 수 있다고 주장한다(박경신, 2019: 260~261). 더욱이 데이터 수집과 분석 기술 그리고 재식별화 기술이 갈수록 발전하는 현대 사회에서는 이러한 프라이버시 침해 가능성의 리스크가 더욱 커질 수밖에 없다.

에서 볼 수 있는 것처럼, 개별 노동시간으로 환원되는 잉여가치의 양이 너무 적어 보이기 때문이다. 그러나 이러한 가치 미비 논리가 데이터 제공자가 자신의 데이터에 대해 정당한 몫을 분배받을 자격이 없다는 근거, 즉 철학적 의미의 소유권을 가질 수 없다는 근거로는 부적절하다. 분배될 가치가 적다는 결과적 차원과 정당한 몫을 분배받아야 한다는 정당화 과정의 차원은 구분되기 때문이다. 더욱이 데이터 제공자의 데이터에 대한 정당한 대가가 개별 플랫폼 기업의 광고 수익에서는 적을지 모르지만, 플랫폼 기업의 수익은 금융 수익이 더 큰 비중을 차지할 뿐만 아니라 데이터 제공자가 제공하는 데이터는 하나의 플랫폼이 아닌 복수이기 때문이다. 더욱이 이런 데이터는 2차, 3차의 과정으로 계속 다른 기업들에 판매된다는 점에서 해당 몫 또한 적지 않을 수 있다. 데이터 제공자의 데이터 제공에 대한 정당한 몫에 대한 논의는 경험적 차원의 논의여서 철학적 정당성에 집중하는 이 글에서의 논의와는 거리가 멀지만, 2015년 기소된 한국 아이엠에스헬스 사건은 빅데이터 자체가 갖는 경제적 가치가 적지 않음을 보여준다. 한국 아이엠에스헬스 회사는 2011년부터 2014년까지 한국 시민 4399만 명의 의료 정보 47억 건을 약 20억 원에 불법으로 사들였고 이를 다시 한국 제약회사에 100억 원에 판매했다(Tanner, 2017).

플랫폼 기업들은 개별 데이터의 경제적 가치 미비 주장을 보강하기 위해 데이터 수집과 분석 과정에 들어가는 큰 비용을 자신들이 지불한다고 주장한다. 즉, 빅데이터를 활용한 이윤에 대해 기업들은 자신들의 활용 기술과 자산이 이윤의 토대라고 주장한다. 그러나 초과 이윤의 원천은 하드웨어, 알고리즘이 아니라 데이터라는 주장이 제기되고 있다(강남훈, 2016: 16~17). 왜냐하면, 플랫폼 기업이 초과이윤의 원천으로 주장하는 기술적 측면과 물질적 측면은 초기 비용 이후에는 추가적인 비용이 거의 들지 않을 뿐만 아니라, 이러한 소프트웨어 또는 알고리즘은 어느 정도 사회에 공개되어 있으며 설령 공개되지 않는다고 하더라도 기술력에 의해 비교적 쉽게 접근할 수 있어서 초과이윤을 산출하는 데 기여한다고 보기 어렵기 때문이다. 더욱이, 빅데이터는 인터넷이 없이는 존재할 수 없는데 이러한 인터넷은 누구나 접근할 수 있다는 보편성과 무엇이든 자신이 원하는 활동을 할 수 있다는 무조건성이 보장되는 자유로운 공간이라는 점에서 공유지라 할 수 있기 때문이다. 이러한 분석에 따르면, 인터넷이라는 공유지를 무상으로 활용하여 플랫폼 기업이 만든 플랫폼이라는 사유지 위에 사회 구성원들이 모여서 활동하다가 데이터를 남기는데, 플랫폼 기업의 입장에서 이러한 데이터를 수집하는 과정, 즉 빅데이터를 얻는 과정은 상대적으로 추가 비용이 크지 않음으로 지대(차액지대)로 볼 수 있으며 이러한 이윤에 대한 플랫폼 기업의 독점은 데이터 제공자에 대한 착취에 해당한다고 볼 수 있다.

이상에서 검토한 것처럼, 플랫폼 기업이 빅데이터의 소유권과 이익을 독점하는 데이터 비대칭성 현상은 도덕적으로 정당화될 수 없다. 데이터 제공자는 자신들의 데이터에 대한 소유권을 철학적 의미에서 주장할 수 있을 뿐만 아니라, 플랫폼 기업이 데이터 제공자의 데이터를 수집·분석하여 산출한 빅데이터 이윤에 대해 정당한 분배를 요구할 수 있다. 더욱이 플랫폼 기업들의 이윤 창출이 초기 플랫폼 설비에서는 비용이 발생하지만, 이후에는 추가 비용이 크지 않다는 점에서, 현재 플랫폼 기업들이 단순한 동의를 통해 수집하는 개인들의 데이터를 통한 막대한 이윤 창출은 정당하지 못한 지대에 해당한다. 따라서 빅데이터가 산출한 혜택은 데이터를 제공한 개인들에게 일정 부분 정당하게 분배될 필요가 있다.

3. 빅데이터에 대한 정의로운 분배

2절은 데이터 제공자가 데이터의 소유권을 주장할 수 있으며, 이러한 주장은 빅데이터가 산출하는 경제적 가치에 대한 정당한 분배를 요구함을 검토했다. 이 절은 빅데이터 또는 데이터가 갖는 관계적 성격에 주목하여 사회 협력 체계에 토대를 둔 분배 정의론을 제시하는 롤즈의 정의론 논의를 통해 빅데이터 시대에 적합한 분배 정의론을 모색하고자 한다.

1) 데이터의 관계적 특성

빅데이터가 산출한 혜택에 대해 어떻게 분배하는 것이 정의로운지를 모색하기 위해 빅데이터 또는 데이터가 갖는 성격에 주목할 필요가 있다. 분배의 방식(rule)은 분배의 대상(metric)과 긴밀하게 관련되기 때문이다. 이 글은 데이터의 다양한 성격 가운데 관계적 성격에 주목하고자 한다. 데이터의 관계적 성격은 크게 데이터 주체의 관계적 속성을 반영한다는 의미에서의 관계적 성격과 데이터가 다른 데이터와 결합할 수 있다는 의미의 관계적 성격으로 구분해 볼 수 있다.

첫째, 데이터는 데이터 주체의 관계성을 반영한다는 의미에서 관계적이다. 먼저 데이터 발생 과정에서의 관계성은, 데이터를 생산하는 데이터 주체인 인간의 관계론적 존재론과 관련된다. "나 또한 어머니의 아이다(I, too, am some mother's child)"라는 에반 페더 키테이(Evan Feder Kittay)의 존재론적 명제가 잘 보여 주는 것처럼, 모든 인간은 본질적으로 누군가와의 관계성을 전제하고 있다(Kittay, 1999: 23). 이러한 관계론적 존재론은 정도의 차이가 있을 수는 있지만, 대부분의 논의가 인정하는 것으로 보인다. 자유주의 진영의 학자들이 자신의 논의를 일반화하고 보편화하기 위해서 방법론적 차원에서 개인을 원자적이며 독립적인 존재로 간주하는 것으로 보이는 경우들이 있었고, 이에 대해 공동체주의 학자들은 비현실적이며 비효과적이라는 비판을 제기했다(Sandel, 1983). 그러나 자유주의 학자들의 방법론적 차원에서조차 자세히 논의를 분석해 본다면 이미 관계론적 존재론을 거부하고 있지 않음을 알 수 있으며, 이런 의미에서 볼 때 자유주의와 공동체주의 사이의 존재론적 차이는 정도의 문제(matter of degree)이지 질적 차이라고 볼 수 없다. 예를 들어, 샌델은 롤즈의 정의론이 원자론적이고 개인주의적이어서 무연고적 자아(unencumbered self)를 전제하는 논의라고 비판하면서 동시에 롤즈의 차등 원칙은 관계성을 전제하고서야 도출될 수 있다는 비판을 제시하여 롤즈의 논의가 모순이라고 주장한다. 그런데 이러한 논의는 롤즈가 아니라 샌델의 분석이 모순일 수 있다고 보는 것이 더 합리적으로 보인다. 왜냐하면, 롤즈의 논의가 관계성을 거부하면 샌델이 잘 분석한 것처럼 롤즈의 정의론의 중요한 원칙인 차등 원칙이 도출될 수 없지만, 롤즈가 관계성을 인정한다 해도 롤즈의 원초적 입장은 논리적 모순에 직면하지 않기 때문이다. 롤즈의 세대 간 정의 논의에서 볼 수 있는 것처럼, 원초적 입장에서의 합의 당사자는 가문의 대표로서 가까운 후손들에 대한 애정과 헌신을 갖는다고 가정하는데 이러한 가정은 원초적 입장이 관계성을 전제하고 있음을 알 수 있다(Rawls, 1999: 181). 데이터는 데이터 주체의 이러한 관계성을 고스란히 반영한다. 데이터 주체가 산출한 데이터는 데이터 주체의 개인 데이터거나 데이터 주체에 대한 데이터라는 점에서 데이터 주체가 관계 속에서 성장하고 형성되었다는 존재적 특성을 반영할 수밖에 없기 때문이다. 예를 들어, 데이터 주체의 유전자 데이터는 나만의 유전자 데이터가 아니라 나의 친족들의 유전자 데이터이기도 하다. 따라서 내가 동의하여 제공한 유전자 데이터는 동의하지 않은 나의 친족의 유전자 데이터 또한 그대로 반영한다. 또한 내가 SNS에 자발적으로 제공한 회사에서의 일상 기록은 내 직종의 특성을 고스란히 반영한다.

둘째, 빅데이터를 구성하는 데이터는 다른 데이터와 결합할 수 있다는 의미에서 관계적 성격을 갖는다. 왜냐하면, 빅데이터는 활용을 목적으로 수집되고 분석되는 데이터라는 점에서 다른 데이터와의 관계를 필연적으로 전제하기 때문이다. 만약 어떤 데이터가 다른 데이터와 연결되는 관계성을 가질 수 없다면 그 데이터는 빅데이터가 되지 못한다. 따라서 빅데이터를 구성하는 모든 데이터는 관계성을 갖는다는 주장이 가능하다.[13] 빅데이터의 본질을 규정하는 성격으로 제시되는 V5인 데이터의 량(volume), 데이터의 속도(velocity), 데이터의 다양성(variety), 데이터의 정확성 또는 진실성(veracity), 그리고 데이터가 지향하는 목적이나 가치(value)에서 마지막 성격인 데이터 가치는 빅데이터에 속하는 데이터들이 서로 연결되어 단일 데이터로부터는 얻을 수 없었던 유의미한 가치를 도출할 수 있음을 보여 준다. 이러한 데이터의 관계성은 앞에서 논의했던 것처럼 과학기술의 발전으로 인해 재식별화가 가능해진 비식별화된 데이터뿐만 아니라 플랫폼에서의 사용자 데이터, 예를 들면 페이스북의 '좋아요' 버튼과 같은 플러그인을 활용한 사용자 데이터처럼 독자적으로는 사용자를 지정하는 것이 불가능해 보이는 데이터조차 다른 데이터와의 결합을 통해 개인 식별이 가능할 수 있다. 예를 들어, 아메리카온라인은 2006년 65만 이용자의 3개월간 검색 기록(2000만 서치 쿼리)을 공개했는데 공개 3일 만에 ≪뉴욕타임스≫는 텔마 아몰드(Thelma Arnold)라는 할머니가 '손가락 저림', '60세 싱글 남자,' '아무 데서나 오줌 누는 개' 등을 검색한 사실을 밝혔고, 넷플릭스가 2006년에 공개한 1억 건의 영화평점 자료는 공개 2주 후 텍사스 대학교 연구 팀에 의해 다른 데이

---

13 이석준은 빅데이터를 형성하는 모든 데이터가 관계성을 갖는다는 강한 주장 대신, 일부 데이터가 관계성을 갖는다는 약한 전제를 통해 논의를 전개하는데(이석준, 2018: 59), 약한 전제에 토대를 둔 논의 전개 방식은 첫째, 이 글이 분석한 것과 같이 데이터와 빅데이터의 성격과 상충하며, 둘째, 그러한 약한 주장은 추후 분배 정의론 전개에서 취약한 약점으로 작동한다는 한계를 갖는다. 왜냐하면, 약한 전제는 관계성이 있는 데이터와 그렇지 않은 데이터를 구분하여 분배 정의론을 제시해야 함을 논리적으로 함축하는데, 빅데이터 자체에 대해 이런 구분을 하고 분배 정의론을 제시하는 것이 빅데이터의 속성상 불가능하기 때문이다.

터와의 연결을 통해 영화평점 자료의 주인을 알아낼 수 있다고 보고
되었다.

이상의 논의는 데이터 제공자가 데이터 소유권을 갖지만, 동시에
그러한 소유권이 배타적이고 독점적일 수 있을지에 대해 의구심을
갖게 한다. 왜냐하면, 데이터의 형성과 산출이 공동 생산물이라는 성
격을 반영하기 때문이다(이항우, 2017: 165).[14] 이러한 데이터의 관계
적 성격은 데이터가 산출한 이윤에 대해서 관련자들의 기여도 인정
할 필요가 있음을 시사한다. 또한 이러한 관계성은 외부성을 갖는 프
라이버시 논의에서도 잘 나타난다. 데이터 주체의 프라이버시 침해
가 데이터 주체에게만 국한되는 것이 아니라 해당 데이터와 관계를
맺는 사람들의 프라이버시 침해로까지 이뤄지기 때문이다.

2) 빅데이터에 대한 차등 원칙과 기본소득의 관련성에 대한 이론적
고찰

앞 절은 데이터의 관계성 특징을 논의했는데, 이러한 논의를 볼 때

---

14 이러한 입장이 모든 종류의 사회적 생산물, 예를 들어 상품도 배타적 소유권을 주
장할 수 없다고 주장하는 것처럼 보일 수 있다. 왜냐하면, 데이터를 산출하는 개인
이나 상품을 산출하는 개인이나 모두 관계적 자아이기 때문이다. 그러나 개인의
데이터 산출과 상품생산은 구분된다. 데이터는 관계적 존재자인 개인에 대한 산물
이라는 점에서 개인의 존재근거와 관계적 속성을 직접 반영하는 반면에, 상품생산
은 개인에 의한 산물이라는 점에서 개인 존재로부터 독립적이고 부차적이어서 관
계적 속성이 간접적 방식으로만 영향을 미치기 때문이다.

빅데이터 분배 정의론은 독립적인 개인적 차원을 전제한 자유 지상주의적 소유권적 정의론(entitlement theory of justice)보다는 사회 협력을 전제한 롤즈의 정의론이 더 적합해 보인다. 왜냐하면, 빅데이터는 그 자체로 사회 구성원들과 긴밀한 내적 관계에 근거한 사회 협력 과정의 산물일 뿐만 아니라 이러한 관계 속에서 이윤을 창출하기 때문이다. AI 기술로 인한 빅데이터가 초래하는 사회 변화, 특히 빅데이터가 창출하는 경제적 이익을 어떻게 분배하는 것이 롤즈 정의론의 관점에서 정당한지에 대한 기존 논의는 크게 두 가지로 구분된다. 첫째는 빅데이터와 AI 과학기술을 사회 기본 재화(social primary goods)의 하나로 포함하여 정의론을 새롭게 구성하는 논의다(Hoven and Rooksby, 2008; Drahos, 1996; Alistair, 2011). 그런데 이러한 시도는 빅데이터가 갖는 가치에 올바르게 주목한 것이기는 하지만, 롤즈의 사회 기본 재화가 갖는 특수한 조건과 빅데이터가 거리가 있을 수 있음을 간과하고 있다. 롤즈는 사회 기본 재화가 기본적이고 사회적일 뿐만 아니라 객관적이어야 한다는 조건을 제시하는데, 데이터는 이러한 조건 가운데 모든 합의 당사자들이 전 목적적(all-purpose) 수단이어서 많으면 많을수록 더 갖고 싶어 한다는 기본적 조건을 만족시키기 어렵기 때문이다. 데이터는 모여서 활용될 때 경제적 영향력을 갖는 것이지 개인이 갖는 데이터 그 자체로는 사회적·경제적 영향력이 거의 없어 더 많이 갖고 싶어 하지 않기 때문이다. 따라서 AI 기술과 빅데이터를 사회 기본 재화에 새롭게 포함하려는 시도보다는, 이를 통한 소득 증대와 경제적 변화에 주목하여 기존 정의론의 논의를 그대로 유지하려는 두 번째 방안이 더 적절해 보인다. 왜냐하면, 롤즈의 정의론은 사회적·경제적 불평등에 대한 대응을 모색하는 논의이기 때문이다.

이 글이 주목하는 분배 정의론 논의는 롤즈의 차등 원칙, 즉 '최소치 보장(social minimum)을 전제로 최소 극대화 규칙 추구를 포함하는 분배 원칙' 논의다.[15] 차등 원칙이 빅데이터로 인한 경제적 이익에 대한 정의로운 분배 방식이 될 수 있다고 보는 근거는, 차등 원칙은 경제적·사회적 불평등과 관련되는데 빅데이터로 인한 사회적 변화는 앞 절에서 논의한 데이터 비대칭성이 파생시킨 사회적·경제적 불평등이 논의 대상이라는 점이다. 구체적인 불평등 논의는 일자리 문제와 빈부 격차 문제다. 미국 백악관이 2016년 10월에 발간한 「AI의 미래를 위한 준비(Preparing for the Future of Artificial Intelligence)」 보고서와 12월에 발간한 「인공지능과 자동화가 경제에 미치는 영향(Artificial Intelligence, Automation and the Economy)」 보고서는 AI 과학기술이 기존의 직업을 대체하는 동시에 새로운 직업을 창출할 수 있음을 예측한다. 보고서는 예를 들어, 220만~310만 명의 일자리가 자율주

---

15 이 글은 롤즈의 차등 원칙을 세 가지 근거를 토대로 '최소치 보장을 전제로 최소 극대화 규칙 추구를 포함하는 분배 원칙'이라고 해석한다(목광수, 2017: 197~200). 첫째, 차등 원칙이 최소치 보장과 관련된 박애의 정신을 담고 있기 때문이다. 둘째, 차등 원칙이 최소치 보장을 전제하는 배경적 제도(background institutions)와 관련되기 때문이다. 셋째, 차등 원칙의 조건인 정의로운 저축의 원칙(just savings principle)이 최소치 보장을 전제하기 때문이다. 이러한 분석이 최소치 보장 논의가 차등 원칙을 통해서만 이뤄진다고 볼 필요는 없다. 롤즈의 정의의 두 원칙의 각 내용들은 서로 유기적으로 연결되면서도 분업을 통해 이뤄지기 때문이다.

행자동차 기술에 의해 위협받거나 조정될 수 있다고 추정한다. 또한 앞에서도 언급한 것처럼 세계 경제의 흐름이 빅데이터를 활용한 기업들 중심으로 변화하고 있고 이러한 변화가 가속화되며 더욱 집중될 것이 예견되고 있는 점에서 볼 때, 데이터 비대칭성 그리고 이것의 결과로 나타나는 사회적·경제적 불평등은 더욱 심화할 것으로 예측한다. 이러한 경제적 불평등 아래, 사회 협력의 소산인 빅데이터가 초래한 경제적 이윤이 플랫폼 기업에 의해 독점되는 것은 부정의하며 차등 원칙에 입각하여 분배될 필요가 있다는 주장은 설득력을 가진다.

빅데이터 경제로 인한 불평등이 차등 원칙을 통해 대응될 필요가 있다고 할 때, 차등 원칙과 구체적으로 어떻게 관련되는지에 관해 물음이 제기될 수 있다. 이 글은 데이터 비대칭성에 대응하려는 차등 원칙은, 특히 최소치 보장과 관련되며 기본소득의 방식으로 제시된다고 주장한다. 이러한 주장이 타당한지를 검토하기 위해서는 먼저 빅데이터에 대한 분배 정의가 최소치 보장과 관련되는지 여부부터 다룰 필요가 있다. 왜냐하면, 논리적으로는 빅데이터의 혜택이 최소 극대화 규칙 추구와 관련되는 것 또한 가능하기 때문이다. 롤즈는 거시적 차원인 사회 기본 구조를 다루기 때문에, 어떤 사회적 결과물이 제도, 예를 들어 특정 세금 정책을 통해 어떤 분배에 관여하는지를 구체화하지 않는다. 따라서 빅데이터의 이익을 분배하려는 구체적인 방식, 예를 들면 빅데이터에 부과된 세금이 차등 원칙의 최소치 보장을 위해 사용된다는 주장은 롤즈가 비록 구체적으로 제시하지 않았지만, 롤즈 정의론의 논의와 상충하지 않는다면 제기될 수 있다. 다만 이러한 정당화를 위해서는 다른 세금 대상이 아닌 특정 세금 대상이 최소치 보장과 관련되는지에 대한 롤즈 논의 내에서의 설명 방식이 필요할 것이다.

빅데이터에 대한 분배 정의가 최소치 보장과 관련되는 이유는 빅데이터 경제가 초래하는 일자리 부족 등의 문제에 대한 윤리적 대응이 최소치 보장 목적과 일치하기 때문이다. 최소치 보장은 사회 구성원들이 직업의 자유로운 선택 보장, 자원 효율적 이용, 어떤 수준의 복리를 보장하고 필요에 대한 요구 존중 등을 목표로 한다(Rawls, 1999: 244~245). 즉, 최소치 보장은 빅데이터 시대의 다양한 활동들이 자유롭게 일어나도록 도울 뿐만 아니라, 임금노동에 참여하는 사회 구성원들의 자존감이 훼손되지 않고 의미 있는 일과 활동을 할 수 있는 여건을 마련해 줄 필요가 있다. 앞 절에서 본 것처럼, 빅데이터 시대는 과거와 달리 임금노동이 아닌 다양한 활동들의 사회적 가치가 고양되고 사회적 기여가 인정된다. 이러한 사회적 활동을 통해 산출한 데이터의 제공자는 빅데이터가 창출한 이윤에 대해 어느 정도 일정한 몫을 분배받는 것이 정당하며, 이러한 분배 방식이 빅데이터가 초래한 사회적 문제인 일자리 문제 등에 대응하기에 효과적인 최소치 보장과 관련된다면 적절한 대응 방식으로 평가될 수 있다. 더욱이, 앞서 검토한 것처럼 데이터는 관계성을 특성으로 하고 있으며, 이러한 관계적 특성으로 인해 빅데이터는 사회 전체 구성원들의 직접적 사회 협력의 소산이라는 점에서 사회 구성원 모두에게 혜택이 적용되는 방식인 최소치 보장이 더 적절해 보인다.

빅데이터에 대한 분배 정의에서 최소치 보장이 기본소득과 관련되는 이유는 다음과 같다. 첫째, 롤즈는 자신의 정의론이 구현되는 사회 모델로 재산 소유 민주주의(property-owning democracy)를 제시하고 있는데, 재산 소유 민주주의가 추구하는 구체적인 전략, 특히 최소치 보장 방식 중 하나가 기본소득이기 때문이다. 재산 소유 민주주의의 구체적 방식으로 볼 수 있는 『정의론(A Theory of Justice)』(1971/1999) 43절의 배경적 제도에서 롤즈는 양도처를 통해 기본소득의 일종인 음의 소득세를 제시하고 있다. 둘째, 빅데이터의 관계성 특성에 주목해 볼 때 빅데이터가 산출한 혜택과 손해에 대한 분배 전략에 기본소득이 가장 적절하기 때문이다. 기본소득은 정책적 차원에서 일반적으로 '조건 없이 모두에게 현금으로'라는 형태를 보이고 있는데, 이러한 형태는 기여 여부와 기여 수준을 명시하기 어려울 때 적절한 대응 방법이다.[16] 빅데이터가 산출하는 경제적 이윤은, 데이터 제공자뿐만 아니라 데이터와 관련된 사람들의 데이터도 포함할 수 있다

---

[16] 기본소득에 대한 정책 옹호 근거 중 하나는 보편적 지급이 선별적 지급보다 더 효율적이라는 점이다(오준호, 2017: 48~55). 빅데이터가 산출한 이익을 데이터 제공자의 기여에 따라 분배하는 것이 정당하다고 하더라도, 이를 기술적으로 구현하는 과정에서 너무 큰 비용을 산출할 수 있다. 왜냐하면, 예를 들어 어떤 개인의 보건 의료 데이터가 다양한 제약 회사와 기업에 판매되어 활용될 것이며, 이러한 활용 과정에서 얻은 이윤을 개인에게 분배한다고 할 때 개인의 데이터의 기여도 등을 고려하는 것이 복잡하여 그러한 분배 처리에 들어가는 비용보다 실질적으로 개인이 받는 이윤이 더 적을 수 있기 때문이다. 따라서 데이터의 관계성에 대한 논의를 통해 데이터 기여자가 사회 전체로 확대될 수 있다면, 실질적 분배 정책으로 기본소득이라는 새로운 상상력을 발휘할 수 있다.

는 빅데이터 관계성 특성에서 볼 수 있는 것처럼 사회 협력 체계의 결과물이다. 앞 절에서 검토한 것처럼, 데이터의 관계적 특성은 데이터 제공과 관련된 사람을 선별하고 기여 정도를 판단하여 해당 몫을 분배하는 것을 어렵게 한다. 더욱이 이러한 관계적 특성은 빅데이터 과학기술의 발전과 함께 더 확장되고 복잡해진다. 따라서 해당 사회 구성원들 모두가 빅데이터 형성에 기여했다고 판단하여 모두에게 일정 이윤을 분배하는 기본소득이 효과적인 전략이 될 수 있다.

4. 더 생각해 볼 문제

이 글은 빅데이터가 산출한 이익에 대한 정의로운 분배가 무엇인지를 고찰했고, 빅데이터 시대에는 임금노동에 토대를 둔 소유권 개념이 아닌 다양한 사회적 기여 활동에 토대를 둔 소유권 개념이 적절하다고 주장했다. 또한 이러한 사회적 기여 활동에 대한 정의로운 분배는 롤즈의 차등 원칙, 즉 최소치 보장을 전제로 최소 극대화 규칙 추구를 포함하는 분배 원칙이며, 이러한 구체적인 분배 방식은 최소치를 보장하는 기본소득이 하나의 효과적인 전략이 될 수 있다고 분석했다. 이 글은 롤즈의 분배 정의론을 토대로 빅데이터가 산출한 혜택이 어떻게 분배되어야 하는지에 대한 논리적 근거를 제시할 뿐만 아니라, 기본소득을 현실화하기 위해 요구되는 기본소득 재원 마련의 난제에 대한 해결 실마리를 제공할 것으로 보인다. 왜냐하면, 이 글의 논의는 롤즈의 논의에도 부합하면서 인터넷이라는 공유지에서 사회 협력을 통해 형성된 빅데이터를 기본소득의 재원으로 간주할 수 있게 하는 이론적 토대를 제공할 수 있기 때문이다.

이 글의 이론적 논의는 빅데이터의 분배 정의론을 향한 첫걸음에 불과하다. 이 글의 데이터 소유권에 대한 논의, 분배 정의론 논의, 기본소득 논의 등은 더 많은 학계의 생산적 논의를 통해 정교화되고 수정될 필요가 있다. 이 글의 논의와 다른 직관들과 논의들 또한 존재하기 때문이다. 예를 들어, 어떤 사람들의 직관에는 여전히 빅데이터 소유권은 플랫폼 기업에 독점되는 것이 정당해 보이기 때문이다. 또한 빅데이터 분배와 관련된 현실적인 제도나 정책 구현을 위해서는 이러한 철학적인 논의뿐만 아니라, 경제학, 행정학, 법학, 컴퓨터 공학 등의 학제 간(interdisciplinary) 연구가 필수적이고, 플랫폼 기업의 이해관계뿐만 아니라 정보 제공자인 시민들의 신뢰와 이해관계에 대한 고려도 요구된다. 더욱이 시민들이 자신들의 프라이버시가 보호될 수 있다는 신뢰와 믿음을 가지고 자발적으로 데이터를 제공할 수 있는 거버넌스도 필요하다. 이처럼 빅데이터로 인해 시작된 새로운 시대의 정의론을 위해서는 다양한 학문적 논의와 정책 제도가 요구된다. 이 글이 내디딘 빅데이터 분배 정의론을 향한 힘찬 첫걸음이 다양한 학제 간 연구와 정책 모색을 통해 빅데이터 시대의 새로운 정의론으로 나타나 정의로운 분배를 구현하기를 기대한다.

참고문헌

강남훈. 2016. 「인공지능과 기본소득의 권리」. ≪마르크스주의 연구≫, 제13권 4호. 사회
    과학연구원.

_____. 2019. 『기본소득의 경제학』. 박종철출판사.

고학수. 2019. 「데이터 이코노미의 특징과 법제도적 이슈」. 『데이터 오너십』. 고학수·임
    용 엮음. 박영사.

곽노완. 2017. 「노동에 대한 보상적 정의와 기본소득의 정의 개념」. ≪서강인문논총≫,
    제49집. 인문과학연구소.

_____. 2018. 「지구기본소득과 지구공유지의 철학」. ≪마르크스주의 연구≫, 제15권 3호.
    사회과학연구원.

남기업. 2014. 「롤즈의 정의론을 통한 지대기본소득 정당화 연구」. ≪공간과 사회≫, 제
    24권 1호. 한국공간환경학회.

라벤토스, 다니엘(Daniel Raventos). 2016. 『기본소득이란 무엇인가』. 이한주·이재명 옮
    김. 책담.

로크, 존(John Locke). 2007. 『통치론』. 강정인 옮김. 까치.

리프킨, 제러미(Jeremy Ripkin). 2014. 『한계비용 제로사회』. 안진환 옮김. 민음사.

목광수. 2017. 「자존감의 사회적 토대에 대한 비판적 고찰: 롤즈 정의론의 분배 다상과 원
    칙 논의를 중심으로」. ≪철학≫, 제130집. 한국철학회.

_____. 2019a. 「롤즈와 기본소득」. ≪철학연구≫, 제59호. 고려대학교 철학연구소.

_____. 2019b. 「보건의료 빅데이터의 윤리적 활용을 위한 방안 모색: 동의가 아닌 합의 모
    델로의 전환」. ≪한국의료윤리학회≫, 제22권 1호. 한국의료윤리학회.

박경신. 2019. 「정보소유권으로서의 개인정보자기결정권과 그 대안으로서의 '정보사회주
    의'」. 『데이터 오너십』. 고학수·임용 엮음. 박영사.

박준석. 2019. 「빅데이터 등 새로운 데이터에 대한 지적재산권법 차원의 보호가능성」. 『데
    이터 오너십』. 고학수·임용 엮음. 박영사.

샌델, 마이클(Michael Sandel). 2014. 『정의란 무엇인가』. 김명철 옮김. 와이즈베리.

심홍진. 2018. 『인공지능(AI)과 프라이버시의 역설: AI 음성비서를 중심으로』. KISDI.

오준호. 2017. 『기본소득이 세상을 바꾼다』. 개마고원.

이광석. 2017. 『데이터 사회 비판』. 책읽는수요일.

이동진. 2019. 「데이터 소유권, 개념과 그 비판」. 『데이터 오너십』. 고학수·임용 엮음. 박
    영사.

이석준. 2018. 「빅 데이터 시대의 정의론: 존 롤즈의 입장을 중심으로」. 서울시립대 석사

학위 논문. 서울시립대학교.

이원복. 2017. 「헬라 세포와 60년 후」. 『데이터 이코노미』. 서울대법과경제연구센터 지음. 한스미디어.

_____. 2019. 「내 유전정보는 내 마음대로 사용해되 되는가?」. 『데이터 오너십』. 고학수·임용 엮음. 박영사.

이항우. 2017. 『정동 자본주의와 자유노동의 보상』. 한울아카데미.

임용. 2019. 「경쟁 정책의 관점에서 바라본 데이터 오너십의 문제」. 『데이터 오너십』. 고학수·임용 엮음. 박영사.

정원섭. 2018. 「인공지능 시대 기본 소득」. ≪철학사상≫, 제67호. 한국철학회.

퍼거슨, 제임스(James Fergusson). 2017. 『분배정치의 시대』. 조문영 옮김. 여문책.

하라리, 유발(Yuval Noah Harari). 2018. 『21세기를 위한 21가지 제언』. 전병근 옮김. 김영사.

황주성. 2013. 「빅데이터 환경에서 프라이버시 문제의 재조명」. 『빅데이터와 위험사회』. 조현석 엮음. 커뮤니케이션북스.

Alistair, S. Duff. 2011. "The Rawls-Twaney theorem and the digital divide in post-industrial society." *Journal of the American Society for Information Science and Technology*, Vol.62.

Anderson, Elizabeth. 2010. "Justifying the capabilities approach to justice." in Harry Brighouse and Ingrid Robeyns(eds.). *Measuring Justice: Primary Goods and Capabilities*. Cambridge University Press.

Beauchamp, Tom and James Childress. 2019. *Principles of Biomedical Ethics* (8th edition). Oxford University Press.

Choi, Jay Pil, Doh-Shin Jeon, and Byung-Cheol Kim. 2019. "Privacy and Personal Data Collection with Information Externalities." *Journal of Public Economics*, Vol.173.

Drahos, P. 1996. *A philosophy of intellectual property*. Dartmouth.

Hoven, van den J. and Rooksby, E. 2008. "Distributive justice and the value of information: A (broadly) Rawlsian approach." In J. van den Hoven and J. Weckert (Eds.). *Information technology and moral philosophy*. Cambridge University Press.

Kim, Sunghoon and Stephen Frenkel. 2019. "Technological Change and its Consequences: A Brief History for the Future." Transformation of Work in Aisa-Pacific in the 21st century, APRU.

Kittay, Evan Feder. 1999. *Love's Labor: Essays on Women, Equality and Dependency*. Routledge.

Luciano, Floridi. 2011. *The Philosophy of Information.* Oxford University Press.

Mittelstadt, Brent Daniel and Luciano Floridi. 2016. "The Ethics of Big Data: Current and Foreseeable Issues in Biomedical Contexts." *Sci Eng Ethics*, Vol.22.

Rawls, John. 1999. *A Theory of Justice.* Harvard University Press.

_____. 2001. *Justice as Fairness: A Restatement.* Harvard University Press.

Russell, S and P. Norvig. 2010. *Artificial Intelligence: A Modern Approach* (4th edition). Prentice Hall.

Sandel, Michael. 1983. *Liberalism and the Limits of Justice.* Cambridge University Press.

Sweeney, Latanya, Ji Su Yoo. 2015. "De-anonymizing South Korean Resident Registration Numbers Shared in Prescription Data." *Technology Science.*

Swindell, Jennifer. 2009. "Two Types of Autonomy." *AJOB Neurosci*, Vol.9(1).

Tanner, Adam. 2017. *Our bodies Our data: How companies make billions selling our medical records.* Beacon Press.

_3장_
인공지능 시대의 노동

이영의

1. 논의의 배경

4차 산업혁명이 진행되면서 우리의 생활세계는 이전과는 비교가
되지 않을 정도로 급변하고 있다. 기술혁명으로 인한 생활세계의 변
화는 새로운 삶의 양식을 창출하는 동시에 다양한 사회·문화적 갈등
과 문제를 양산하고 있다. 무엇보다도 세계관이 변함에 따라 기존의
가치, 윤리, 문화, 가족 체계가 붕괴하고 있으며, 정보화와 자동화가
진행됨에 따라 기존 직업이 사라지고 새로운 직업이 나타나고 있다.

4차 산업혁명이라는 용어는 2016년 스위스 다보스에서 열린 세계
경제포럼(World Economic Forum)에서 처음으로 등장했다. '다보스 포
럼'의 설립자 겸 의장인 클라우스 슈밥(Klaus Schwab)에 따르면, 4차
산업혁명은 인공지능(AI), 로봇기술, 사물인터넷(IoT), 자율주행차량,
3D 프린팅, 나노기술, 생명공학, 재료과학, 에너지 보존, 양자 컴퓨팅

등과 같은 기술의 융합이며, 물리·디지털·생물 영역을 넘나드는 기술의 상호작용이다(Schwab, 2016: 8). 4차 산업혁명은 구체적으로 다음과 같은 특징을 갖는다(Schwab, 2016: 3). ① 속도: 이전 산업혁명과 달리 기하급수적 속도로 전개된다. ② 너비와 깊이: 3차 산업혁명의 결과인 디지털 혁명에 기반을 두고 위에서 언급된 다양한 기술을 결합하여 경제, 경영, 사회, 개인 차원에서 전대미문의 패러다임 전이를 초래한다. 그 결과 앞으로 무엇을, 어떻게 해야 할 것인지뿐만 아니라 인간 정체성의 변화가 초래된다. ③ 시스템 효과: 국가, 기업, 산업, 사회 전반에 걸친 전체 체계의 변형을 초래한다.

인간의 삶은 4차 산업혁명을 기점으로 이전과는 근본적으로 달라질 것으로 전망된다. 특히 인공지능은 이런 변화를 가져올 기술 중 인간의 삶에 가장 직접적으로 큰 영향을 미칠 것으로 예상된다. 이 점을 고려하여 4차 산업혁명 이후 전개될 시대를 '인공지능 시대'라고 하자. 이 글의 주제인 노동을 염두에 두고 기술 문화적 관점에서 인공지능 시대에 접근하면 그 특징은 다음과 같이 정리된다.

첫 번째 특징은 초연결(hyper-connectivity)이다. 인공지능 시대에서는 인터넷, 스마트폰, SNS 등을 비롯한 다양한 매체를 통해 인간-인간 간 연결뿐만 아니라 인간-지능적 기계-사물-데이터 간의 광범위하고 긴밀한 연결망이 형성된다. '사물인터넷'이나 '만물인터넷(Internet of Everything)'이라는 용어를 통해 드러나듯이 인간은 점차 정보통신망과 인터넷을 매개로 지능적 기계와 사물과 연결된다. 초연결은 한편으로는 인간 간 관계 맺기를 이전 시대보다 더 쉽게 하고 관계의 범위를 확장함으로써 인간의 삶에 긍정적 영향을 미칠 뿐만 아니라 시민 민주주의를 구현하는 데 기여할 수 있지만 다른 한편으로는 부정적 영향을 미칠 수도 있다. 예를 들어 초연결로 인해 진실보다 탈진실(post truth)이 더 선호되고, '가짜 뉴스'가 양산되고 여론 조작이 쉬워지면서 민주주의의 기반이 붕괴할 수 있으며, 초연결의 피상성, 단편성, 비대면성 때문에 '연결 속 고독'이라는 역설적 현상이 심화될 수 있다. 초연결 사회에서 진정한 인간관계가 설립되기 어렵고 대화의 부족으로 자기 상실과 자기 해체가 가속화되고 있다.

두 번째 특징은 초인공지능(artificial super-intelligence)이다. 인공지능 시대에서는 인공지능이 일반적인 수준에서 인간지능을 초월할 정도로 발달한다. 또한 모든 차원에서 인간지능을 능가하는 초인공지능의 등장은 전통적인 휴머니즘을 위협하고 있다. 휴머니즘은 인간과 기계를 구분하는 근본 기준으로 합리적 사고 능력을 제시하지만, 인공지능이 등장하면서 합리성은 더는 인간과 기계를 구분하는 기준으로 작용하기 어렵게 되었다. 1997년 IBM의 슈퍼 컴퓨터인 '디퍼블루(Deeper Blue)'가 세계 체스 챔피언인 가리 카스파로프(Garry Kasparov)에게 우승한 것과 2016년 인공신경망과 딥러닝에 기반을 둔 알파고(AlphaGo)가 바둑 시합에서 이세돌 9단을 이긴 것이 그 대표적인 예다. 디퍼블루나 알파고의 지능지수는 현재로서는 인간의 일반 지능과 비교가 되지 않을 정도로 낮다. 이것은 알파고가 바둑 시합에서 이기는 데 필요한 계산 및 판단 능력을 갖추고 있지만, 인간지능을 평가하는데 동원되는 다른 능력들, 예를 들어, 창의력, 종합적 사고력, 감성력 등은 형편없다는 것을 의미한다.

인공지능의 발달은 다음과 같이 크게 세 단계로 구분된다. ① 좁은 인공지능(Artificial narrow intelligence): 디퍼블루나 알파고처럼 특정한 인지 영역에서 전문화된 인공지능, ② 범용 인공지능(Artificial general intelligence): 거의 모든 인지 영역에서 인간 수준에 도달한 인공지능, ③ 초인공지능(Artificial super-intelligence): 거의 모든 영역에서 인간을 추월한 인공지능. 여기에서 나타나듯이, 초인공지능은 체스나 바둑뿐만 아니라 다양한 영역에서 인간 수준 이상의 종합적 계산력, 사고력, 창의력을 가질 것으로 예상된다. 초인공지능의 지능은 어느 정도일까? 현재로서는 누구도 이 질문에 대해 분명한 대답을 제시할 수 없지만 대략 가늠할 수는 있다. 예를 들어, 초인공지능 연구자인 닉 보스트롬(Nick Bostrom)은 초인공지능이 IQ 6455 정도를 가질 것으로 예상한다(Bostrom, 2014: 93). 초인공지능의 지능지수를 정확히 아는 것보다 그 값이 엄청나다는 것을 아는 것으로 충분하듯이, 초인공지능이 등장할 시기를 정확히 아는 것보다 그것이 실제로 출현한다는 점을 아는 것이 더 중요하다. 신체적·정서적·도덕적 능력을 논외로 하고 단지 인지적 능력만을 고려하더라도 초인공지능의 등장은 초지능적 기계에 대한 인류의 예속을 넘어 인류 멸종과 같은 실존적 재앙(existential catastrophe)으로 이어질 수 있으므로 늦기 전에 초인공지능으로 나아가는 연구를 사전에 통제해야 한다는 주장(Bostrom, 2014: 115~116, 9장)이 설득력을 얻고 있다.[1]

---

1 스티븐 호킹(Stephen Hawking), 빌 게이츠(Bill Gates), 일론 머스크(Elon Musk) 등은 대중매체를 통해 초인공지능을 개발하는 것은 인류의 종말로 가는 길을 여는 것이라고 경고해 왔다.

세 번째 특징은 초인간(super-human)이다. 삶의 조건 향상과 의학 발전으로 인해 인간 수명이 늘어나고, 기술을 통한 신체적·인지적·정서적·도덕적 차원에서의 향상을 통해 초인간이 등장한다. 초인간은 트랜스휴먼(transhuman)이나 사이보그(cyborg)의 형태로 나타날 것으로 예상된다. 유발 하라리(Yuval Harari, 2015)는 지난 천 년 동안 기아, 질병, 전쟁을 극복한 인류는 새로운 천년에서 불멸, 행복, 신성(deity)을 추구할 것으로 내다보고, 그 세 가지 과제를 추구하는 인간을 '신이 되고자 하는 인간', 즉 '호모 데우스(Homo Deus)'라고 규정한다. 이제 기성 종교는 힘을 잃고 새로운 종교인 '데이터이즘(Dataism)'이 성행하면서 데이터가 모든 것의 척도가 되고 목표가 된다.

　인간으로부터 초인간으로 가는 과정에서 가장 큰 걸림돌은 인간의 수명이다. 동서양을 막론하고 무병장수(無病長壽)는 인간의 오랜 꿈이었다. 국제연합(UN)의 기준에 따르면, 한 국가의 총인구 중 65세 이상 비율이 7%, 14%, 20% 이상이면 각각 고령화 사회(aging society), 고령 사회(aged society), 초고령 사회(super-aged society)로 분류된다. 일본은 고령화 사회, 고령 사회, 초고령 사회에 각각 1970년, 1994년, 2006년에 진입했다. 한국은 2000년과 2018년에 각각 고령화 사회와 고령 사회로 진입했고, 2026년에는 초고령 사회로 진입할 예정이다. 인간은 나이가 들어 가면서 체력과 인지능력을 비롯한 여러 가지 능력이 떨어지고, 그 결과 당연히 노동능력을 상실하게 된다. 고령층이 총인구의 20% 이상을 차지하게 되면 사회 전체의 노동력 감소와 더불어 그들을 부양해야 하는 심각한 사회적 문제가 발생한다. 초인간화는 이런 문제를 해결하는 한 가지 방안이 될 수도 있을 것인데, 우리는 이 문제를 5장에서 검토할 것이다.

　인간과 기계의 경계를 무너뜨린 결정적 요인은 인공지능의 발전이다. 1956년 새로운 학문 분야로 등장한 이래 급속도로 발전을 거듭해 온 인공지능은 이제는 범용 인공지능과 초인공지능을 향해 나아가고 있다. 이제 인공지능은 단순히 인간지능을 모방하여 인간을 보조하는 데 머무르지 않고 인간의 삶에 없어서는 안 될 필수 불가결한 존재로 부상하고 있다. 특히, 로봇과 결합하면서 인공지능은 실제로 행동할 수 있는 능력을 갖추게 됨으로써, 노동을 비롯한 다양한 삶의 현장에서 인간의 '동반자' 또는 '경쟁자'로 인식되고 있다.

　역사상 등장했던 수많은 기술이 해당 시대의 삶과 문화에 강력한 영향을 미쳤던 것과 마찬가지로 21세기의 인공지능도 인간 삶에 엄청난 사회·문화적 영향을 미치고 있다. 현재인이 마주하고 있는 인공지능은 더는 '마음은 없고 몸만 있는' 데카르트적 기계가 아니다. 21세기의 인공지능은 특정 영역에서는 인간보다 더 나은 인지능력을 갖추고 있고, 소셜로봇에서 볼 수 있듯이 인간과 의사소통뿐만 아니라 정서적으로 상호 작용할 수 있다. 현대의 인공지능은 조립과 같은 단순노동뿐만 아니라 법률, 경영, 회계, 의료 진단 및 치료와 같은 전문 직종, 상담과 돌봄 같은 분야에서도 활용되고 있다. 다시 말하자면, 인공지능은 공예와 스포츠 등 '인간적' 요소가 필수인 분야를 제외한 대다수의 노동 현장에서 '일'하고 있다. 그 결과 인공지능으로 인해 인간의 일자리가 급격히 줄어들고 있으며, 조만간 인간이 더는 노동할 수 없는 사태가 발생할 것이라고 주장하는 **노동종말론**이 대두되고 있다.

이 글은 인공지능 시대에서 노동을 검토하면서 인공지능이 인간의 노동을 대체한다고 보는 노동종말론이 부당하다고 주장한다. 논의는 다음과 같은 순서로 진행된다. 2절은 먼저 제러미 리프킨(Jeremy Ripkin)이 주장한 노동종말론의 중심 내용을 살펴보고, 이어서 그 이론이 4차 산업사회에도 적용될 수 있는지를 검토한다. 3절은 노동종말론은 노동의 본질에 대한 오해와 인간·기계의 이분법이 결합하여 나타난 결과라는 점을 주장한다. 이를 뒷받침하기 위해 노동관계에 관한 바람직한 모형을 제시하고, 한나 아렌트(Hannah Arendt)가 강조한 인간의 근본 활동을 검토한다. 4절은 노동종말론의 이론적 토대인 인간-기계 이분법을 비판하기 위해 포스트 휴머니즘(post-humanism)의 관점에서 인간·기계 공진화를 주장한다. 포스트 휴머니즘에 따르면, 인간과 기계를 엄격히 구분하는 것은 더는 근거가 없으며, 인간은 기계와의 공생을 통해 진화한다. 나는, 이런 논의 과정을 거쳐, 인공지능이 인간노동을 대체하여 결국에는 인간노동이 사라질 것이라고 주장하는 노동종말론은 타당치 않다고 주장한다. 인공지능에 의해 대체되는 것은 노동의 주제로서의 인간이 아니라 **노동의 유형에서의 변화다**. 노동은 인간이 세계를 살아가기 위한 행위다. 시대에 따라 행위로서의 노동 유형이 변할 수 있지만, 인간이 생존하는 한 인간과 세계와의 상호작용으로서 노동이라는 성격은 변하지 않는다.

2. 노동종말론

초연결, 초인공지능, 초인간이라는 특징을 갖는 인공지능 시대는 유토피아가 될 것인가? 유발 하라리(2015)가 지적했듯이, 인류는 역사상 처음으로 기아, 질병, 전쟁이라는 '악'을 이겨 내고 진정한 인간다운 삶을 살 수 있는 역사적 순간을 맞이하게 되었다. 인류의 미래가 유토피아가 될지, 아니면 디스토피아가 될지에 대해 의견이 팽팽히 대립하고 있는데, 올더스 헉슬리(Aldous Huxley)의 『멋진 신세계(Brave New World)』(1932)에서 나타나듯이 문학이나 영화에서 그려지는 미래는 대체로 디스토피아다. 노동종말론은 인공지능 시대에 관한 디스토피아적 전망에서 출발한다.

리프킨은 『노동의 종말(The End of Work)』(1995)에서 자동화를 기반으로 하는 3차 산업혁명 시대에서 인간노동이 사라질 것이라고 주장했다. 자동화를 통해 기계가 인간노동을 대체하고 그 결과 노동자들은 대부분 실업자가 된다. 리프킨에 따르면 미국의 기업에서 매년 200만 개의 일자리가 사라졌다. 예를 들어, 미국 은행순위 13위인 '퍼스트 인터스테이트 은행'은 구조개혁을 통해 전체의 25%에 달하는 9000개의 직업을 줄였다. '유니온 카바이드'는 1995년까지 5억 7500만 달러의 비용을 줄이고자 생산·관리·유통 부문 재조정을 통해 전체 종업원의 22%에 해당하는 1만 3900명을 해고했는데, 다음 2년 이내에 구조조정이 마무리되기 전까지 추가로 25%를 더 해고할 예정이었다(Rifkin, 1995: 3~4). 이런 사례들이 세계적인 대량 실업과 그로 인한 노동 계층의 빈곤화를 예고하는가? 이 질문에 대해 리프킨은 다음과 같이 조건적 대답을 제시한다.

> 3차 산업혁명은 선과 악을 위한 강력한 힘이다. 새로운 정보통신기술은 다음 세기에 문명을 해방하여 불안정하게 만들 수 있는 잠재력을 가지고 있다. 새로운 기술로 인해 우리가 자유로워져 여가가 늘어난 삶을 살게 될 것인지, 아니면 막대한 실업과 세계적 불황이 발생할 것인지는 각국이 **생산성 향상의 문제**를 어떻게 해결하느냐에 달려 있다(Ripkin, 1995: xvii~xviii)(고딕체 필자 강조)

여기서 볼 수 있듯이, 리프킨은 자동화로 인해 인간노동의 수요가 크게 줄어들 것이지만, 그것이 반드시 삶의 질이 하락하는 것은 아니라고 보았다. 다시 말하면, '자동화 → 인간노동의 종말'은 분명한 사실이지만, '노동의 종말 → 삶의 질 하락'은 우리가 '노동하지 않음'이라는 사태를 어떻게 해결할 것인지에 달려 있다는 것이다. 리프킨은 그 해결책이 생산성 향상과 관련되어 있다고 보는데 잠시 후에 그 문제가 검토될 것이다.

리프킨의 노동종말론은 다음과 같이 크게 두 가지 주장으로 구성되어 있다. 첫째 주장은 **탈숙련화 논증**(deskilling argument)이다. 산업혁명 이후로 인간노동은 이전처럼 숙련성과 전문성이 필요하지 않게 되고 기계를 보조하는 노동으로 전환된다. 카를 마르크스(Karl Marx)에 따르면, 기계는 잉여가치를 생산하기 위한 수단이며(Marx, 1976: Book 1, Chapter 15), 자본가들은 이윤을 확대하기 위해 인간 노동자 대신 기계를 사용한다. 해리 브레이버만(Harry Rraverman, 1974)은 마르크스의 사상을 실증적 자료로 뒷받침하면서 테일러리즘 시대의 탈숙련화 과정에 주목한다. 대량생산과 과학적 경영관리의 결합으로 인해 숙련노동의 필요성이 점차 사라지고 자동화로 인한 대량생산의 효율성이 증가하게 되어 노동자들이 일자리를 잃고 실업자가 된다. 리프킨은 3차 산업혁명 당시의 최신 자료를 활용하여 마르크스와 브레이버만의 탈숙련화 논증을 지지하면서, 탈숙련화가 제조업 외 농업과 서비스업에서도 진행되고 있다고 강조한다. 그는 자신의 책 여러 장에 걸쳐서 제조업, 농업, 서비스업을 분석하면서 자동화로 인간 노동이 대체되는 많은 사례를 제시하고 있다.

둘째 주장은 기술비관론이다. 리프킨은 3차 산업혁명이 탈숙련화로 인한 문제를 해결할 것이라는 기술낙관론을 비판한다. 이 문제와 관련하여 3차 산업혁명의 도래와 그로 인한 후기산업사회 구조의 변동을 역설했던 다니엘 벨(Daniel Bell, 1973)은 낙관주의자였다. 벨에 따르면, 후기산업사회에서는 제조업과 농업과 비교해 서비스업이 우세해지고, 노동의 축이 블루칼라로부터 화이트칼라로 이동하면서, 직업에 대한 만족도가 증가하고 공동체 의식이 증가하면서 높은 수준의 복지와 풍요가 나타나게 된다. 리프킨은 벨의 낙관적 견해를 강하게 비판한다. 많은 반례에도 불구하고, 여전히 정책 담당자들은 낙수기술(trickle-down technology) 이론을 신봉하면서 기술혁명, 생산 증가, 가격 하락은 충분한 수요를 생성하여 잃은 것보다 더 많은 직업을 창출할 것이라고 주장한다(Rifkin, 1995: 39~40). 벨은 기술혁명으로 인해 저소득층이 직업에 만족하고 그들의 복지가 향상된다는 주장은 잘못이라고 지적한다.

이상에서 보았듯이, 리프킨은 탈숙련화 논증과 기술비관론을 기반으로 후기산업사회는 대다수 노동자가 실직하고 극도의 빈곤에 처하는 상황에 도달할 것으로 예측했다. 과연 우리는 기술혁명으로 인한 대량 실업의 문제를 해결할 수 있는가?,리프킨은 그 문제에 대한 해결책으로 두 가지를 제시한다.

첫째, 리프킨은 기술혁명으로 인한 혜택이 공평하게 분배되어야 한다고 주장한다(Rifkin, 1995: 217). 생산량이 급격히 증가한 만큼 노동시간은 감소하지만, 임금은 지속해서 증가해야 한다. 첫 번째 제안의 핵심은 한 사회에서 이용 가능한 직업을 공유하기 위해 노동시간을 단축할 수 있다는 데 있다. 리프킨은 이 생각을 '폭스바겐'의 사례를 통해 예시한다(Rifkin, 1995: 224). 폭스바겐은 1933년 조만간 사라질 3만 1000개의 직업을 유지하기 위해 주 4일 30시간 노동시간제를 도입하기로 했다. 이 제도를 도입하면 노동자의 수입이 20% 정도 감소할 것이지만 세율을 낮추고 보너스를 지급하여 그 차이를 어느 정도 상쇄할 수 있었다. 중요한 것은 이 제도의 도입에 관한 찬반 투표에 참여한 경영진과 노동자 모두 노동시간 단축을 항구적인 대량 해고를 예방할 수 있는 공정한 대안으로 수용했다는 점이다.

둘째, 리프킨은 제3부분(the third sector)의 역할을 강조한다. 제3부분이란 전통적으로 이윤 창출을 목적으로 하지 않은 공공 부분으로서 그 대표적 예로 빈민 구호, 기초 의료 서비스, 청소년 교육, 임대주택 건설, 환경보호 등이 있다. 리프킨의 기술비관론과 노동종말론은 제1부분(정부 부분)과 제2부분(민간영리 부분)이 기술혁명과 자동화로 인한 실업 문제와 그로 인한 저소득층의 삶의 질 하락이라는 문제를 해결할 수 없다는 확신에서 나온다. 리프킨은 그 해결책이 이윤 창출을 목적으로 하지 않은 제3부분에서 나올 것이라고 예상했다.

　　공식 시장에서의 대량 고용의 축소와 공공 부문에서의 정부 지출의 감소 때문에 우리는 비시장경제인 제3부분에 대해 더 많은 관심을 기울여야 한다. 사람들이 다음 세기에 시장이나 법령으로 더는 다룰 수 없는 개인적이고 사회적인 요구를 해결하는 데 도움을 줄 것으로 보이는 것은 바로 제3부분, 즉 사회경제다. 이 부분은 남성과 여성이 새로운 역할과 책임을 탐구하고 이제는 그들이 가진 시간의 상품 가치가 사라지고 있는 삶의 새로운 의미를 찾을 수 있는 경기장이다(Rifkin, 1995: 217).

　　임금의 지속적 인상과 제3부분의 역할을 강조하는 리프킨의 입장은 그가 매우 강하게 비판했던 벨의 기술낙관론에 못지않게 '낙관적'으로 보인다. 그러나 그 두 가지 입장에는 분명한 차이가 있다. 즉, 벨은 기술혁명으로 인해 발생하는 후기산업사회의 문제가 기술에 의해 해결될 수 있다고 본다는 점에서 낙관론자이지만, 벨은 기술의 진보는 필연적으로 대량 실업을 초래하며 그 문제는 기술 자체에 의해 해결될 수 없고 공평한 분배와 제3부분을 지향하는 사회·정치적 선택으로 해결될 수 있다고 본다는 점에서 '낙관적'이다.

　　지금까지 논의된 리프킨의 노동종말론은 3차 산업혁명에 대한 분석으로부터 나온 것이다. 여기서 그의 결론이 4차 산업혁명 시대에도 적용될 수 있느냐는 질문이 제기된다. 이와 관련하여 칼 프레야와 마이클 오스본(Carl Freya and Michael Osborne)은 702개의 직업을 대상으로 컴퓨터화의 영향을 분류했는데(Freya and Osborne, 2017: 269~278), 대표적인 상위 열 가지 직업은 〈표 3-1〉과 같다.

<표 3-1> 직업에 대한 컴퓨터화의 영향

순위	확률	작업	순위	확률	직업
1	0.0028	레크레이션 테라피	592	0.94	웨이터
2	0.003	기계공·설치공·수리공 1차감독자	619	0.95	동물 사육사
4	0.0031	정신건강·약물 남용 사회복지사	639	0.96	게임 딜러
6	0.0035	직업 치료사	641	0.96	레스토랑 요리사
7	0.0035	정형외과 의사 보철 전문가	651	0.97	치기공사
17	0.0043	심리학자	683	0.98	출납원
19	0.0044	치과의사	698	0.99	보험업자
20	0.0044	초등학교 교사	699	0.99	수학 기능인
32	0.0065	컴퓨터 분석가	700	0.99	재봉사
34	0.0068	큐레이터	702	0.99	텔레마케터

  프레야와 오스본의 분석에 따르면, 컴퓨터화의 위험도를 상-중-하로 분류했을 때 현재 미국인의 직업 47%가 향후 10~20년 이내에 대체될 상위 위험군에 속한다. 구체적으로는 운송업, 물류업, 사무관리직, 생산업이 속한다. 흥미롭게도 지난 수십 년 동안 신장세를 보여온 서비스업(웨이터, 게임 딜러, 요리사 등)도 예외는 아니라는 점이다. 또 다른 중요한 점은 임금과 학력이 컴퓨터화로 인한 대체 확률과 매우 강한 부정적 관계를 갖는다는 점이다. 다시 말하면, 임금이 높고 학력이 높을수록 컴퓨터화의 영향을 받을 가능성이 점점 낮아진다. 이는 흔히 고학력 전문직 중 상당수가 가장 먼저 대체될 것이라는 통상적 생각과는 크게 차이가 나는 결론이다. 프레야와 오스본은 이런 현상이 지난 세기와 21세기의 차이를 나타낸다고 해석한다. 3차 산업혁명은, 브레이버만도 지적했듯이, 과업의 단순화를 통해 숙련노동을 대체하지만, 4차 산업혁명은 저숙련 노동을 제거하고 있다. 이

는 매우 중요한 발견이며, 이미 진행되고 있는 현실과도 대체로 일치한다. 컴퓨터화가 우선으로 저숙련과 저임금 노동에 작용함으로써 기술의 진보에 따른 노동시장의 분극화 과정에서 중간층이 사라지게 된다. 그 결과 기술혁명의 시대에서 저숙련 노동자들이 살아남을 수 있는 유일한 통로는 컴퓨터화로부터 면제된 직업, 즉 창의력과 사회적 기술이 필요한 직업으로 전환하는 것이다.

지금까지의 논의를 정리해 보자. 첫째, 프레야와 오스본의 분석에 따르면, 기술혁명의 결과 숙련노동에 대한 수요가 사라지고 그 결과 대량 실업이 발생한다는 리프킨의 진단은 4차 산업혁명의 시대에 적용되기 어렵다는 점이 드러난다. 둘째, 컴퓨터화라는 기술혁명으로 대체되는 것은 숙련노동이 아니라 저숙련 노동이다. 고학력과 고도로 숙련된 노동은 기술혁명에 크게 영향을 받지 않는다. 셋째, 기술혁명은 기존의 직업을 제거하기도 하지만 새로운 직업을 창출하기도 한다. 그러므로 새로 창출되는 직업이 사라지는 직업보다 규모나 임금에서 더 큰 효과를 낳는다면, 장기적인 관점에서 대량 실업은 큰 문제가 되지는 않을 것이다. 실제로 미국 노동력의 0.5%만이 세기 전환기에 존재하지 않을 산업에 채용되지만, 1980년대 동안 새로운 산업에서 창출된 새로운 직업에는 8%가 고용되었고, 1990년대에는 그 수치가 4.5%였다(Schwab, 2016: 37~38). 그러므로, 산업혁명처럼 장기간에 걸쳐서 진행되는 기술혁명의 결과로서 궁극적으로 노동이 소멸할 것이라는 노동종말론은 과장된 주장이다. 리프킨이 진단했듯이 3차 산업혁명이 진행됨에 따라서 숙련노동이 자동화된 기계노동으로 대체되었지만, 그것은 바로 대량 실업을 초래하지는 않았다. 왜냐하면

새로 등장한 산업이 전부는 아니지만, 부분적으로 실업자들을 고용
했기 때문이다.[2] 우리는 여기서 리프킨이 강조한 기술혁명 중 사회적
선택의 중요성을 비판하지는 않았다. 노동시간을 축소해야 할 것인
지, 어떤 산업을 육성해야 할 것인지를 결정하는 것은 언제나 매우 중
요하다.

노동종말론의 핵심은 기계화, 자동화, 컴퓨터화의 결과로 인간노
동이 기계로 대체되고 있다는 것이다. 우리는 앞서 4차 산업혁명 시
대에 컴퓨터화가 진행됨에 따라 인간노동이 필요한 직업이 줄어드는
것은 사실이지만, 그에 못지않게 새로운 직업이 생성되고 있다는 점
을 보았다. 여기서 기술혁명으로 인한 인간노동의 감소와 증가를 양
적으로 측정할 때, 즉 새로운 직업에 의한 고용 증가와 사라진 직업에
의한 고용 감소의 차이가 양수이면, 노동종말론은 설득력을 잃게 될
것이다.

3. 노동의 본성과 유형

우리는 앞 장에서 리프킨이 제시한 노동종말론을 중심으로 인공지
능 시대에 인간노동이 자동화와 컴퓨터화로 대체될 것이라는 주장을

---

2 기술비관론자들이 주목하는 것은 바로 새로 등장한 산업에 의해 고용되지 않은 실
   업자들이다. 이들에 대한 배려는 정책적 수단이나 사회적 차원의 선택을 통해 이
   뤄져야 할 것이다.

검토하면서 '노동'이란 용어를 분명히 규정하지 않고 사용했다. 그러나 그 용어는 명시적 정의를 제공할 필요가 없을 정도로 분명한 의미를 갖는 것은 아니다. 노동은 분명히 인간의 행위이지만 인간의 모든 행위가 노동은 아니다. 직장에 출근하여 근무하고 퇴근할 때, 그동안 이뤄진 행위는 대체로 노동이지만, 집에서 청소하거나 가사를 돌보는 것은 대체로 노동으로 간주되지 않는다. 그렇다고 해서 집안에서 하는 모든 행위가 노동이 아닌 것은 아니다. '재택근무'의 형태로 집에서 하는 행위는 노동이다. 산업혁명 이후로 '노동'은 경제행위로 이해되어 왔다. 고전 경제학에 따르면, 노동은 토지 및 자본과 함께 생산의 3요소에 속한다. 여기서 노동은 경제활동에서 재화와 용역의 창출을 위해 투입되는 인적 자원 및 활동을 뜻한다. 인간의 활동을 지칭하는 용어 대부분이 그러하듯이, '노동'이라는 개념도 '인간의 노동'을 지칭한다. 기계는 분명히 인간과 마찬가지로 '노동력'을 제공하지만 노동의 '주체'는 아니라는 의미에서, 기계는 '노동자'가 아니다.

아렌트는 『인간의 조건(The Human Condition)』(1958)에서 유기체의 생존을 위한 활동을 의미하는 노동이 점차 다른 고차원적인 활동을 압도하게 되는 과정을 설명하면서 인간의 근본 활동을 의미하는 '활동적 삶(vita activa)'을 노동, 작업, 행위로 구분한다(Arendt, 1958: 7). 첫째, 노동(labor)은 "인간 신체의 생물학적 과정에 상응하는 활동이다". 유기체로서의 인간이 생존하기 위해서는 음식물이 필요한데, 노동은 바로 이런 필수품을 생산하는 활동이다. 구체적으로 노동은 자연물을 수렵 채취하여 신체에 제공하는 활동으로서 노동의 산물은 곧바로 소비되는 '일회성'의 자연적 특징을 갖는다. 이처럼 노동은 유기체의 생명 유지와 관련된 활동이므로, 유기체가 죽어야만 그 끝이 난다(Arendt, 1958: 98). 둘째, **작업**(work)은 "인간 실존의 비자연성에 상응하는 활동이다". 작업의 본질은 '손'을 통한 활동이다. 작업하는 존재인 '작업인(*homo faber*)'은 '노동하는 동물(animal laborans)'과는 달리 자연이 제공하는 물질을 재료로 하여 거기에 작업하여 인공물을 제작한다. 작업의 산물은 적절히 사용되면 노동의 산물에 상대적으로 **지속성**을 지니며 가치를 갖는다. 지속성은 존 로크가 주장했듯이 소유의 확립을 위해 필요하고, 가치는 애덤 스미스(Adam Smith)가 파악했듯이 교환 시장을 위해 필요하다(Arendt, 1958: 136). 셋째, **행위**(action)는 "사물이나 물질의 매개 없이 인간 사이에서 직접적으로 수행되는 유일한 활동으로서, **다원성**이라는 특징을 갖는다. 행위는 보편적 인간이 아니라 구체적 인간들이 지구상에 살고 세계에 거주한다는 사실에 대응한다. 다원성은 모든 정치적 삶의 필요조건일 뿐만 아니라 가능 조건이기도 하다. 아리스토텔레스(Aristoteles)가 '실천 행위(*praxis*)'로 보았던 것은 '생명(*zoe*)'과 구별되는 '삶(*bios*)'으로서의 사회적 또는 정치적 삶인데, 그러한 삶은 언어와 행위를 통해서 구현된다.

위에서 볼 수 있듯이, 아렌트에 따르면 '노동'은 인간의 근본 활동 중 가장 지위가 낮은 활동이다. 고대 그리스 사회에서 노동은 노예의 활동이었다. 고대사회에서 노예가 경멸을 받은 이유는 노예가 '노동'을 담당하기 때문이 아니라 노동이 인간을 노예로 만드는 성질을 지니고 있기 때문이었다. 노동은 사적 영역에 속하는 노예의 활동이고, 작업은 공적 영역에 속하는 작업인의 활동이었다. 그러나 이런 차이에도 불구하고 작업은 자유인의 바람직한 삶이 될 수 없다. 아리스토텔레스에 따르면, 자유인이 선택할 수 있는 삶은 최고선으로서 쾌락을 추구하는 쾌락적 삶, 명예 또는 덕행을 추구하는 정치적 삶, 관조를 추구하는 관조적 삶인데(Aristotle, 1984: 1095b), 그중에서도 관조적 삶이 가장 행복하고 바람직한 삶이다. 자유인이 삶의 유형을 선택하는 데 있어서 자유가 전제되어 있으므로, 자유가 주어지지 않은 삶은 처음부터 '비오스'로서의 삶의 대상에서 제외된다. 그 결과 주인에게 예속된 노예적 삶으로서의 노동뿐만 아니라 자유가 있는 장인의 삶도 '작업 계약'으로 인한 제약 때문에 적어도 작업하는 동안 자유로운 삶이 될 수 없다. 이런 이유로 고대사회에서 노예제도는 인간의 진정한 삶이 될 수 없는 노동으로부터 인간을 해방한다는 이유로 정당화되었다.

아렌트에 따르면, 노동이 높은 위상을 갖게 된 것은 두 가지 경로를 통해서다. 첫째는 노동에 대한 인식의 변화를 초래한 사상적 경로로서, 그것은 로크와 스미스가 노동이 부의 원천이라고 주장하면서 가속화되었고, 마르크스에 이르러 정점에 도달했다(Arendt, 1958: 101). 또 다른 경로는 산업혁명이라는 역사적 사건이다. 작업을 통해 만들어진 인공물은 노동의 동물이 수행하는 노동의 비중을 낮추고 노동을 기계화하는 '도구'로 작용한다. 그런데 산업혁명으로 인해, 소비를 대비한 생산이 이뤄지면서 노동의 동물을 위해 제작인이 만들어 낸 도구들이 사용되면서 자신의 도구적 성격을 상실한다. 이제 인간은 기계를 자신의 목적을 실현하기 위한 도구로 사용하는 것이 아니라 기계의 요구에 적응해야 하는 처지가 되었다. 아렌트는 이를 근대사회의 목적과 수단의 전도(perversion of ends and means)라고 부른다 (Arendt, 1958: 145).

> 생산과정의 순간마다 손의 하인으로 남은 장인의 도구와는 달리 기계는 노동자가 자기에게 봉사할 것을 요구하며 노동자가 신체의 자연적 리듬을 그것의 기계적 운동에 적응할 것을 요구한다(Arendt, 1958: 147).

아렌트는 기계화로 인해 인간노동은 기계로 대체되어 인간의 조건으로서의 노동이 질적으로 변화했다고 진단한다. 노동이 작업을 대표하고, 작업은 다시 기계로 대체되었다. 노동의 종말이라는 결론에 이르는 과정에서 리프킨과 차이가 있지만, 아렌트는 행위가 생산과 제작의 관점에서 이해되고 작업이 노동의 형식으로 간주되면서, 활동적 삶의 주체로서 제작인은 실패하고 노동하는 동물이 승리했다고 주장한다. 그 결과 작업을 통해 수반되는 세계 경험은 일상적 삶에서 사라지고 실존적으로 중요한 행위 역시 소수의 특권층에만 가능한 경험이 되었다(Arendt, 1958: 323~324).

지금까지의 노동의 본성에 관한 논의를 바탕으로 노동의 주체와 유형에 대해 생각해 보기로 하자. 리프킨과 아렌트의 노동종말론에서 '노동'은 정확히 '인간의 노동'을 의미한다. 다시 말하면, 노동의 주체는 오직 인간이며, 기계는 노동의 주체가 될 수 없다. 만약 기계가 인간노동을 대체한다면, 그런 대체를 초래하는 기계를 어떤 존재로 보아야 하는가? 기계는 노동의 주체가 될 수 없는가? 아렌트의 아리스토텔레스적이고 실존적인 분석에서 기계는 존재가 아니라 사물에 불과하므로 노동의 주체가 될 수 없다. 기계에 대한 이런 이해는 데카르트적 이원론에 근거를 두고 있다. 잘 알려져 있듯이, 데카르트는 세계는 정신과 물질이라는 두 가지 실체로 구성되어 있는데, 정신의 속성은 '사유'고 물질의 속성은 '연장'이다. 인간과 인간이 아닌 존재는 정신의 소유 여부에 의해 구별된다. 인간은 정신과 물질을 모두 갖고 있지만, 동물이나 기계는 정신을 갖고 있지 않다.

인간노동의 종말이 위기로 다가오는 데는 크게 두 가지 이유가 있다. 첫째 이유는 휴머니즘의 관점에서 보았을 때 노동의 주체가 될 수 없는 기계가 노동을 담당하고 그 결과 인간노동이 대체된다는 것이다. 만약 처음부터 인간뿐만 아니라 기계도 노동을 할 수 있는 존재로 이해되었다면, 노동종말론은 지금과는 다른 방식으로 전개되었을 것이다. 둘째 이유는 기계화와 자동화로 인해 노동의 종말이 나타난다고 보는 것이다. 그러나 이후에 논의되듯이 이는 잘못된 생각이며 기계화와 자동화의 결과는 노동의 종말이 아니라 **노동 유형의 변화**다.

인공지능 시대의 노동문제를 고려하는 데 있어서 우리는 인간 중심적인 휴머니즘을 벗어나 **포스트 휴머니즘적 관점**을 채택할 필요가 있다. 인간에 대한 새로운 이해는 트랜스 휴머니즘(trans-humanism)과 포스트 휴머니즘이라는 이름으로 불리고 있다. 포스트 휴머니즘의 지지자인 캐서린 헤일스(Katherine Hayles)는 포스트 휴머니즘을 다음과 같이 정의한다(Hayles, 1999: 2~3). ① 정보 패턴이 어떤 물질적 예화보다도 존재 상태에 더 중요하며 그 결과 특정한 생물학적 기질로 구현되는 것은 생명의 필연성이라기보다는 역사적 우연성이다. ② 비물리적인 영혼은 없으며, 의식은 부수 현상이다. ③ 몸은 보철물에 불과하며, 한 보철물을 다른 것으로 교체하는 것은 단순히 그런 관계의 연장선에 있다. ④ 인간은 매끄럽게 지적인 기계와 연결될 수 있는 존재다. 헤일스에 따르면, 인간과 기계를 엄격히 구분하는 것은 정당화될 수 없다. 무엇보다 인간도 기계와 마찬가지로 물질에 독립적인 정신을 갖고 있지 않기 때문이다. 휴머니즘에 따르면, 인간은 합리적 판단을 하며, 자유의지를 가진 존엄한 존재다. 그러나 포스트 휴머니즘에 따르면, 포스트휴먼은 뿌리 깊은 인간 중심주의를 벗어나[3] 인간-기계, 인간-동물, 물리적 존재-사이버 존재 간 경계를 극복해야 할 존재다.

포스트 휴머니즘적 관점에서 보았을 때, 기계가 수행하는 것을 '노동'으로 보지 말아야 할 어떤 이론적 근거도 없다. 어원적으로 보았을 때, 카렐 차페크(Karel Čapek, 1920)가 처음으로 제시한 용어인 '로봇(robot)'은 체코말로 '노예', 또는 '고된 일'을 뜻하는 '로보타(robota)'에서 유래했다. 노예는 노동을 위한 존재며 기계 역시 노동을 위해 만들어졌다. 노예와 기계의 차이가 있다면, 기계는 인간이 아니라는 점이다. 그러나 앞에서 보았듯이, 포스트 휴머니즘에 따르면, 인간이 더 바람직한 삶을 살기 위해서는 인간과 기계의 이분법을 넘어서야 한다. 노동하는 기계가 인간이 아니라는 이유만으로, 노동 현장에서 기계가 차지하는 역할을 간과하고 인간노동의 대체라는 결과에만 초점을 맞추는 것은 인간 중심주의의 귀결이다. 인공지능 시대에서 인간

---

3 이런 점에서, '생명'과 '삶'을 구분하고 전자보다 후자에 기반을 둔 삶을 더 바람직한 것으로 본 아렌트는 휴머니스트다.

은 좋든 싫든 간에 기계와 함께 살아가야 한다는 점에서 인간과 기계의 공진화 논제가 성립한다.

이제 노동종말론을 부정적으로 해석하는 데 이바지하는 두 번째 이유를 살펴보자. 여기서는 기계화와 자동화로 인해 인간노동이 사라진다는 주장의 부당성을 보이기 위해 노동의 내용과 노동의 주체를 축으로 노동의 유형을 분석하기로 한다. 노동의 내용은 크게 '인간적 노동'과 '기계적 노동'으로 구분될 수 있다. 여기서 인간적 노동은 유기체로서 인간에게 적합한 것으로서 반자동적이고, 단조롭지 않고, 반복적이지 않은 노동이다. 이에 비해, 기계적 노동은 현재 우리가 이해하는 기계에 적합한 것으로서 자동적이고 단조롭고 반복적인 노동을 말한다. 이런 구분은 우리가 포스트휴먼적 관점을 채택하더라고 동의할 수 있을 정도로 유연하다. 또 다른 축은 노동의 주체로서 인간과 기계다. 여기서 우리는 기계를 노동의 주체로 인정하고 있는데, 이런 인식 변화는 포스트 휴머니즘에 의한 것이다. 이제 노동의 내용과 노동의 주체라는 두 가지 축을 통해 노동을 구분하면 다음과 같이 네 가지 노동의 유형이 나타난다(〈표 3-2〉 참조).

(R1) 기계가 기계적 노동을 함
(R2) 기계가 인간적 노동을 함
(R3) 인간이 기계적 노동을 함
(R4) 인간이 인간적 노동을 함

위의 네 가지 노동의 유형에서 논쟁의 대상이 되는 것은 (R2)와

〈표 3-2〉 노동의 유형

노동의 내용	노동의 유형	노동의 주체
기계적 노동		기계
인간적 노동		인간

(R3)이다. 즉, 기계가 인간적 노동을 하거나(R2), 인간이 기계적 노동을 하는 것(R3)이 문제가 된다. 반면에 정상적인 노동의 유형은 (R1)와 (R4)다. 즉, 기계가 기계적 노동을 하거나(R1), 인간이 인간적 노동을 하는 것(R4)은 크게 문제가 되지 않는다. 노동종말론은 기계가 (R1)과 (R2)를 담당함으로써 (R3)과 (R4)가 사라진다고 주장한다. 리프킨의 노동종말론에서는 노동의 내용이 구분되지 않는다. 리프킨이 노동의 종말을 해결하는 방안으로 제시한 제3부분은 인간적 노동뿐만 아니라 기계적 노동에도 모두 관련된다. 반면에 아렌트의 이론에서는 명시적은 아니지만 그 구분이 전제되어 있다. 아렌트는, 나의 구분과 정확히 일치하지는 않지만, 노동과 작업을 구분하고, 전자보다 후자를 더 고차원적인 인간의 근본 활동이라고 주장했기 때문에, 기계적 노동을 인간이 담당하는 데는 동의하지 않을 것이다.

기계화와 자동화가 진행되는 순서는 "(R1) → (R3) → (R2) → (R4)"일 것이다. 이 순서는 당위적 요청에 의한 것이 아니라 기술적 용이성과 경제성을 기준으로 진행된다. 노동종말론은 인간이 기계적 노동을 담당해야 한다고 적극적으로 주장하지는 않지만, (R1)과 (R2)가 (R3)과 (R4)를 대체하고 있다고 진단함으로써, (R3)과 (R4)의 회복과 더불어 "인간에 의한" (R1)과 (R2)도 주장한다. 그러나 아렌트가 강조 했듯이, '노동'을 노예가 담당했던 것은 노동이 인간을 노예로 만드는 성질을 갖고 있기 때문이다. 다시 말하면 자동적이고 단조롭고 반복 적인 일을 계속하게 되면 인간은 점점 '인간성'을 상실하게 된다. 이 런 점에서 (R1)과 (R4)는 휴머니즘이나 포스트 휴머니즘의 기준에서 도 정상적이고 자연스러운 노동 유형이며, (R2)와 (R3)은 비정상적이 고 자연스럽지 않은 노동이다. 그렇다면 휴머니즘에 기반을 둔 노동 종말론이 진정으로 문제 삼아야 할 것은 인간노동 (R3)과 (R4)의 종 말이 아니라, 자연스럽지 않은 노동인 (R2)와 (R3)의 억제 및 폐지일 것이다. 리프킨의 노동종말론에서는 이에 대한 문제의식이 보이지 않는다. 이에 비해 아렌트는 작업이 노동화되고 다시 노동이 기계화 되는 과정을 비판적으로 분석하면서 (R3)에 대한 강한 비판 의식을 드러내고 (R4)의 회복을 주장한다.

노동종말론은 인간노동의 종말이 주로 (R1)의 확장으로 인한 것이 라고 보고 있는데, 그것은 지금까지의 논의를 통해 드러났듯이 잘못 이다. 인간이 기계가 담당할 노동을 하는 것(R3)은 자연스럽지 못한 노동이며, 이는 인간의 기계화를 초래한다. 그리고 그런 인간의 기계 화를 예방하는 것은 바로 (R1)이다. 기술혁명으로 인해 (R1)은 날로 그 영역을 확장할 것으로 예상된다. 그러나 그런 시대적 흐름에 대한 대책으로 (R3)을 주장하는 것은 포스트 노동에 대한 올바른 대책이 될 수 없다. 진정한 해결책은 (R1)과 (R4)의 활성화를 통해서 가능할 것이다. 프레야와 오스본의 분석에서 드러났듯이, 인공지능 시대에서 요청되는 (R4)는 고도로 숙련된 기술과 전문적인 교육에 기반을 둔 노동이다.

4. 인간과 기계의 공진화

다윈의 진화론에 따르면 인류는 원시 생명체로부터 기나긴 진화 여정을 거쳐 나타났는데, 인류의 진화 과정에서 가장 중요한 특징은 뇌 용량의 현저한 증가다. 지금으로부터 약 400만 년 전에 생존했다고 추정되는 오스트랄로피테쿠스(Australopithecus afarensis)의 뇌 용량은 450cc에 불과했지만 약 20만 년 전에 생존하기 시작한 현생인류(*homo sapiens sapiens*)의 두개골은 1400cc로 많이 증가했다(McClellan and Dorn,1999: 7). 인간의 뇌는 피질에 수많은 주름을 만들면서 신경세포들이 존재할 수 있는 더 넓은 물리적 공간을 확보했다.

인류의 진화를 특징짓는 두 번째 요소는 도구의 사용이다. 과학자들은 유난히 손재주가 많았던 원시인류를 가리켜 '호모 하빌리스(*Homo habilis*)'라고 부르는데 뇌의 용량은 약 750cc였고 약 180만 년 전에 생존했다. 원시인류는 초기에는 주위 환경에서 발견되는 돌이나 나뭇가지들을 도구로 사용하다가 차츰 그것들을 개량하고 나중에는 직접 정교한 도구를 제작했다. 호모 하빌리스가 사용했던 석기와 토기로부터 베틀, 셈틀, 방아를 거쳐서 전기 면도기와 컴퓨터에 이르는 발전이 있었다. 앞에서 보았듯이 이처럼 다양한 도구들을 창안하여 편리한 삶을 도모해 온 인간을 가리켜 '호모 파베르(Homo faber)'라고 한다.

우리의 관심은 진화의 관점에서 인간과 기계의 관계를 이해하는 데 있다. 이와 관련하여, 인간의 진화는 다음과 같이 세 가지 방향으로 전개될 것으로 예상된다. ① 순수한 인간으로 진화: 자연종으로서의 인간 몸의 구조를 유지, ② 순수한 기계로 진화: 점차로 자연종으로서의 인간 몸을 버리고 순수한 기계로 진화, ③ 인간과 기계의 결합체로서 진화: 인간적 요소를 유지하면서 기계와 결합. 인간의 진화는 위에 제시된 방향 중 어느 것을 따를 것인가? 이것은 경험적으로 결정될 문제이고 긴 시간이 지나면 드러날 것이다. 우리가 여기서 취할수 있는 전략은 귀납적으로 과거와 현재를 살펴보고 미래를 예측하는 데 있다. 그렇다면 우리의 질문은 다음과 같이 바뀐다. 즉, 그중 어느 것이 인간의 생존에 가장 유리한가?

이 질문에 대한 대답으로서 인간·기계 공진화 논제(Co-evolution thesis of human and machine)를 검토한다.

공진화 논제: 인간과 기계는 호혜적 공생을 통해 진화할 것이다.

공진화 논제에 따르면, 인간과 기계는 생물학적으로 공진화 관계에 있다. 생물학에서 공진화는 특정 집단이 진화하면 관련된 다른 집단도 진화하는 현상을 가리킨다.[4] 공진화의 좋은 예는 상리공생(mutualism)이다. 예를 들어, 중앙아메리카에 서식하는 대부분의 아카시아종은 잎을 갉아 먹는 곤충을 퇴치할 수 있는 화학 성분을 갖고 있는데 그 성분이 없는 아카시아 종은 개미와 공생 관계를 유지한다. 그런 종은 개미가 집으로 삼을 수 있는 가시를 제공하고, 잎에는 개미가 좋아하는 즙을 함유하고 있다. 개미는 아카시아에 접근하는 곤충이나 짐승을 공격하여 아카시아를 보호하고 아카시아 근처에서 자라는 다른 식물을 갉아 먹음으로써 아카시아에 도움을 준다.

우리는 여기서 인간·기계의 공진화를 뒷받침하는 세 가지 이론을 살펴보기로 한다. 앤디 클락(Andy Clark, 2003)은 확장된 마음 이론(theory of extended mind)을 바탕으로 인간은 본성적으로 타고난 사이보그(natural-born cyborg)라고 주장한다. 클락에 따르면, 인간은 몸과 전기회로의 결합이라는 피상적 의미가 아니라 마음과 자아가 생물학적 뇌와 비생물학적 회로에 걸쳐 퍼져 있는 인간·기술 공생체(human-technology symbiont)가 된다(Clark, 2003: 3). 그렇다면 사이보그로서의 인간은 기계와의 공생 관계를 통해 어떤 진화적 이득을 얻게 되는가? 기계는 우리의 인지능력을 확장하고 향상해 주는 인지적 비계(cognitive scaffolding)로서 작용한다. 예를 들어, 인간 뇌는 구성적 학습으로부터 인지적 이득을 얻는데 여기서 구성적 학습이란 학습이 진행되는 동안 계산 자원과 표상 자원이 변화하면서 확장되는 것을 의미한다(Clark, 2003: 83). 이 점은 인공신경망 연구에서 구체적으로 예시되는데, 학습이 진행됨에 따라 단기 기억이 증가하는 체계는 고정된 구

---

4 공진화는 공생과는 달리 반드시 관련 생물 간의 상호 의존성이 필요하지 않다. 포식자와 먹이, 숙주 기생의 경우처럼 적대적 관계에서도 공진화가 발생할 수 있다. 이 글에서 제시된 공진화는 이런 차이를 반영하여 공생을 통한 공진화를 의미한다.

성을 지닌 체계가 해결하기 어려운 문제를 해결한다. 클락은 인지적 비계 개념을 심리철학의 난제인 심신 문제(mind-body problem)에도 작용한다. 그에 따르면 우리가 심신 문제를 해결하기 어려운 이유는 몸과 마음이라는 요소에만 관심을 기울이고 제3의 기계적 요소인 비계를 반영하지 않았기 때문이다. 이런 접근 방식에 따르면 심신 문제는 심, 신, 비계의 문제(mind-body-scaffolding problem)로 변환되어 어떻게 인간 사고와 이성이 물리적 뇌와 몸, 복잡한 문화적·기술적 환경 간 관계의 산물인가를 이해하는 문제로 전환된다(Clark, 2003: 11).

로드니 브룩스(Rodney Brooks, 2002)는 다년간의 로봇연구 경험을 토대로 인간과 기계의 공존 방향을 제시한다. 브룩스는 인간과 기계 사이의 직접적인 신경적 인터페이스가 이제 구체화하고 있으며 동시에 신체를 개조하는 데 있어 외과 수술을 적용할 수 있는 상황이 되었다고 지적한다. 이런 과정을 통해 인간은 **신체와 기계의 합체**(merger between flesh and machines)가 된다(Brooks, 2002: x). 브룩스의 입장이 특이한 것은 인간과 기계의 공진화를 주장하면서 기계의 진화 과정을 누구보다도 구체적으로 제시한다는 점이다. 그에 따르면 로봇의 진화는 두 가지로 전개될 것이다. 첫째, 로봇이 인간과 같은 능력을 갖추려면 인간과 같은 형태를 보인다. 이를 지지하는 논변이 있는데 그것은 바로 몸의 형태가 세계에 대한 표상을 결정한다는 주장이다. 조지 레이코프와 마크 존슨(George Lakoff and Mark Johnson, 2003)은 인간 언어와 사고의 고급 표상은 인간 몸과 세계의 상호작용에 대한 은유에 기반을 둔다고 주장한다. 예를 들어, '애정'은 '따뜻함'을 은유로 사용하는데 그 이유는 애정을 보일 때 어린이는 부모의 몸의 따뜻함에 노출되기 때문이다. '시간'과 같은 고급 개념도 세계에 대한 신체적 경험에 의존하기는 마찬가지다. 그러나 브룩스는 이런 논변이 오류를 범할 가능성이 크다고 본다(Brooks, 2002: 68). 1942년 인도네시아 비아 섬 주민들이 나무로 만든 '모형 총'으로 무장하고 일본군 진영으로 돌격했을 때 비극적인 대량 살상이 발생했다. 이와 마찬가지로 로봇은 적어도 현재의 기술 수준에서는 인간을 완전히 닮은 존재(안드로이드)가 아니며 인간과 단지 피상적인 관계만을 갖는다. 둘째, 인간이 인간의 형태를 보이는 로봇과 상호 작용하는 방법을 자연스럽게 알게 된다. 여기서 로봇이 보여 주는 감정이 '진정한 감정'인가라는 문제가 제기된다. 이에 대해 브룩스는 로봇의 감정 체계는 인간의 "편도핵과 변연계의 다른 부분과 같은 감정의 원초적 중추가 있는 인간 뇌에서 발생하는 것과 유사하다"라고 대답한다. 새와 비행기의 비행을 생각해 보자. 비행기는 '난다'라는 점에서 새와 같지만, 새처럼 날지는 않는다. 그러나 비행기가 비행을 모의하는 것은 아니다(Brooks, 2002: 128~129). 비행기가 비행을 모의하는 것이 아니라 새와는 다른 방식으로 날듯이, 로봇은 인간의 감정을 모의하는 것이 아니라 인간과 다른 방식으로 감정을 처리한다(Brooks, 2002: 171).

셋째, 도널드 노먼(Donald Norman, 2009)은 인간과 기계의 공진화를 **효율적 인터페이스**를 위한 디자인의 관점에서 접근한다. 노먼의 관심은 인간이 기계와 안정적이고 효율적인 인터페이스를 가질 방안을 모색하는 데 있다. 노먼에 따르면, 별도의 훈련이나 기술이 필요 없이 인간과 기계의 자연스러운 상호작용이 가능하기 위해서는 인간과 기계의 **공생**(symbiosis)이 필요하며, 그 공생은 결과적으로 쌍방에게 유익하여 각자 단독으로 가능한 것을 능가하는 결과를 낳는다 (Norman, 2007: 22). 노먼은 인간과 기계의 자연스러운 상호작용의 예로서 로봇 코봇(Cobot)을 제시한다(Norman, 2007: 89~89). 자동차를 조립하는 라인에 배치된 코봇은 짐이 무거우면 힘을 증폭해 주기 때문에 그것을 사용하는 사람은 작은 힘만 필요하고 나머지 힘은 코봇이 제공한다. 여기서 중요한 것은 사람은 자신이 상황을 완벽하게 통제하는 것으로 느끼고 자신이 기계적 수단의 지원을 받고 있다는 점을 자각하지 못한다는 데 있다.

노먼은 인간의 진화와 기계의 진화 간 중요한 유사점을 지적하는데 그것은 둘 다 효율적으로 신빙성 있는 세계에서 안전하게 기능해야 한다는 점이다. 이런 요구는 세계 내 모든 존재에게 해당하기 때문에 기계도 그것을 충족해야 한다. 그러기 위해서 기계는 인간처럼 세계를 지각하고 적절히 행위하고 사고하고 결정을 내리고 문제를 해결해야 한다. 또한 기계는 인간의 감정에 대응하는 체계를 갖춰야 한다. 이런 점에서 감성 디자인이 등장하게 된다. 이와 관련하여 노먼은 인간 뇌의 처리 수준을 세 가지로 구분한다(Norman, 2007: 43). ① 내장적 수준(visceral level): 자동적이고 잠재 의식적이며, 인간의 생물학적 자원에 의해 결정된다. ② 행동적 수준: 학습된 기술의 장소이지만 대체로 잠재 의식적이다. 이 수준에서의 처리는 대부분 행동을 야기하고 제어한다. ③ 숙고적 수준(reflective level): 의식적이고 자각적 수준이며 자아와 자기 이미지의 장소다. 과거와 미래에 대한 전망을 분석한다. 노먼에 따르면 이상의 세 수준이 인간과 기계의 공생 관계에도 적용될 수 있다. 예를 들어, '차+운전자 하이브리드'에서 차는 내장적 수준을, 운전자는 숙고적 수준을 담당하며, 양자는 '말+기수'와 비슷한 방식으로 행동적 수준을 공유한다. 그러나 자율주행자동차에서 볼 수 있듯이 점차 자동차가 숙고적 요소를 담당하게 되므로 조만간 '차+운전자 하이브리드'는 인간의 숙고적 수준이 필요 없게 된다.

지금까지 살펴본 이론들은 인간과 기계의 공진화 논제를 뒷받침한다. 인간과 기계의 공진화 논제는 인간·기계의 진화 방향에 대한 가설로서, 우리가 앞서 검토한 노동종말론의 한계를 드러내고 인공지능 시대의 노동 유형을 올바르게 이해하기 위한 이론적 토대를 제공한다.

5. 더 생각해 볼 문제

우리는 지금까지 인공지능 시대의 노동을 노동종말론을 중심으로 살펴보았다. 노동종말론이 지적하고 있듯이, 4차 산업혁명으로 인한 초연결화, 초지능화, 초인간화는 인간노동을 기계가 대체하는 결과를 낳고 있다. 여기서 문제는 그런 결과가 인간의 삶을 바람직하지 않은 방향으로 유도하는 것인가, 아니면 보다 나은 방향으로 유도하는 것인가이다. 노동의 내용과 노동의 주체를 중심으로 노동을 분석한 결과 네 가지 노동의 유형이 나타났다. 여기서 노동종말론은 기계가 인간적 노동을 담당하는 것에 대해 우려를 표명하고 있지만, 인간이 기계적 일을 하는 것을 지지한다는 점에서 이론적 한계를 드러냈다. 인공지능 시대에서 우리가 진정으로 관심을 가져야 할 것은 인간이 인간적인 노동을 하고 기계적인 일은 기계가 담당하는 사회구조를 구축해야 한다는 것이다. 이상적인 사회는 (R1)과 (R4)와 같은 정상적 노동 유형이 활성화되고, (R2)와 (R3)과 같은 비정상적인 노동 유형은 억제되어야 한다.

지금까지의 논의를 토대로 우리는 인공지능 시대의 노동과 관련하여 다음과 같은 사항을 생각해 볼 필요가 있다.

첫째, 인공지능 시대의 노동, 포스트 노동은 어떤 유형이고, 구체적으로 어떤 방식으로 구현될 수 있는가? 이와 관련하여 리프킨은 제3부분의 활성화를 제시했고, 아렌트는 작업과 행위의 부활을 주장했다. 포스트 노동의 문제를 가장 적극적으로 다루고 있는 나라는 독일이다. 독일은 2012년부터 노동력 감소와 컴퓨터화에 대한 국가 전략으로『인더스트리 4.0』을 추진해 왔다. 전통적인 제조 산업에 디지털 기술을 접목하려는 독일의 노력도 역시 노동의 문제에 직면하기는 마찬가지다. 이에 독일은 2015년『노동 4.0 백서』를 제시하여 인공지능 시대의 노동 위기를 사회적 합의를 통해서 해결하고 국민에게 좋은 노동(Gute Arbeit)을 제공하는 길을 모색하고 있다. 인터넷 강국인 한국은 다른 나라에 비해 상대적으로 인간노동이 기계와 초연결 체계에 의해 더 활발히 대체되고 있다. 이런 현실에서 한국이 어떤 노동 정책을 채택해야 할 것인지에 대해 사회 구성원 모두 진지하게 생각해 볼 필요가 있다.

둘째, 노동종말론은 리프킨의 경우에서 볼 수 있듯이, 인간노동이 기계에 의해 대체된다는 점에서 비관론을 함축하고 있다. 그러나 앞에서 보았듯이, 기술혁명으로 일시적으로 일자리가 급격히 감소할 수 있으나 장기적으로는 다른 일자리가 그 자리를 대체할 것이라는 낙관론도 상당한 설득력을 얻고 있다. 앞에서 논의되었듯이 기술혁명은 노동의 종말이 아니라 노동 유형의 변화를 가져온다는 점도 낙관론을 지지한다. 인공지능 시대의 노동 위기와 관련하여 비관론이 옳은지, 아니면 낙관론이 옳은지는 시간이 흐름에 따라 판명될 것이지만, 노동이 인간의 삶에서 차지하는 비중을 고려할 때 그것을 시간의 흐름에 맡길 수는 없다. 독일의 사례에서 볼 수 있듯이 인간의 개입, 특히 정책적 개입이 필요하다. 그런데 리프킨의 제3부분에 관한 제안이나 독일의『노동 4.0 백서』가 추구하는 것은 이상주의적이기 때문에 그것을 실제로 구현하는 데는 재산권을 비롯한 시민의 기본권을 제약하게 될 것이다. 플라톤의『국가』를 비롯하여 유토피아 이론의 역사에서 볼 수 있듯이 인간 세계에 유토피아를 건설하려는 것은 매우 어려운 일이다. 초인공지능으로 무장한 인류가 어떤 방식으로 유토피아를 건설할 수 있을지에 대해 우리 모두 진지하게 생각해 볼 필요가 있다.

셋째, 인공지능 시대의 바람직한 삶의 문제가 있다. 포스트 노동은 본성으로 창의적 노동이다. 기계가 인간노동을 상당한 정도로 대신함으로써 인간은 줄어든 노동시간에 상응하는 자유시간을 갖게 된다. 초연결성은 한편으로는 인류에게 편리함뿐만 아니라 엄청난 경제적 이익을 제공할 것이지만 다른 한편으로는 인간 향상의 결과로 개성과 같은 차이에서 급격한 감소가 나타나고 '새로움'이 엄청난 희소가치를 갖게 될 것이다. 그 결과 인공지능 시대의 삶은 '창조적 삶'과 '무료한 삶'으로 대표될 것이다. 인공지능 시대에 다수의 사람은 편안하지만 무료한 삶을 살게 될 것이고, 소수의 사람은 불편함을 무릅쓰고 모험과 새로움을 추구하는 창조적 삶을 살게 될 것이다. 이제 우리는 인공지능 시대에 필요한 새로운 가치는 무엇이고, 그런 가치를 어떤 방식으로 사회 체계에 구현할 것인지에 대해 생각해 보아야 할 시점에 와 있다.

참고문헌

김재희. 2020. 「기본소득제: 고용 없는 노동과 일의 발명」. 『포스트휴먼이 온다』. 파주: 아카넷.

소병철. 2002. 「노동 종말 시대의 노동-자율적인 삶의 사회철학을 위한 예비적 고찰」. ≪철학≫, 73: 213~234.

이영의. 2020a. "Being and Relation in the Posthuman Age." ≪Society and Power≫, 65 (5): 7~12.

_____. 2020b. 「사이보그: 인간에서 초인으로? 기계가 된 인간」. 『포스트휴먼이 온다』. 파주: 아카넷.

하대청. 2019. 「휠체어 탄 인공지능: 자율적 기술에서 상호의존과 돌봄의 기술로」. ≪과학기술학연구≫, 19(2): 169~206.

Arendt, H. 1958. *The Human Condition*. Chicago, IL: University Of Chicago Press (이진 우·태정호 옮김. 1996. 『인간의 조건』. 서울: 한길사).

Aristotle. 1984. *The Complete Works of Aristotle: The Revised Oxford Translation*, vol. 2. Princeton, NJ: Princeton University Press.

Bell, D. 1973. *The Coming of Post-Industrial Society*. New York: Basic Books.

Bostrom, N. 2014. *Superintelligence: Paths, Dangers, Strategies*. Oxford: Oxford University Press.

Braverman, H. 1974. *Labor and Monopoly Capital*. New York: Monthly Review Press.

Brooks, R. A. 2002. *Flesh and Machines: How Robots Will Change Us*. New York: Pantheon Books (박우석 옮김. 2005. 『로봇 만들기』. 서울: 바다출판사).

Bundesministerium für Arbeit und Soziales. 2016. Weissbuch Arbeiten 4.0. https://www.bmas.de/SharedDocs/Downloads/DE/PDF-Publikationen/a883-weissbuch.pdf?__blob=publicationFile

Capek, K. 1920. *R. U. R.: Rossum's Universal Robots*. http://preprints.readingroo.ms/RUR/rur.pdf

Clark, A. 2003. *Natural-Born Cyborgs: Minds, Technologies, and the Future of Human Intelligence*. New York: Oxford University Press.

Dunlop, T. 2017. *Why the Future Is Workless*. Randwick Australia: UNSW Press (엄성수 옮김. 『노동 없는 미래』. 서울: 비즈니스맵).

Freya, C. and M. Osborneb. 2017. "The Future of Employment: How Susceptible are

Jobs to Computerisation?" *Technological Forecasting & Social Change*, 114: 254~280.

Harari, Y. 2015. *Homo Deus: A Brief History of Humankind*. London: Vintage.

Hayles, K. 1999. *How We Became Posthuman*. Chicago, IL: University of Chicago Press.

Huxley, A. 1932. *Brave New World*. London: Chatto & Windus.

Lakoff, G. and M. Johnson. 2003. *Metaphors We Live By*. Chicago, IL: University of Chicago press.

Marx, K. 1976. *Capital*, vol.1. (trans.) Ben Fowkes. New York: Penguin Classics.

McClellan III, J. E. and H. Dorn. 1999. *Science and Technology in World History: An Introduction*. Boltimore: Johns Hopkins University Press.

Norman, D. A. 2007. *The Design of Future Things*. New York: Basic Books (박창호 옮김. 『미래 세상의 디자인』. 파주: 학지사).

Rifkin, J. 1995. *The End of Work: The Decline of the Global Labor Force and the Dawn of the Post-Market Era*. New York: Jeremy P. Tarcher/Putnam Book (이영호 옮김. 2005. 『노동의 종말』. 서울: 민음사).

Schwab, K. 2016. *The Fourth Industrial Revolution*. New York: Crown Business.

Vasek, T. 2013. *Work-Life-Bullshit: Warum die Trennung von Arbeit und Leben in die Irre Führt*. München, Gremany: Riemann Verlag (이재영 옮김. 2014. 『노동에 대한 새로운 철학』. 서울: 열림원).

4장

인간-인공지능 연합 팀을 위한, 인공지능과 교육의 세 접점

이상욱

1. 왜 인공지능 교육인가?

인공지능(Artificial Intelligence: AI)에 대한 일반인의 친숙도가 점점 높아지고 있다. 우리에게 AI라는 개념을 익숙하게 해 준 계기는 물론 알파고와 이세돌의 세기의 대결이지만, 그 이후에도 AI는 4차 산업혁명의 핵심 기술이라는 연구 개발의 맥락에서 부각되거나 흑인을 고릴라로 인식하고 SNS에서 익힌 성차별적 발언을 하는 등 대중매체에서 심심찮게 등장하고는 했기에 특정 전문분야만이 아니라 우리 삶의 여러 상황에서 활용될 수 있는 기술로 인식되고 있다.

AI의 광범위한 활용에 대한 이런 인식은 국제적으로 여러 나라 정부도 공유하고 있어서 각국에서는 자국의 AI 연구 및 산업 활성화에 많은 노력을 기울이는 한편 AI가 널리 활용되는 가까운 미래에 살아

갈 자국의 다음 세대를 위한 교육에 AI 교육 내용을 도입하려는 시도를 하고 있다. 한국에서도 이미 소프트웨어 교육의 형태로 진행되던 컴퓨터 교육에 AI 관련 내용을 더하는 방식으로 초중등 교육에서 AI 교육이 시도되고 있다.

흥미로운 점은 AI 교육이 단순히 AI 관련 프로그램을 익히고 사용하는 코딩 교육에서 시작하여 미술이나 체육처럼 AI와 직접적인 연관성이 금방 떠오르지 않는 분야로 그 적용 영역이 확장되고 있다는 사실이다. 예를 들어 딥드림(DeepDream)처럼 AI 이미지 창작 프로그램을 활용하여 학생들이 AI와 공동으로 작품을 만들어 본다든지, AI 체력 관리 프로그램을 체육 교육에 활용하여 개인별 맞춤형 체육 활동을 운영해 보는 식이다. 이처럼 현재 AI의 교육적 가능성은 다양한 영역에서 활발하게 탐색되고 있다.

〈**그림 4-1**〉 구글 딥드림이 산출한 이미지 중 하나

교육의 내용과 형식이 시대의 흐름에 따라 변화하는 것은 자연스러운 현상이다. 책이 귀하던 시기에는 교사가 칠판에 적어 주는 내용을 서판이나 공책에 받아 적는 행위 자체가 정보와 지식의 전달 역할을 했다. 하지만 21세기의 교실에서는 필자가 어린 시절 지겹게 외웠던 암석의 조흔색 같은 것은 인터넷 검색만으로 순식간에 알아낼 수 있다.

그렇다고 해서 지식의 중요성이 사라진 것은 아니다. 그보다는 다양한 정보를 효과적으로 검색하고 이렇게 얻은 정보를 유의미한 방식으로 결합하여 귀중한 통찰력을 발휘하는 역량이 더 중요해졌다고 보아야 한다. 게다가 이 통찰력을 발휘하기 위해서는 일정한 양의 정보와 지식 사이의 연관 관계가 개인의 머릿속에 이미 내장되어 있어야 한다. 모든 정보와 지식을 외주화해서는 어떤 정보를 찾고, 어떤 정보와 연결시켜서 어떤 지식을 만들어 내야 하는지 자체에 대한 메타인지적 작업을 해낼 수 없기 때문이다.

결국 교육은 시대의 흐름에 따라, 특히 각 시대에 활용 가능한 새로운 기술적 도구의 등장에 따라 분명 변하지만 여전히 변하지 않는 것도 있다. 영화 〈월-E(Wall-E)〉에 나오는 미래 상황처럼 우리가 인지적 판단을 모두 기계에 일임하고 하루 종일 드러누워 빈둥거리는 삶을 살지 않는 한, 우리는 여전히 오감을 통해 들어오는 실시간 정보와 다양한 방식으로 축적된 과거의 정보, 지식, 지혜 등을 결합하여 미래에 대한 표상을 만들고 그에 입각하여 판단하고 행동하는 능력이 필요하다. 그러므로 21세기 교육 과정에서도 이런 능력을 지속적으로 연마하고 활용하는 연습을 해야 한다. AI와 교육의 접점은 이런 기본적인 '인간 조건'에 대한 성찰에 기초하여 탐색될 필요가 있다. 다만 그 작업 이전에 AI 기술에 대한 정확한 이해, 특히 AI의 인지적 특별함에 대한 이해가 선행될 필요가 있다. 왜 그런지 알아보자.

2. AI or A/IS?

일반적으로 SF 영화에서 등장하는 AI는 모든 면에서 인간의 인지능력과 구별되지 않는 것으로 묘사된다. 물론 세포로 이뤄진 뇌를 통해 사고하는 인간과 달리 AI, 좀 더 정확하게는 AI를 장착한 로봇은 전자 뇌를 통해 사고한다는 차이가 있다. 하지만 그런 물질적 차이를 제외하면 SF 영화 속의 AI는 인간만큼이나 '진정으로' 감정을 느끼고 그에 따라 결정하고 행동하는 지극히 '인간적인 면모'를 보여 준다. 많은 SF 영화 설정에서 AI의 '인간스러움'은 AI에게 '기계에 불과하다'라고 독설을 해대는 사람들에게 그런 차별적 주장의 근거가 무엇이냐고 반문할 정도로 완벽하다.

하지만 AI와 교육의 접점에 대해 논의하기 전에 우리는 이 모든 설정이 현재 기술 수준으로는 가까운 미래에 도달하는 것이 불가능한, 그야말로 '공상'에 지나지 않는다는 점을 분명하게 인식할 필요가 있다. 세계적인 권위를 자랑하는 전기전자공학자 단체인 IEEE는 AI라는 용어 자체가 문제라고 판단하고 있다. 인간지능이 작동하는 방식과 유사하게 기계지능이 작동한다는 오해를 불러일으킬 수 있고, 기계지능을 의인화하거나 은유적으로 평가하기 쉽게 만드는 문제가 있다는 이유에서다.

리처드 도킨스(Richard Dawkins)의 논쟁적 개념인 '이기적 유전자'가 인간이 이기적인 방식으로 이기적일 수 없고, 단지 유전자의 세대 간 변화가 자신의 복제자를 보다 많이 남기는 데 유리한 방향으로 변화하는 상황을 비유적으로 묘사한 것에 지나지 않았지만 많은 사람들은 인간이 이기적인 것은 유전자부터 이기적이니 어쩔 수 없는 것이라는 식의 잘못된 생각을 하게 만들었다. 마찬가지로 IEEE는 '인공지능'이라는 개념이 기계가 인간의 지능과 '결과적으로' 유사한 특징

〈그림 4-2〉 IEEE의 윤리적으로 합당한 설계(Ethically Aligned Design)를 위한 가이드라인 1판

을 보인다는 점을 비유적으로 표현한 것에 지나지 않는데, 이를 마치 인간과 '동일한' 새로운 존재인 것처럼 인공지능을 인식하면서 인공지능 관련 사회적 담론에 불필요한 오해가 많이 생겨났다고 판단한다.

그래서 IEEE는 AI라는 용어 대신에 인간지능과는 분명 다른 방식으로 작동하지만 인간의 개입 없이 '자율적 결정'을 내리고 지능적인 특징을 보여 주는, 즉 지능적이라고 판단할 수 있는 결과물을 산출하는 기계 시스템이라는 의미에서 A/IS(Autonomou Intelligent System)라는 용어를 선호한다(IEEE, 2019). 그리고 IEEE는 이런 A/IS의 작동 과정에서 우리가 소중하게 여기는 중요한 윤리 원칙이 위배되지 않도록 설계 단계부터 각 사회마다 합의될 수 있는 윤리 원칙 내용을 반영하도록 A/IS를 설계해야 한다고 권고한다.

물론 이런 점을 지적한다고 해서 먼 미래에 인간과 구별되지 않을 정도의 인공지능 로봇이 등장할 논리적 가능성을 부인하는 것은 아니다. 그런 존재가 등장했을 때 필연적으로 고려되어야 할, '인권'의 확장 문제나 '기계지능의 권리' 문제가 무의미하다고 이야기하는 것도 아니다. 다만 그런 높은 수준의 인공지능 로봇이 가까운 미래에 등장할 가능성에 대해 절대다수의 인공지능 및 로봇 연구자들은 회의적이라는 점을 인공지능과 교육을 비롯하여 인공지능의 사회적·문화적 의미를 고려할 때 명심해야 할 필요가 있다는 것이다. SF 영화에 등장하는 비현실적일 정도의 기술 수준을 요구하는 인공지능 로봇을 염두에 두고 교육 현장에서 인공지능을 어떤 방식으로 활용할 것인지를 논의한다면 자연스럽게 비현실적이고 어떤 경우에는 비교육적일 수도 있는 제안을 할 수도 있다.

그런 의미에서 필자는 AI와 교육의 접점을 가까운 미래(20년 이내)에 등장하게 될 현실적인 인공지능을 기준으로 설명하겠다. 이렇게 현실적인 인공지능과 교육의 접점을 고려해도 실은 따져 봐야 할 중요한 문제들이 산재해 있음을 알게 될 것이다.

3. AI와 교육의 접점 (1): 학습 도구로서의 AI

인공지능이 교육 현장에서 가장 손쉽게 활용될 수 있는 방식은 바로 학습 도구로 활용하는 것이다. 간단하게 이야기하자면 전통적인 학습 도구의 대명사처럼 여겨지는 칠판, 분필, 공책 등의 연장선상에서 AI를 교육 현장에 도입하는 것이다. 이런 시도는 이미 '에듀테크'라는 방식의 한 형태로 많이 시도되고 있으며, 특히 최첨단 정보통신 기술을 활용하고 도시생활을 강조하는 스마트 시티에서 이뤄지는 교육에 적극적으로 도입되고 있다. 요즘 학생들이 좋아하는 온라인 게임의 형태로 학습 프로그램을 만들어 학습 집중도를 높이려는 시도와 유사한 방식으로 AI의 다양한 형태가 학습 효율성을 높이려는 목적으로 도입되고 있는 것이다.

학습 공간에서 가장 핵심적인 역할은 학습자와 교수자가 담당하는 것이고 그 둘 사이의 상호작용, 거기에 더해 학습자 사이의 상호작용이 좋은 교육을 결정짓는 가장 중요한 요인이다. 하지만 시대마다 주로 사용되는 학습 도구가 변화를 겪어 온 것도 사실이다. 각 세대마다 자신들이 공부하던 교육 환경에서 친숙했던 학습 도구와 그 학습 도구를 능숙하게 사용하던 기억을 떠올릴 수 있다. 지금처럼 눈부시게 희고 무거운 공책이 아니라 재생종이 느낌의 가벼운 공책에 필기하던 기억을 가진 세대와, 무서운 속도로 노트북 자판을 두들기며 교수의 농담까지 받아 적는 신기를 보여 주는 세대와의 차이가 한 예가 될 수 있다.

그렇기에 AI라는 새로운 기술이 적절한 조건에서 학습의 효율을 높이는 학습 도구로 도입되는 것은 시대적 변화의 흐름에서 자연스러운 일이다. 아주 오래전에 '국민학교'를 다닌 분들이 요즘 웬만한 초등학교 교실에 대형 스크린 TV를 비롯한 각종 '첨단 교육 기자재'가 갖춰진 것에 놀라듯이, AI가 교육 현장에 도입된다는 데 대해 미래 사회가 갑자기 찾아온 것처럼 놀라워하는 사람들도 있겠지만, 우리가 어느덧 일상생활에서 휴대전화로 거의 모든 일을 하는 데 이미 익숙해졌듯이 아주 가까운 미래의 초중고 학생들은 인공지능을 활용한 교육을 받는 것에 별다른 신기함을 느끼지 않을 가능성이 높다.

그렇다면 인공지능이 이처럼 학습 도구로 사용될 때 장점이 무엇일까? 약간 이상하게 들리겠지만 학습 도구로서의 인공지능의 장점의 근원은 AI가 인간 교사를 대체하거나 인간 교사보다 더 우월할 정도로 인간과 유사하기 때문이 아니라 인간 교사와 너무나 다르다는 사실에 있다. 예를 들어 초등학교에서 교사들이 가장 힘들어 하는 부분은 어린 학생들이 한 주제에 집중할 수 있는 시간이 몇 분을 넘기기 어렵다는 점이다. 무언가 흥미 있는 이야기로 교육 내용에 집중하도록 하는 데 성공했다고 안심하면 얼마 지나지 않아 다른 것에 정신이 팔린 아이들에 당황하기 일쑤라고 한다. 이런 아이들을 한 주제에 집중시켜서 학습을 진행하기 위해 초등교사들은 모든 학습활동을, 특히 저학년의 학습활동을 모두 놀이처럼 진행하는 경향이 있다. 하지만 다수의 초등생과 놀아 주는 일은 육체적으로나 정신적으로 무척 힘든 일이다. 게다가 그냥 놀아 주는 것이 아니라 놀이 사이사이에 학생들의 집중도를 유지하면서 학습도 진행해야 하니 더욱 어렵다.

이 지점에서 인공지능의 장점이 부각된다. 인공지능은 인간과 달리 자신이 무슨 일을 하는지 자각하면서 결과물을 산출하지 않는다. 기본적으로 기계적 작동(혹은 좀 더 정확하게 이야기하자면 전기를 사용하여 복잡한 계산을 매우 빠른 속도로 수행하는 방식)을 활용하여 인간 교사가 할 교육 활동과 유사한 활동을 산출해 낼 뿐이다. 그러기에 인공지능 교사는 인간 교사와 달리 지치거나 힘들어하지 않고 계속해서 다양한 놀이와 교육을 (정전이 되지 않는 한) 지속적으로 수행할 수 있다. 이런 특징을 사람이 보여 준다면 '참을성이 있다'든지 '귀찮아하지 않고 몇 번이고 학습자의 질문에 답하는' 훌륭한 교사라는 평가를 받겠지만, 그런 표현을 AI에 쓰는 것은 기계지능의 핵심을 제대로 파악하지 못한 무리한 은유다. 인공지능은 '참을성'이나 '끈기' 같은 마음 속성을 현재 기술 수준에서는 결코 가질 수 없는 존재이기 때문이다. 이런 차이점이 역설적으로 인공지능이 학습 도구로 인간 교사에게 유용할 수 있는 근거가 되는 것이다.

학습 도구로서의 AI와 관련하여 부각되는 다른 특징은 '개인별 맞춤 학습'이 가능하다는 부분이다. 똑같이 수학 공부를 해도 사람마다 헷갈리는 개념이 다를 수 있고, 자주 틀리는 문제 유형이 다를 수 있다. 이런 부분을 파악하여 개인별로 특성화된 연습 문제를 끊임없이 제공해 주고 단계별로 학습 수준을 높여 주는 것이 현재 기술 수준에서도 가능하다.

다만 여기서 '개인별 맞춤'의 의미를 정확하게 이해하는 것이 필요하다. 넷플릭스의 개인별 맞춤 추천 서비스도 특정 개인의 과거 시청 기록만으로는 개인의 선호도 패턴을 정확하게 찾아내기 어렵기 때문에, 자체적으로 만든 여러 기준에 따라 그 개인과 '유사하다'고 판단되는 집단에 속한 다른 사람의 시청 기록 등 관련 데이터를 함께 사용하여 개인의 선호도 패턴을 예측하고 새로운 볼거리를 추천한다. 마찬가지로 AI가 제공하는 맞춤형 교육 서비스 역시 정말 특정 개인에 대한 집중적인 분석을 통해 그 개인에게만 특화된 학습 도우미 서비스를 제공하리라고 기대하기는 어렵다. 그보다는 AI가 특별히 잘하는 학습자 패턴 분석 능력을 활용해 많은 학습자의 데이터를 분석하여 그들을 유형별로 분류하고 특정 개인이 그 유형 중에 어떤 유형에 속하는지에 대한 판단에 근거하여 일종의 '집단별 맞춤형' 서비스를 제공한다고 보아야 한다.

여기서도 알 수 있듯이 학습 도구로서의 AI는 사람이 할 수 있는 모든 일을 사람보다 더 잘할 수 있는 만능 학습 도구는 아니다. 그보다는 원칙적으로는 인간 교사가 할 수 있겠지만, 반복된 작업에 피로감을 느끼기 쉽거나, 많은 양의 데이터를 처리해 유형별로 학습자에 대한 분석을 수행하기 쉽지 않은 상황처럼 인간 교사에게는 상당히 부담이 되는 학습 환경에서 제한적으로 인공지능의 학습 도구로서의 역할이 빛을 발할 수 있다고 보는 것이 적절하다.

앞의 주장에 대해 두 가지 중요한 부가적 고려 사항이 있다. 첫째,

이 주장은 한국처럼 비교적 교육 인프라가 잘 갖추어져 있고 대부분의 사람들이 크고 작은 도시 권역에 집중해서 살아가는 사회에서 타당한 결론이다. 교사와 교육 시설 모두 부족하고 학습자가 넓은 지역에 흩어져 사는 나라의 경우에는 AI를 활용한 교육이 사람을 통해 이뤄지는 통상적 교육의 보완이 아니라 결정적인 대체의 역할을 할 수 있다.

예를 들어 사하라 이남 아프리카 국가들처럼 경제적으로 낙후된 지역의 경우 전화와 같은 '전통적' 통신 기술의 인프라를 국토 전체에 깔거나 유지할 여력이 없다. 이런 나라들에서는 역설적이지만 전화보다 더 첨단 기술인 휴대전화가 상당히 널리 보급되어 있다. 물론 핵심 기능만 갖춘 보급형이지만 이 지역에 사는 사람들은 휴대전화를 통해 행정 처리나 상업 활동 등 삶의 중요한 영역을 관리하고 있다.

이렇게 여러 경제적·생태적 이유로 기술발전 단계를 '건너뛰는' 나라에서 AI는 학습 도구로서 특별한 의미를 갖는다. 이 경우 교통이 불편한 지역에 살고 있는 학생들에게 AI를 활용한 교육은 실질적으로 유일하게 효율적인 대안일 수 있다. 이런 점 때문에 유네스코를 비롯한 국제기구는 저개발국가에서 AI가 교육에서 발휘할 역할에 상당한 기대를 걸고 있다. 첨단 기술로만 알고 있던 AI가 역설적으로 기술 경쟁력이 높지 않고 기술 인프라가 잘 갖추어져 있지 않은 나라에서 더욱 결정적인 역할을 담당할 수도 있는 것이다. 이처럼 기술의 사회적 영향력은 기술 자체의 특징에 의해서만 결정되는 것이 아니라 기술이 실제로 구현되는 사회문화적 맥락에 의해 상당한 영향을 받는다.

다음으로 중요한 고려 사항은 AI의 학습 도구로서의 역할을 지나치게 과장하는 것은 기술 개발자들이 미처 생각하지 못한 방식으로 위험할 수 있다는 점이다. 최근 AI를 유아교육, 특히 언어교육이나 사회/도덕 교육 등에 활용하자는 제안이 대중매체를 통해 보도되고는 한다. 그런데 이 부분은 적어도 AI가 인간과 구별되자 않은 수준의 '일반 지능(general intelligence)'을 갖추기 전까지는 시도하지 않는 것이 바람직하다. 여기서 현재까지 개발된 인공지능은 모두 특별한 역할을 수행하기 위해 설계된 '특수 지능(special intelligence)'이며 여러 과제를 추가적인 프로그램 수정 없이 모두 수행할 수 있는 '일반 지능'이 아니라는 사실이 중요하다.

예를 들어, 알파고는 바둑을 두기도 하고 온라인 게임을 하기도 하지만 하나를 하다가 다른 일을 하려면 그 사이에 프로그램에 상당한 변화를 필요로 한다. 그래서 현재 온라인 게임을 하도록 재설계된 알파고에게 프로그램 재설계나 매개변수 조정 없이 그대로 바둑을 다시 두게 한다면 이세돌 9단을 이긴 능력은커녕 아예 바둑 자체를 둘 수조차 없다. 그에 비해 예를 들어 인간 수학교사는 평소에는 수학을 주로 가르치겠지만 (국어교사만큼은 아니라도) 교과서에 실린 문학작품에 대해 자신의 의견을 제시하거나 사회문제에 대해 대립되는 의견의 핵심을 학생들에게 설명해 줄 수 있는 '일반 지능'을 갖고 있다.

당분간 등장할 인공지능이 특수 지능이라는 사실은 실제로 자신이 무엇을 하고 있는지 이해하고 있다고 보기 어렵고 특정 사황을 일반화하여 다른 상황에 적용하는 유비추론 능력 역시 매우 제한적이라는 점과 긴밀하게 연결되어 있다. 이런 인공지능에게 아직 언어능력 자체가 제대로 형성되지 않은 유아의 언어교육을 담당하게 한다면 개발자가 전혀 의도하지 않은 방식으로 유아의 언어능력이 특정 방향으로 왜곡되거나 발전 가능성이 제한될 수 있다. 특히 훈련 데이터가 어떻게 구성되는지에 따라, 마치 마이크로소프트 테이나 우리나라의 이루다 사례처럼 개발자가 의도하지 않은 편견이나 극단적 혐오 성향을 유아에게 가르쳐 줄 가능성도 배제하기 어렵다.

이런 일이 가능한 근본적인 이유는 유아용 언어 학습 인공지능이 실제로는 자신이 산출하는 학습용 언어 표현의 의미를 '이해'하면서 유아에게 언어를 가르치는 것이 아니기 때문이다. 공학자들이 인간이 이해하는 방식으로 언어의 의미를 이해하도록 기계지능을 설계하는 방법을 알아내거나, 적어도 언어 표현의 산출 능력에 있어서는 기계지능이 '일반 지능'을 보여 준다고 믿을 수 있을 정도의 유비추론 능력과 통찰력을 안정적으로 보여 주기 전까지는 언어 학습 인공지능은 주어진 데이터를 분석하여 일정한 패턴을 찾아내고 이 패턴과 어울리는 방식으로 결과물을 산출하는 방식으로 작동한다. 그렇기에 이런 메커니즘에 의해 작동하는 언어교육 인공지능은 많은 경우에 상당히 훌륭한 언어 교사처럼 행동하다가도 평범한 맥락에서 전혀 엉뚱한 표현을 유아에게 가르칠 가능성이 있을 수밖에 없는 것이다.

이 점은 한국 사회에서 존중되는 가치를 내재화하는 중요한 역할을 수행하는 사회/도덕 분야 교육에서 더욱 심각한 영향을 끼칠 수 있다. 물론 사람 교사도 자신이 가진 잘못된 가치관이나 위험한 사고 방식을 교육 현장에서 학생들에게 퍼뜨릴 수 있다. 학교 다닐 때 선생님으로부터 들은 이야기 중에서 동의하기 어려웠던 극단적 견해를 기억하는 사람들도 분명 있으니 말이다. 하지만 인공지능을 사회적 주제나 도덕교육에 활용하자는 생각은 사회적 정당성 판단이나 도덕적 가치판단이 순전히 그 내용을 기술하는 언어적 표현을 그럴듯하게 '흉내 냄'으로써 교육 가능하다는 터무니없는 가정에 기반하고 있다. 당연한 말이지만 이런 교육은 그 가치를 내재화하고 결국 실천으로 이어지는 통합적 교육이어야 하는데 현재 인공지능의 기술적 수준은 결코 이런 작업 전체를 수행할 수 없다. 그러므로 이 분야에서도 인공지능의 활용은 매우 조심스럽게 접근해야 하며 설사 도입되더라도 매우 제한적으로 인간 교사와의 협업을 통해 사용되어야 한다.

4. AI와 교육의 접점 (2): AI 활용 교육

인공지능과 교육에 대한 여러 논의에서 가장 자주 제기되는 내용은 AI 자체를 활용할 수 있는 능력을 모든 학생에게 교육해야 한다는 주장이다. 이 주장은 전체 초중등 및 대학생들에게 전공과 무관하게 코딩 교육을 의무화해야 한다는 주장으로 흔히 이해된다. 여기서 코딩 교육은 일반적으로 인공지능 언어인 파이선 같은 프로그램 언어를 배우는 것을 의미한다. 그럼 정말로 모든 국민이 인공지능 프로그램을 배우고 인공지능을 활용해서 문제를 해결하는 능력을 갖추어야만 할까?

이에 대해 많은 사람들은 21세기 '시대적 조건'이 이런 능력을 요구한다고 지적한다. 현대 사회에서 시민으로 살아가기 위해서는 글을 읽을 줄 알아야 하고 최소한의 사칙연산 능력은 갖추어야 하는 것처럼 인공지능 기술이 보편화되는 미래 사회에서는 모든 사람이 인공지능을 프로그램해서 자신이 원하는 작업을 수행할 수 있는 능력을 길러야 한다는 것이다. 가까운 미래에 인공지능 기술이 마치 전기처럼 '범용 기술'이 될 가능성을 염두에 둘 때 나름대로 일리가 있어 보이는 주장이다.

하지만 조금만 생각해 보면 인공지능 기술이 미래에 매우 중요해진다는 사실로부터 우리 모두가 인공지능 프로그램 역량을 갖추어야 한다는 당위가 나오지는 않는다. 인공지능 기술과 자주 비교되는 전기 기술만 하더라도 대부분의 사람은 전등 스위치를 켜는 '능력'에 더해 전등을 갈아 끼우거나 휴대전화 충전기를 연결하는 정도의 능력을 갖고 있다. 전기가 전자의 흐름이라는 것 정도는 상식적으로 알고 있지만 전기에 대한 좀 더 자세한 이론적 논의나 전기와 관련된 기술적 내용을 잘 알고 있는 사람은 그렇게 많지 않다. 전기를 생산하고 공급하고 사용하는 매 단계마다 엄청나게 복잡한 기술이 내재되어 있지만 그 각각을 전담하는 전문가들이 있고 기술이 발전하면서 사용자는 매우 간단한 조작으로 전기를 편리하게 사용할 수 있는 방식으로 변화했기 때문이다.

기술 발전에서 이런 현상은 범용 기술의 일반적 특징이다. 전화가 처음 등장했을 때 전화를 거는 과정은 매우 복잡했다. 일단 전화 교환원에게 연락하여 내가 누군가에게 전화를 걸고 싶다고 알려 주면 전화 교환원이 그 누군가의 전화를 관리하는 다른 지역의 전화 교환원과 연락을 취해서 통화가 가능하도록 '연결'을 만들어 낸 다음에 다시 내게 연락해서 전화 연결이 가능해졌으니 이제 통화가 가능하다고 말하면 그때서야 '통화'가 가능한 방식이었다. 지금처럼 전 세계 누구라도 번호만 알면 휴대전화에서 바로 통화할 수 있는 방식으로 바뀌기 전까지 수많은 기술적 발전과 사회적 변화가 필요했다. 이 지점에서 기술적 발전만이 아니라 사회적 변화도 필요하다는 점에 주목할 필요가 있다. 지금과 같은 방식이 가능하려면 국가 간에 개인이 일일이 국가의 허락을 받지 않고도 국외의 누군가와 바로 통화할 수 있는 제도적 기반이 마련되어야 하고 이는 냉전 시기를 포함해 20세기 상당 기간 동안 기술적으로는 가능했지만 정치사회적으로는 불가능한 일이었다.

그러므로 우리는 인공지능의 활용과 관련해서도 비슷한 상황이 전개될 가능성을 배제하기 어렵다. 실제로 자동차가 보편화되기 시작했을 때 많은 사람들이 자동차의 기술적 특징과 정비 능력은 현대인의 필수적 역량이 될 것이라고 예상했지만 실제 자동차 기술은 점점 더 사용자 편의를 높이고 유지 보수 네트워크를 사회적으로 건설하는 방식으로 발전했다. 그러므로 인공지능 활용 능력이 정말로 보편적인 역량이 되는 시대가 오더라도 모든 사람이 인공지능 코딩을 직접 해야 하는 방식이 아니라 대다수의 직장인이 엑셀이나 워드 프로그램을 쓰듯이 잘 설계된 인공지능 활용 인터페이스를 사용하게 될 가능성이 높다. 물론 이런 상황이 반드시 오리라는 보장은 없다. 예를 들어 전문가들이 사용하는 오토캐드 같은 설계 프로그램이나 매스매티카 같은 수학 연산 프로그램은 상당한 정도의 코딩 능력과 프로그램 경험을 요구하는 상태로 계속해서 남아 있다. 결국 인공지능 활용 능력이 최근 강조되는 직접적인 코딩 능력이 될 것인지 아니면 인공지능에게 필요한 일을 시킬 수 있는 인터페이스 사용 역량이 될 것인지는 범용 기술로서의 인공지능이 사회적으로 파급되는 양상에 따라 달라질 것이다. 다시 말하면 전 국민이 코딩을 할 수 있어야만 하는 시기가 올지 여부 자체가 불확실하다는 것이다.

이런 상황을 고려할 때 인공지능 활용 교육은 두 트랙으로 이원화되는 것이 바람직해 보인다. 첫 트랙은 AI 프로그래머나 AI를 활용하여 업무를 수행할 필요가 있는 사람을 위한 전문적인 AI 활용 교육이다. 예를 들어 최근에는 AI를 경영적 맥락이나 의료 및 법률처럼 전문 영역에서 활용하는 경우가 늘고 있다. 이런 상황에 대비하여 경영학을 가르치는 교육 과정이나 법률가나 의료인을 양성하는 교육 과정에 AI 코딩 교육 및 프로그램 설계 교육을 포함시키는 것은 고려해 볼수 있다. 또한 인공지능을 포함한 정보통신기술 코딩 분야의 일자리가 당분간은 많이 생산될 여지가 있기에 기존 유휴 인력의 재교육 과정에서도 인공지능 코딩 교육의 중요성은 높다고 할 수 있다.

하지만 일반 시민을 대상으로 한 보편 교육, 즉 초중등 의무교육에서는 AI 코딩 교육 도입에 신중하거나 교육 내용과 방향 설정에 있어서 현재와는 다른 접근이 필요해 보인다. 우선 이런 '보편' 인공지능 교육에서는 그 내용이 프로그래머 양성을 위한 코딩 교육에 집중하기보다는 인공지능의 원리나 데이터를 수집하고 활용하는 방식, 그리고 인공지능이 사회적으로 활용되는 방식 등에 대한 전체적인 이해를 도모할 수 있는 내용이어야 한다. 인공지능이 미래 사회에서 중요한 역할을 수행할 것으로 기대되기에 인공지능의 본질적 특징과 그것이 사회와 맺는 다양한 접점에 대한 기본적 이해가 일반 시민을 위한 기초 소양 교육에 포함되는 것이 자연스럽기 때문이다. 그리고 이런 소양은 단순히 인공지능 프로그램을 배운다고 해서 자동적으로 습득되는 것이 아니며 그 특성상 컴퓨터 공학만이 아니라 인공지능 사회와 맺는 다양한 접점을 탐색해야 한다. 그러므로 전 국민을 대상으로 한 인공지능 '보편 교육'을 모색한다면 그 내용은 인공지능 기술 자체에 대한 내용만이 아니라 인공지능과 개인 및 사회의 다양한 상호작용을 탐색하는 인문학적 시각과 사회과학적 분석이 모두 활용되는 융합적 접근을 취해야 한다.

현재 많은 대학이 정보통신기술의 중요성을 강조하면서 모든 대학생들에게 인공지능 프로그램 교육을 의무화하고 있는데 이 부분에 대해서도 차분하게 따져 보아야 할 필요가 있다. 필자가 대학생 시절에 적어도 이공계 대학생들은 포트란이라는 컴퓨터 언어를 필수적으로 배웠는데 대다수의 학생들에게 기억에 남은 사실은 컴퓨터 언어의 구조적 특징과 컴퓨터가 어떻게 프로그램이 의미하는 바를 이해하지 못하고도 여전히 올바른 결과 값을 산출해 낼 수 있는지에 대한 부분이었다. 결국 나중에 필요에 의해 C라는 언어를 따로 배우기는 했지만 그것은 당시 석사학위 논문을 위해 필요했기 때문이었지 모든 사람이 배워야 해서 배운 것은 아니었다.

그러므로 각 시대마다 유행처럼 강조되는 '교육 내용'을 강제하는 데는 신중할 필요가 있다. 많은 뛰어나 수학자들이 대학수학능력시험의 어려운 문제를 난처해하는 이유는 그 문제가 수학적으로 정말 심오하게 어렵기 때문이 아니라 여러 번 꼬아 놓아서 그런 유형의 문제풀이 연습이 부족한 사람들은 주어진 시간 내에 해결하기가 어렵기 때문이다. 물론 이런 문제가 출제된 배경에는 경쟁 상황에서 제한된 수학 교육과정의 내용만으로 학생들의 우열을 가려야 하는 현실적인 고충이 있었을 것이다.

하지만 모든 수학자들이 이구동성으로 강조하는 것은 모든 시민에게 보편적으로 필요한 수학적 능력은 이렇게 여러 번 꼬인 문제를 빠른 시간 내에 풀어내는 능력이 아니라 복잡다단한 자연 및 사회 현상의 배후에 있는 보편적인 특징을 추출해 내고 그에 대해 추상적으로 모형을 만들고 이에 대해 수학적인 연산을 통해 결론을 도출하는 능력이다. 이런 능력은 그런 어려운 문제를 풀어내는 능력이 사라진 다음에도 오랫동안 남아 있는, 진정한 의미에서 '체득된' 능력이다. 인공지능 활용 교육 역시 인공지능과 상호 작용하는 다양한 상황에서, 이처럼 '체득되어' 유용하게 발휘될 수 있는 역량을 키우는 교육이 되어야 한다. 그런 의미에서 특정 인공지능 프로그램 수업 자체보다는 보다 넓은 틀에서 인공지능의 원리와 개념 그리고 활용 예를 실제로 해 보면서 익힐 수 있는 체험형 학습이 시민교육으로서의 인공지능 활용 교육에서 핵심이 되어야 한다.

5. AI와 교육의 접점 (3): AI 윤리 교육

인공지능과 교육의 마지막 접점은 인공지능 윤리 교육이다. 이 부분은 인공지능과 교육의 접점을 다루는 국내 논의에서 동일한 주제를 다루는 국외 논의에 비해 덜 주목받는 주제다. 이는 아마도 인공지능과 같은 최첨단 기술에 대해 '윤리'라는 개념이 적용될 여지가 없다고 생각하기 때문인 것 같다. 우리에게 윤리라는 개념은 누구나 동의할 수 있는 '마땅히 따라야 할 원칙'의 의미로 이해된다. 이렇게 이해되고 나면 인공지능과 관련된 여러 사회적 쟁점은 사람마다 '의견 차이'가 있는 것이므로 윤리의 영역이 아니게 된다.

하지만 영어의 'ethics'나 인공지능 관련 국제 논의에서 사용되는 'AI Ethics'에서 윤리의 의미는 이와 다르다. 그 이유는 어원상 영어의 'ethics'는 고대 그리스의 각 도시국가에서 각기 조금씩 다른, 그래서 그리스 전체 수준에서는 서로 의견이 다르고 논쟁적일 수 있는, 그럼에도 불구하고 그 도시국가의 맥락에서는 규범적 권위를 갖는 내용을 의미했기 때문이다. 그래서 한국 공학자들에게는 '공학윤리'라는 개념이 이상하게 들리지만 영어로 'enigneering ethics'는 자연스럽게 이해되는 것이다. 한국 공학자들이 보기에 공학자들이 거의 대부분의 경우 공학 연구를 통해 살인을 저지르거나 부모를 버리는 일처럼 천륜을 어기는 일을 하지도 않는데 왜 윤리를 배워야 하는지 의아해할 수 있다. 하지만 영어에서는 공학자처럼 특수한 전문성을 갖춘 사람들의 집단에 고유한 가치와 지향점 그리고 내부적으로 자율적으로 규정된 도덕 원칙의 집합을 '윤리'라는 이름으로 부르는 것이 자연스럽다. 그래서 공학윤리만이 아나리 의료윤리나 법률가 윤리도 있는 것이다.

한국에서도 이루다 사태 등이 불거지면서 전통적으로 사람보다 '공정'할 것이라고 기대되던 인공지능이 어떤 조건에서는 극단적인 차별 혹은 혐오 표현을 산출할 수 있다는 것이 알려지면서 인공지능에도 윤리적 고려가 필요하다는 생각이 힘을 얻고 있다. 하지만 이 경우에도 우리말의 '윤리' 개념이 강하게 작용해서인지, 인공지능과 관련된 윤리적 쟁점에서 어떤 것이 마땅히 따라야 할 '정답'인지가 누구나 조금만 생각해 보면 명확하고 그 명확한 내용을 알고리즘적으로 혹은 훈련 데이터 수집 과정에서 적용하기만 하면 된다는 단순한 생각을 하는 이들이 많은 것 같다.

하지만 앞서 지적했듯이 'AI Ethics'의 쟁점은 많은 경우에 논쟁적이다. 그 이유는 우리가 소중하게 여기는 윤리 원칙들에 대해 사람들이 합의하지 않기 때문이 아니다. 법률적으로 보장받아야 하는 기본권에 대해 우리 사회는 이미 헌법적 가치로 합의하고 있다고 보아야 하기 때문이다. 중요한 점은 이런 기본 윤리 원칙을 인공지능과 관련하여 준수하고자 할 때 많은 경우 서로 다른 윤리 원칙 사이에 충돌이 발생할 수 있다는 점이다. 그래서 유네스코 AI 윤리 권고안을 비롯한 많은 국제 인공지능 윤리 논의에서는 이런 '맞교환(tradeoff)' 상황을 어떻게 해결해 나갈 것인지에 대해 사회적 논의와 현명한 결정이 필요하다고 강조하고 있다.

그러므로 우리의 AI 윤리 교육 역시 AI의 설계와 활용 과정에서 이런 문제가 발생할 수 있고 이런 문제는 이렇게 해결하면 된다는 식의 '정답'을 제시하는 방식이 아니라 인공지능의 기술적 특징과 활용 방식에 따라 왜 윤리적 문제가 발생하는지에 대한 이해에 바탕하여 우리 사회에서 바람직한 해결책을 찾아 나가는 도덕적 사고 및 합의 도출 '역량' 교육이 되어야 할 것이다. 이 과정에서 AI와 교육의 두 번째 접점에서 강조된 AI 리터러시 교육과의 시너지 효과에도 주목할 필요가 있다. 결국 AI 윤리 교육은 AI 기술 자체에 대한 정확한 이해와 그 기술이 사회문화의 여러 측면과 맺는 다양한 상호작용의 성격을 올바르게 분석해 내는 역량에 기초해야 하기 때문이다.

그리고 AI 리터러시 교육과 마찬가지로 AI 윤리 교육 역시 전 국민을 대상으로 하는 '보편 시민교육'에서 AI 코딩 교육보다는 훨씬 더 핵심적인 위치를 차지하는 것이 마땅하다. 앞서 지적했듯이 AI 인터페이스 발전 방향에 따라 우리 대부분은 AI 프로그램을 하지 않고도 살 수 있을지 모르지만 AI 기반 자동화된 결정으로 운영되는 사회에서 살아갈 것은 거의 확실해 보이기 때문이다.

6. 인간-인공지능 연합 팀의 성공을 위하여

교육 영역에서 인공지능의 다양한 활용이 논의될 때마다 빠지지 않고 등장하는 질문은 과연 '인공지능 교사'에 의해 사람 교사가 대체될까이다. 인공지능이 인간이 할 수 있는 대부분의 일을 인간보다 평균적으로 더 잘하게 되면서 사람의 일자리를 빼앗아 대량 실업 사태가 발생할 것이라는 디스토피아적 전망이 대중매체에서 다뤄질 때마다 의사, 변호사와 함께 교사/교수도 사라질 직업군으로 거론되고는 하기 때문이다.

하지만 결론부터 말하자면 당분간 인공지능에 의해 인간 교사가 대체될 가능성은 거의 없다. 그 이유가, 아무리 인공지능이 인간보다 더 잘 가르쳐도 '기계'가 아니라 인간에게 교육받아야만 '진정한' 교육이 되기 때문이 아니라는 점을 우선 강조하고 싶다. 진짜 이유는 앞에서 제시된 이유의 전제, 즉 '인간보다 인공지능이 더 잘 가르쳐도'가 직관적으로는 그럴듯하지만 가까운 미래에 실현될 가능성이 거의 없기 때문이다.

이렇게 단언할 수 있는 이유는 크게 두 가지다. 첫째는 앞서 설명했듯이 현재까지 그리고 당분간 개발될 인공지능은 모두 특정 기능 혹은 역할을 수행하도록 설계된 '특수 지능'이기 때문에 인간 교사가 수행하는 모든 역할을 두루두루 수행할 수 있는 '일반 지능'을 갖춘 인공지능이 등장할 가능성은 당분간 없다. 예를 들어 인간보다 더 많은 영어 단어를 외우고 이를 정확하게 발음하며 인간 교사보다 더 개별 학생의 학습 진도를 고려해서 영어 발음 연습 문제를 제시하여 영어 말하기 능력을 높여 주는 인공지능을 만드는 것은 지금 기술 수준으로도 가능하고 앞으로는 더 좋은 인공지능이 나올 것이다.

하지만 영어 교사가 이런 역할만 하는 것이 아니다. 영어 교사는 예를 들어, 영어 지문의 전체적인 의미를 요약하고 학생들이 제기하는 의문점에 실시간으로 이해를 도울 수 있는 답변을 제공하면서 독해 방법에 대해 설명할 수 있어야 한다. 특히 '훈련 데이터에 포함되지 않은' 새로운 글에 대해서도 이런 일을 할 수 있어야 한다. 하지만 이런 인공지능이 등장할 가능성은 당분간 높지 않다. 진정으로 문장의 의미를 이해하고 실시간으로 지문의 내용과 관련된 비정형적 대화, 즉 질문과 답변의 형식이 미리 정해져 있지 않은 '열린 대화'를 나눌 수 있어야 하기 때문이다. 물론 이런 일을 할 수 있는 인공지능을 만드는 것이 불가능하지는 않을 것이다. 하지만 영어 교사는 이것 말고도 학생들의 작문을 고쳐 주거나 글의 요지가 보다 분명하고 효과적으로 전달될 수 있는 논지 전개 방식을 제안할 수도 있어야 한다. 이것 말고도 수많은 다른 일을 할 수 있어야 (얼마나 잘하는지와 무관하게) 제대로 된 영어 교사라고 할 수 있을 것이다. 이렇게 미리 규정되지 않은 영어 교사의 '모든' 직능을 수행하기 위해서는 진정한 의미의 '일반 지능'이 필요한데 이 영역은 아직 발전 방향조차 합의되지 않은 초기 연구 단계에 머물러 있다.

또 다른 이유는 인공지능은 '몸'이 없기 때문이다. 인공지능은 기본적으로 온라인 공간에서 작동하는 프로그램이다. 이 프로그램이 인간 학습자가 생활하는 물리적 공간에 영향을 끼치기 위해서는 인간 엔지니어나 입출력 기계 등의 다양한 매개물이 필요하다. 이런 이유로 앞에서 소개한 IEEE는 인공지능을 단일 개체가 아니라 '시스템'으로 정의한 것이다.

예를 들어 인공지능은 학생들의 질문에 답하기 위해 스스로 목소리를 낼 수 없고 누군가가 인공지능의 출력물을 스피커에 연결하는 등의 인터페이스를 작동시키고 문제가 생겼을 때 그것을 해결해 주어야 한다. 학생들의 작문을 고쳐 주려면 학생들이 손으로 작성한 작문을 누군가가 일일이 온라인상에 입력하거나 처음부터 학생들로 하여금 온라인상에 작문을 입력하도록 요구해야 한다. 이처럼 인공지능이 교사의 '역할' 중 하나라도 수행하려면 인공지능 혼자 그 일을 하는 것이 아니라 누군가가 그 일의 작동과 원활한 수행이 가능하도록 도와주어야 한다. 이런 상황에서 '인공지능 교사' 스스로 인간 교사를 대체해서 학생들을 가르친다는 설정은 처음부터 무리한 상상이다.

여기까지 따져 보면 처음에 우리가 왜 '인간 교사'를 인공지능 교사가 대체할 수 있느냐는 생각을 했는지 자체에 의문을 제기해 볼 수 있다. 인공지능이 특수 지능이고 몸이 없기에 인간과 협력할 수밖에 없는 존재라는 점을 곰곰이 생각해 보면, 당연히 인간이 인공지능을 도구로 활용해서 교육을 보다 풍성하게 만들 수 있다는 생각을 해야 자연스럽다. 물론 인공지능은 기존 학습 도구보다는 질적으로 다른 특징을 보인다. 무엇보다 설계만 잘 하면 앞서 살펴보았듯이 인간 교사의 직무 중에서 일부를 인간 교사보다 더 잘 수행할 수도 있기 때문이다. 하지만 이 경우에도 역시 인공지능이 인간 교사를 대체하기보다는 인공지능과 인간 교사가 연합 팀을 구성하여 서로 상대방의 단점을 보완하면서 협동하여 보다 나은 교육을 제공한다고 보는 것이 현실적으로 더 타당한 상황 설정이 될 것이다.

결론적으로 인공지능과 교육의 세 접점이 모두 성공적으로 실현되기 위해서는 인공지능과 인간의 연합 팀이 각자의 능력과 장단점을 보완하면서 좋은 교육을 수행하고자 노력해야 한다. 이 노력이 구체적으로 어떻게 이뤄져야 가장 바람직한 효과가 나타날지는 인공지능의 특징과 능력 및 한계에 대해 정확하게 파악한 현장 교사가 다양한 방식으로 세 접점을 탐색하는 과정에서 드러날 것이다. 그리고 이 과정에서 새로운 교육 방식에 적극적으로 참여해서 더 좋은 학습 효과를 얻어 낼 수 있는 학습자의 노력 또한 중요한 역할을 담당할 것이다. 즉, 교육의 핵심적 위치는 여전히 인간 교사와 인간 학습자 사이의 상호작용이 차지하게 될 것이다.

7. 더 생각해 볼 거리: 교육 현장의 인공지능이 '인간적'이어야 할까?

인공지능이 교육 현장에서 더욱 효율적인 역할을 수행하기 위해서는 그 결과물이 인간 교사와 '비슷할수록' 더 좋을 것 같다는 생각이 직관적으로 당연해 보인다. 어떤 의미에서 이 직관은 논란의 여지가 없이 참이다. 누가 봐도 말이 안 되는 문장이나 맥락에 맞지 않는 말을 하는 대화형 인공지능 교사로부터 높은 교육 효과를 기대하기 어렵다는 점은 너무나 당연해 보인다.

하지만 인공지능 교육 도구의 '물리적 형태'를 인간과 비슷하게 만들어야 할까? 예를 들어 인공지능 로봇 교사가 인간의 얼굴 표정을 최대한 비슷하게 흉내 내도록 해야 할까? 인공지능 교사에게도 성역할을 부여해서 남성의 목소리 혹은 여성의 목소리를 내게 해야 할까? 이런 문제에 간단하게 예/아니오로 대답하기는 생각보다 쉽지 않다. 인간 교사와 달리 인공지능 교사의 특징은 미리 그 행위를 세세한 부분까지 프로그램 가능하다는 점이다. 이런 상황에서 인공지능 교사의 외형이나 행위적 특성에 인간에게 고유한 특징을 최대한 집어넣는 것이 반드시 바람직하다고 보기는 어렵다.

예를 들어 남성 교사와 여성 교사에 대해 각각 암묵적으로 형성되어 있는 우리 사회의 편견이나 전형적 이미지가 인공지능 교사를 통해 확대 재생산될 여지가 있기 때문이다. 또한 지나치게 인간을 닮은 인공지능 교사에게 인간적 감정을 투영하여 오히려 교육적 효과를 떨어뜨릴 위험도 있다. 실제로는 인공지능 교사 로봇은 인간적 감정을 '향유'할 수 있는 마음 상태를 갖지 않는 데도 불구하고, 외형적으로 너무나 인간과 유사하게 만들면 인공지능을 활용한 교육에 상당 시간 몰입한 학습자의 경우에는 실제 인공지능 교사를 인간 교사와 구별하지 못하거나 오히려 인간과의 상호작용보다 인공지능 교사와의 상호작용을 더 선호하게 될 가능성이 있다. 결국 우리는 인공지능 교사 로봇의 디자인에 있어서도 어느 정도로 인간의 특징을 반영해야 하는지를 쉽게 결정할 수 있는 문제로 간주할 수 없다. 인공지능-휴먼 인터페이스를 어느 정도 '인간적으로' 만드는 것이 바람직한지, 혹은 아예 전혀 이질적으로 인공지능을 설계하는 것이 좋을지에 대해서는 상당한 학제적 연구와 사회적 논의가 필요하다.

더 읽을거리

이상욱. 2018. 「인간, 낯선 인공지능과 마주하다」. 이중원 엮음. 『인공지능의 존재론』. 한
    울아카데미.
☞ 인간지능과 인공지능의 차이점을 설명하고 우리에게는 '낯선' 인공지능의 특징이 인간
    과 기계지능 사이의 바람직한 관계 설정에 대해 시사하는 바에 대해 설명한다.

이상욱. 2019. 「인공지능의 도덕적 행위자로서의 가능성: 쉬운 문제와 어려운 문제」. 이
    중원 엮음. 『인공지능의 윤리학』. 한울아카데미.
☞ 현재와 가까운 미래에 등장할 인공지능은 현실적으로 도덕적 행위자로 간주될 수 있는
    조건을 만족하기 어렵지만, 도덕적 행위성을 어떻게 사회적으로 규정하는지에 따라 그
    리고 인공지능 기술 수준의 발전에 따라 인간과는 매우 다른 방식으로 행위성이 부여
    될 가능성이 있음을 탐색한다.

UNESCO. 2021. *AI in Education: Guidance for Policy-makers* (https://unesdoc.unesco.
    org/ark:/48223/pf0000376709)
☞ 유엔 산하 기구 중에서 교육을 담당하는 유네스코가 발간한 인공지능과 교육 관련 최
    신 보고서. 특히 인공지능을 교육에서 활용하는 다양한 방식과 그 과정에서 유의할 점
    에 대해 정책적으로 구체적인 제안을 하고 있다는 점에서 주목할 만하다.

애그러월, 어제이(Ajay Agrawal) 외. 2019. 『예측 기계』. 이경남 옮김. 생각의 힘.
☞ 과거의 데이터에서 패턴을 읽어 내어 미래를 예측하는 인공지능을 구체적으로 어떻게
    활용할 것인지에 대해 경영의 맥락에서 흥미로운 사례를 제시하며 분석하고 있다. 인
    공지능 활용 교육이 갖는 시사점에 주목할 만하다.

프라이, 헤나(Hannah Fry). 2019. 『안녕, 인간』. 김정아 옮김. 와이즈베리.
☞ 인공지능의 작동 원리인 알고리즘에 대한 정확한 이해에 근거하여 인공지능을 삶의 여
    러 측면에서 현명하게 사용하는 것이 중요하다고 주장한다. 인공지능 윤리의 여러 쟁
    점에 대한 간략한 소개도 훌륭하다.

5장

인공지능 거버넌스로서의 소셜 머신*
구성적 정보 철학적 관점에서

박충식

1. 시작하며

인류는 기계를 발명하면서 생산력의 획기적인 전기들을 맞이했고 현재 4차 산업혁명이라는 명명은 기계들의 발명에 발맞춰진 것으로 볼 수 있다. 그 기계들은 1차 산업혁명의 증기기관, 2차 산업혁명의 내연기관, 3차 산업혁명의 컴퓨터, 현재 4차 산업혁명의 인공지능이다.

인공지능이 도래한 세상은 많은 우려들도 있지만 또한 많은 기대들도 있는 것이 사실이다. 이러한 우려들과 기대들은 인공지능 자체의 문제이면서도 이해관계에 얽혀 있는 인공지능을 둘러싼 인간들의

---

* 이 글은 ≪영어권문화연구≫, 12권 3호(2019)에 수록된 같은 제목의 논문을 이 책의 취지에 맞게 수정한 것이다.

문제라고 할 수 있다. 이러한 인간 공동체의 문제는 인공지능에 대한 효과적인 거버넌스(governance)를 통하여 해결할 수밖에 없다. 인공지능 거버넌스는 구성원들 간의 소통의 문제이기 때문에 이러한 인간과 인간, 그리고 인간과 인공지능의 공존에 기여할 수 있는 적극적인 방법으로서 소셜 머신(social machine)이라는 정보통신기술을 생각할 수 있다.

이 글에서는 정보의 개념적 성격과 원리, 또한 역학(dynamics), 활용을 주제로 하는 정보 철학을 토대로 인공지능 거버넌스를 위한 소셜 머신의 인문사회학적인 함의를 논의한다. 특히 구성주의에 기반한 정보 철학은 인공지능 거버넌스로서의 소셜 머신의 기능과 역할의 이론적 토대를 제공한다.

먼저 도래하는 인공지능에 대한 우려와 기대의 양면성을 논의하고, 이에 대한 효과적 지배를 위하여 논의되고 있는 거버넌스에 대해서 알아보고, 인공지능에 대한 거버넌스로서 제안하는 소셜 머신을 살펴본다. 그리고 논의의 바탕이 되는 정보 철학과 구성주의적 정보 철학을 알아보고, 정보 철학을 토대로 소통을 통한 효과적인 인공지능 거버넌스로서의 소셜 머신에 대한 인문사회학적 함의를 논의하고자 한다.

2. 인공지능에 대한 우려와 기대

사회에 등장하는 다양한 종류의 인공지능 기술로 인하여 생길 수 있는 문제는 '인공지능 자체의 문제'로서 인공지능이 제대로 동작하지 않아 생길 수 있는 '사고에 대한 책임 문제'와 제대로 동작하더라도 생길 수 있는 '윤리적인 문제'로 나누어 볼 수 있다. 그리고 인공지능 자체 문제와는 다른 '사회적인 문제'로서 윤리적인 문제 없이 잘 동작하는 인공지능과 자동화 기술이 대체하는 노동으로 생기는 '실업 문제', 이러한 사회환경 변화에 대처하기 위한 '교육 문제' 등으로 나누어 살펴볼 수 있을 것이다.

인공지능 자체의 문제로서 인공지능은 적법하고도 윤리적인 결정과 실행을 해야 하고 그렇지 못하는 경우에는 기존의 법체계 내에서도 그에 대한 처리가 가능하다. 이러한 인공지능 기술들로는 4차 산업혁명의 스마트 팩토리, 기업과 공공 조직에서 사용되는 자동 의사 결정 기계, 자율주행차, 서비스 현장에서 사용되는 도우미 로봇, 가정에서 사용되고 있는 인공지능 스피커와 홈 오토메이션, 성인용 로봇을 포함하는 다양한 소셜 로봇들, 그리고 국방 관련 전쟁 로봇들이 있다. 현재 많은 사례 데이터에 기반하여 놀라운 성과를 보여 주는 인공지능 딥러닝 기계학습은 사례 데이터가 편향되어 있다면 편향된 결과를 피할 수 없고 인간이 만든 학습 알고리즘에 의하여 의사 결정하기 때문에 기계 스스로 결정의 이유를 설명할 수 없고 학습 알고리즘을 만든 인간 또한 학습 방법은 알고 있지만 실제 학습 내용은 알 수 없기 때문에 결정의 이유를 설명할 수 없다.

딥러닝 기계학습의 의사결정 과정을 해명하기 위한 설명 가능한 인공지능 연구(eXplainable AI: XAI)가 활발히 이뤄지고 있는 가운데 구글 연구책임자인 피터 노빅(Peter Norvig)은 설명 가능 인공지능에 대해 회의적인 의견을 가지고 있다. 이제까지의 IT 기술들도 자신의 처리 과정을 보여 줄 수 없었지만 보여 줄 필요도 없다. 인간이 처리 과정을 만들고 인간이 이에 대한 검증을 했고 문제가 발생해도 인간이 책임지기 때문이다. 인간이 만드는 IT 기술들은 처리 과정에 상관 없이 검증을 통하여 원하는 결과를 확인해 왔기 때문에 딥러닝 기계학습도 의사결정의 설명이 없더라도 인간의 검증으로 충분하다고 생각하는 것이다. 하지만 현실적으로 딥러닝 학습 기술은 모든 경우에 대하여 검증할 수 없고 자신의 해고나, 수백만 달러의 투자나, 핵무기의 발사는 책임 있는 의사결정의 이유가 필요하다. 사전에 인공지능 알고리즘의 문제점을 확인하고 사후에도 문제 발생 시 책임을 물을 수 있는 제도나 법이 필수적이다.

사회적 문제로서 인공지능으로 인하여 발생하는 실업 문제가 크게 논의되고 있는 가운데 영국 옥스퍼드 대학교의 2013년 연구는 현재 있는 직업의 50%가량이 앞으로 15년 내지 20년 내에 인공지능을 포함한 자동화 기술로 대체될 것이라고 했다. 또한 세계경제포럼은 앞으로 5년 정도 안에 500만 개의 일자리가 없어지고, 스위스 금융그룹 UBS는 앞으로 10년 안에 아시아 지역에서 5000만 개의 일자리가 없어질 것으로 예상한다. 한국의 고용정보원은 2025년까지 현재 일자리의 약 60%인 1800만 개의 일자리가 인공지능과 자동화로 인해 없어질 것이라고 전망했다. 인공지능은 이전의 기술과는 달리 사라진 일자리만큼 새로운 일자리를 생겨나게 하지는 않을 것으로 여겨진다. 이러한 예측 때문에 기본소득과 로봇세에 대한 논의가 활발히 이뤄지고 있다.

또 다른 사회적 문제로서 인공지능에 의해 물러난 실업자들의 재교육과 더불어 인공지능 시대를 살아가기 위한 후세대 교육의 문제가 있다. 알파고는 한국 교육계에도 파장을 불러일으켰는데 인공지능 시대에도 경쟁력을 가지는 미래의 직업 문제를 단순히 개인의 문제를 넘어 사회적 이슈로 만들었다. 인공지능 시대를 맞이하는 교육은 새로운 가치관과 윤리, 그리고 미래의 기회를 제공해야만 하는 상황이 되었다. 사회 체계 이론 사회학자인 니클라스 루만(Niklas Luhmann)은 "교육은 항상 미래에 대한 두려움을 가질 수밖에 없다"(루만, 2015: 252)라고 했지만 인공지능 시대를 준비하는 좀 더 장기적이고도 포괄적인 교육 정책이 필요하다.

하지만 인공지능을 우려로만 바라보는 것은 인공지능에 의한 또 다른 기대를 간과하는 것이다. 인간은 과학기술적 혁신을 통하여 식량과 건강과 노동의 문제를 해결해 왔다. 많은 사람들은 인공지능 유토피아에서 노동 없이 건강하고 편안한 삶을 기대하고 있다. 국가는 빈곤으로부터 국민의 안녕을 도모하기 위하여 경쟁력 있는 기술 개발을 위해 다양한 기술 정책과 제도를 시행하지 않을 수 없다.

3. 인공지능 거버넌스로서의 소셜 머신

인공지능 시대의 도래는 인류에게 우려이면서도 기대의 존재다. 이런 우려와 기대는 인공지능 자체의 문제이기도 하지만 인공지능을 둘러싼 한국 사회의 수많은 이해 당사자들이 협의하고 결정해야 할 문제이기 때문에 인공지능에 대한 거버넌스를 논의할 수밖에 없다. 이미 프랜시스 베이컨(Francis Bacon)은 그의 유토피아 텍스트인『새로운 아틀란티스(New Atlantis)』에서 현대 과학의 근본적인 한계를 지적했다. 과학 관료제(scientocracy)는 윤리적인 문제를 발생시킬 것이라는 것이다(고강일, 2018: 133). 알렉시 드 토크빌(Alexis de Tocqueville)은 일단 "다수의 결정이 다시 돌이킬 수 없이 공표되고 나면 누구나 입을 다문다"라고 썼다. … 토크빌이 말하는 민주주의의 역설이란 그것이 억압적인 체제인 군주제에 비해 더 억압적인 어떤 측면을 가질 수 있다는 것이다(문형준, 2018: 102).

이 시대의 거버넌스 개념은 두 극단적인 우려, 과학 관료제와 대중에 의한 통제로서의 민주정에 대한 대안이 될 수도 있을 것이다. 인공지능 시대에는 국가적 차원의 적절한 진흥책과 통제를 위한 정책, 관련 법, 조례들과 이의 진행은 정부, 국회, 사법부 등을 포함한 기관 및 단체를 비롯하여 기업, 노동자, 소비자 등의 수많은 이해 당사자들이 다양한 이해관계로 긴 시간 동안 관련된다.

현재 유럽연합(EU)과 같이 여러 국가 차원, 또는 단일정부 차원, 기업연합이나 기업 자체, 인공지능 연구자나 단체 차원에서의 인공지능/로봇 윤리 정책 또는 가이드에 대한 논의가 선언적으로 이뤄지고 있다. 하지만 이해관계가 서로 다른 주체들에 의하여 구체적인 사안으로 논의되면 상당히 서로 다른 주장이 생겨날 수 있다. 이러한 상황에서 과거처럼 정부가 주도하는 결정과 실행은 많은 사회적 문제를 야기할 수 있기 때문에 효과적인 거버넌스의 구축은 매우 중요하다. 현재에도 활발히 논의되고 일부는 실행되고 있는 거버넌스조차 실행

과정의 투명성과 접근성이 보장되지 않기 때문에 만족스러운 거버넌스라고 할 수 없다.

인공지능에 대한 효과적인 거버넌스를 위하여 '소셜 머신(social machine)'이라는 IT 기술을 고려할 수 있다. '사회적 기계'라고도 번역할 수 있는 소셜 머신은 '인간과 기술이 상호 작용하여 어느 한쪽이 없다면 불가능한 결과나 행동을 만들어 내는 환경'으로 정의된다.

소셜 머신은 단순히 사람과 사람을 연결하는 페이스북이나 트위터, 인스타그램 등과 같이 사용자 사이의 원활한 의사 교환과 정보 공유 그리고 인맥 확장 등을 통해 사회적 관계를 만들고 강화하는 온라인 플랫폼인 소셜 네트워크 서비스(Social Network Service: SNS)를 포함하며, 사람과 사람 그리고 사람과 정보의 연결을 통하여 상호 작용할 수 있도록 서비스를 제공하는 웹 기반 플랫폼으로서의 블로그, 위키피디어, UCC, 마이크로 블로그 등을 포함하는 좀 더 넓은 개념의 소셜 미디어(social media)도 포함한다.

한국에서도 최근 심심치 않게 뉴스에 등장하는 '청와대 국민청원' 역시 정부 주도이기는 하지만 일종의 소셜 머신이라고 할 수 있다. 민간 주도로 이뤄지는 소위 '디지털 데모크라시(Digital Democracy)' 또는 '시빅테크(Civic Tech)'도 이러한 유형이라고 할 수 있다. 온라인 의사결정을 지원하는 뉴질랜드의 루미오, 온라인으로 법안을 발의하여 5만 이상이 되면 자동으로 국회에 발의되는 핀란드의 오픈 미니스트리, 지자체 예산을 시뮬레이션하여 우선순위를 결정하도록 하는 캐나다의 시티즌 버짓, 알기 쉽게 공공데이터 서비스를 제공하는 대만의 거브제로, 시민의 의견을 수렴하는 아르헨티나의 오픈소스 소프트웨어 정치 플랫폼 데모크라시 OS, 한국에서도 정책 법안에 대하여 찬성, 반대, 기권을 선택함으로써 비슷한 성향의 국회의원을 찾아 주는 핑코리아 등이 그러한 예다.

월드와이드웹과 시맨틱 웹(Semantic Web)을 고안한 팀 버너스-리(Tim Berners-Lee)가 소셜 머신을 "컴퓨터의 처리 과정과 사회적 처리 과정에 의하여 지배되는 컴퓨터 개체로서 웹상의 소셜 시스템"으로 언급하면서 관련 연구가 활성화되었다(Hendler and Berners-Lee, 2010: 156~161).

소셜 머신의 이론과 실천을 주제로 하는 SOCIAM 프로젝트(sociam.org)는 영국 EPSRC(UK Engineering and Physical Sciences Research Council) 지원으로 팀 버너스-리가 있는 옥스퍼드 대학교, 그리고 사우스햄튼 대학교, 에딘버러 대학교가 공동으로 진행하고 있다(SOCIAM Project). 이곳의 소셜 머신 연구는 네트워크상에서 상호 작용하는 사람들의 콘텐츠를 단순 분석하는 것 이상으로 이러한 상호작용들이 어떻게 이뤄지는지 분석하고 이 같은 상호작용들이 윤리적이고 안전하게 이뤄질 수 있는 방법을 모색한다.

미국의 MIT 미디어랩(Laboratory for Social Machines, MIT Media Lab)도 사람들의 네트워크에 대한 좀 더 나은 학습과 이해를 슬로건으로 소셜 머신 연구실을 설치하고 인간의 다양한 의사소통에 대해 연구하고 있다.

4. 정보, 정보 철학, 구성적 정보 철학

우리는 정보라는 용어를 일상적인 영역이나 전문적인 영역에서 다양한 뜻으로 사용하고 있다. 정보라는 말은 처음 등장한 이후로 확장을 거듭하여 이제 세상을 보는 포괄적인 관점이 되었다. IT 분야를 비롯하여 물리학, 생물학, 인지과학의 자연과학, 경제학, 사회학, 언론/홍보학의 사회과학, 그리고 인문학이나 예술학에까지 정보적 관점의 이론들이 시도되는 이유는 정보 개념의 유용성 때문이며 융합과 통섭이 요구되는 시대에 여러 상이해 보이는 분야들을 연결할 수 있는 핵심적인 개념으로 보이기 때문이다.

클로드 섀넌(Claude Shannon)의 정보 이론은 정보 연구에 있어서 최초의 중요한 정식화다. 정보는 일어날 수 있는 사건의 불확실성을 줄이는 그 무엇이다. 자주 일어나지 않는 사건은 자주 일어나는 사건보다 정보의 양이 많다. 그러므로 정보의 양은 해당 사건이 일어날 수 있는 확률의 역수가 된다. 하지만 섀넌 스스로도 말한 것처럼 처음부터 의도적으로 정보의 의미론적 내용을 다루지 않았기 때문에 섀넌의 정보 이론으로부터 정보의 의미를 파악할 수 있는 특별한 시사점을 얻을 수는 없다.

정보 철학(philosophy of information)은 인문학적 의미에서 정보를 철학적 논의의 대상으로 삼는다. 루치아노 플로리디가 정보 철학이라는 용어를 처음 사용하면서 정보 철학을 정보의 개념적 성질과 원칙, 역학, 그리고 그의 활용과 과학을 포함하는 새로운 철학 분야로 정의한다. 정보 철학은 정보의 통일 이론을 만든다기보다는 정보의 개념과 원리를 분석하고 평가하여 정보를 설명할 수 있는 이론을 개발하려는 것이다. 그리고 이러한 정보의 이론을 통하여 존재, 진리, 생명, 의식, 의미, 지식 등 철학에 있어서 중요한 개념들과 정보적 연관성을 밝히려는 것이다.

플로리디는 첫 번째 코페르니쿠스의 전회(지동설의 발견), 두 번째 다윈의 전회(진화의 발견), 세 번째 프로이트의 전회(무의식의 발견)에 이어 정보적 전회(컴퓨터의 발명)를 네 번째 혁명으로 간주한다. 플로리디는 인공지능을 철학적으로 탐구하는 인공지능 철학을 정보 철학의 이전 단계로 여기고 컴퓨터와 인공지능에서 등장하는 여러 가지 전산학의 개념들을 차용하여 자신의 정보 철학에 활용하고 있다.

플로리디는 정보를 참이든 거짓이든 물리적 신호의 패턴으로 이뤄지는 환경적 정보와 같은 실재를 지칭하는 정보(as reality), 진리적 조건을 만족하는 의미적 정보의 실재를 지칭하는 정보(about reality), 그리고 알고리즘, 요리법, 유전 정보 등과 같은 명령어들을 지칭하는 정보(for reality)로 구별한다. 정보를 지칭하는 대상에 따라 사용되는 언어적 용법에 따라 구별하는 플로리디의 정보 구별 방법은 맥락에 따라 다양하게 사용하는 정보의 의미를 구별하는 데 유용할 수 있다. 하지만 이러한 방법은 정보라는 용어를 맥락에 따라 구별하지 않고 여러 의미로 사용하기 때문에 단일한 정보 개념을 정의하지 못하고 사용 맥락에 따른 정보의 또 다른 의미조차 희미하게 만든다. 정보라는 용어의 사용법을 통한 모호한 정보의 의미를 벗어난 통찰을 얻으려면 적극적인 정보의 정의가 필요하다(박충식, 2019c: 31~59).

여러 분야에서 여러 가지 의미로 사용되는 정보 개념들을 일관성 있고 포괄적으로 파악하기 위해서는 다른 관점이 필요하다. 언어학으로 시작하여 오랜 전통을 가지고 연구되어 온 다양한 기호학(semiotics) 연구는 정보의 양만을 다뤄 온 정보통신 분야를 넘어서 정보에 대한 인문학적 통찰을 제공할 수 있다. 특히 찰스 샌더스 퍼스(Charles Sanders Peirce) 기호학에서 등장하는 기호 작용(semiosis)은 동적인 정보의 과정과 의미를 파악할 수 있는 모델이다. 퍼스 기호학은 과학적 이상, 그리고 윤리적 이상과 미적 이상을 목표로 도덕적 행위의 가치판단 기준을 위한 윤리학, 아름다움을 위한 가치판단을 위한 미학과 더불어 이성적 사유를 위한 가치판단의 기준을 제공하려는 목적을 가지고 있었다.

퍼스 기호학(Digital Encyclopedia of Charles S. Peirce)은 표상체(representamen), 대상체(object), 그리고 정신 내에 존재하는 기호로서의 해석체(interpretant)의 3원 체계(triadic system)로서 기호 작용 전체를 강조한다는 점에서 대상이 빠진 기표(signifiant)와 기의(signifie)로 이뤄진 2원 체계(dyadic relation)의 소쉬르 기호학(semiology)과는 다르다.

퍼스 기호학은 세상의 많은 것들을 단일한 원리로 설명하려는 퍼스의 보편주의적(generalistic) 이상으로 인하여 포괄적이고 정교하게 이뤄진 복잡한 기호학 이론이라고 할 수 있다. 무엇이든 기호가 될 수 있지만 그 자체로 절대적인 것이 아니고 어떤 관계 속에서 파악되어야 하며 그 기호 관계가 핵심적인 것이다. 퍼스 기호학은 대상체, 표상체, 해석체로 이뤄지는 기호 삼각형에서 기호 자체보다는 기호 작용에 초점을 맞추어 해석체가 또 다른 대상체가 되고 그 대상체가 또 다른 표현체가 되는 기호 작용에 주목했다.

필자는 퍼스 기호학의 기호 작용에서 '정신 내의 해석체'만을 '정보'로 정의하고자 한다. 이런 정신 내의 정보는 인지 생물학자인 프란시스코 바렐라(Francisco Varela)와 움베르토 마투라나(Umberto Maturana)의 급진적 구성주의(radical constructivism) 관점에서 '구성된 무엇'으로 간주할 수 있다. 구성주의적 관점에서는 말하는 모든 것(표현체)은 관찰자가 다른 관찰자에게 말하는 무엇(대상체)이라고 생각할 수 있다. 즉, 언급되는 모든 것은 관찰자의 해석체가 또 다른 기호, 즉 표현체가 되는 것이다. 이렇게 언급되는 모든 것은 차이를 지각할 수 있는 관찰자에 의한 것이고 이러한 관찰자 내부의 정보는 그레고리 베이트슨(Gregory Bateson)의 정보에 대한 유명한 정의인 '차이를 만드는 차이'라고 할 수 있다. 그러므로 해석체인 관찰자 내부의 정보는 홀로 있는 것이 아니고 관찰자 안에 이미 구성된 전체 정보들과 함께 있을 수밖에 없다. 그래서 표현체는 정보 자체라고 할 수 없고 정보의 표현체라고 보아야 하며, 대상체도 정보 자체라고 할 수 없고 정보의 대상체라고 보아야 한다.

이렇게 차이를 만드는 차이는 관찰자의 능력에 따라 '구별'할 수 있는 '차이'를 '지칭'함으로써만 이뤄질 수 있다. 이 지칭이 표현체인 심볼(symbol)이라고 할 수 있다. 스티븐 하나드(Steven Hanard)는 심볼이 관찰자에게 특정한 의미를 가지게 되어 해석체가 되는 현상을 '심볼 그라운딩(symbol grounding)'(Hanard, 1990: 335~346)이라고 했다. 지각적으로 차이를 관찰할 수 있는 주체만이 자신의 욕망을 위하여 심볼의 의미를 가질 수 있다. 모든 생명은 자신의 욕망 충족을 위하여 의미 있는 차이를 지칭함으로써 심볼 그라운딩이 이뤄지고 그것으로부터 관찰 가능한 세계를 모델링함으로써 환경에 적응할 수 있는 행위를 실행할 수 있다. 그러므로 심볼 그라운딩은 선천적인 유전자와 경험하는 문화에 의하여 이뤄지기 때문에 물리적·생물학적·사회적 현상이라고 할 수 있다.

루만은 사회를 구성하는 것은 '사람들'이 아니라 '사람들의 소통'이라고 한다. 이러한 소통은 송신자의 심리적 체계에서 일어나는 정보(information)의 선택과 통보(utterance)의 선택, 그리고 수신자의 이해(understanding)의 선택, 즉 세 가지 선택으로 이뤄진다. 송신자에서 정보의 선택은 의미하려는 내용에서의 선택을, 송신자에서 통보의 선택은 송신자가 의미를 표현하는 방법에서의 선택을, 수신자에서 이해의 선택은 송신자의 통보가 의미할 수 있는 다양한 의미에서의 선택이다. 심볼 그라운딩은 관찰자 내부에 구성된 정보와 3단계의 선택으로 이뤄지는 사회적 소통에 의해 이뤄진다.

이런 과정의 심볼 그라운딩은 관찰자가 지각하는 외부 대상에 대한 현상이기 때문에 철학의 중요한 주제 중 하나인 지향성(intentionality)과 연관된다. 지향성(Stanford Encyclopedia of Philosophy-Causal Theories of Mental Content)은 지향 대상과 마음속의 심적 표상(mental representation)이 인과적 관계로 정의되는 인과론적 의미론(causal semantics), 진화생물학적인 기능에 의하여 정의되는 목적론적 의미론(teleosemantics), 주체 내의 다른 심적 표상들과의 역할에 의해 정의되는 개념 역할 의미론(conceptual role semantics)의 설명들이 존재한다. 필자는 구성적 정보 철학 관점에서 개념 역할 의미론을 설득력 있는 설명으로 생각한다. 필자가 개념 역할 의미론을 지지하는 기본적인 논거는, 퍼스 기호학에서 해석체(또는 정보)라고 할 수 있는 심적 표상의 의미는 그 심적 표상과 다른 심적 표상들 사이에서 생길 수밖에 없는 추론 관계에 의해 파편적으로 구성된다. 이러한 구성적 정보 철학 관점에서 '언어의 의미'는 그 '언어의 사용'이라는 루드비히 비트겐슈타인(Ludwig Wittgenstein)의 언어 사용 이론을 기반으로 하는 추론주의 의미론(inferential semantics)으로서 브렌타노의 조합적(compositional) 의미론과 달리 전체론적(holistic) 의미론이라고 할 수 있을 것이다. 특정 정보의 의미는 기존에 이미 내부적으로 형성된 다른 전체 정보들의 관계 속에서 추론 과정을 거쳐 의미가 결정될 수 있다는 점에서 전체론적이다. 정보 기술이나 정보 철학에서 알고리즘(algorithm)은 바로 이러한 정보의 의미를 파악하는 추론의 절차라고 할 수 있다.

셰넌의 확률론적인 정보 이론과는 다르게 안드레이 콜모고로프(Andrey Kolmogorov)와 그레고리 카이틴(Gregory Chaitin)에 의해 고안된 알고리즘 정보 이론(algorithmic information theory)은 '임의의 문자들의 정보의 양은 다른 문자들로 표현했을 때 최대로 짧게 표현할 수 있는 문자들의 길이와 같다'는 것이다. 다른 문자들 자체는 임의의 문자들을 출력할 수 있는 문자로 이뤄진 일반적인 컴퓨터 프로그램이라고 할 수 있다. 당연히 컴퓨터 프로그래밍 언어에 따라 그 길이는 달라질 것이다. 그러므로 정보의 양은 컴퓨터 프로그래밍 언어에 따라 달라질 수밖에 없다. 사실 컴퓨터 프로그래밍 언어는 말할 것도 없고 모든 언어는 대상과 대상의 관계를 표현하는 세상에 대한 모델이다. 그리고 모든 언어는 대상과 대상들의 관계를 표현하는 서로 다른 단어들, 즉 문자들로 되어 있다. 절차를 기술하기 위한 컴퓨터 알고리즘은 바로 이러한 컴퓨터 프로그래밍 언어에 의하여 표현되고 이러한 과정이 추론주의적 정보의 의미라고 생각할 수 있다. 그러므로 정보는 같은 대상에 대해서도 서로 다른 의미를 가지게 된다.

현재까지의 논의에서 정보를 차이를 만드는 사건이라고 한다면 사건은 관찰자가 필수적이고 대상체와 해석체와 표현체, 그리고 추론이 필요한 복잡한 기호 작용을 촉발한다. 그러므로 관찰자가 사건을 이해하기 위해서는 대상들을 표현하고 대상들의 관계들을 표현할 수 있는 언어가 있어야 한다. 그 언어는 관찰자의 욕구에 따른 가치, 가능한 인식 능력, 추론의 범위에 따라 만들어진 심볼 그라운딩이다. 정보 또는 정보의 의미는 관찰자 내부의 다른 정보와의 추론적 관계에 의해 구성되는 퍼스 기호학의 해석체다. 이러한 해석체로서의 정보는 지각과 관찰자 내부에서 이미 구성된 다른 정보들과 관계하에서만 이뤄질 수 있기 때문에 모리스 메를로-퐁티(Maurice Merleau-Ponty)의 '기대 지평' 개념이나 마이클 폴라니(Michael Polanyi)의 '암묵적 지식' 개념처럼 역동적이고 창의적으로 이뤄진다. 새롭게 구성되는 정보는 기존의 정보 개념들을 통해서 파악되어야 하기 때문에 제한적일 수밖에 없고 경우에 따라서는 기존 정보들을 교란하여 전체적인 재구성이 필요하게 될 수도 있다. 정보는 세상에 대한 이해의 조각들로서 동떨어진 부분으로 존재하거나 다른 부분들과 모순된 채로 존재하고 시간에 따라 변화할 수 있기 때문에 잠정적으로만 존재한다. 하지만 불일치를 야기하는 새로운 정보는 관찰자를 둘러싸고 있는 세상의 모델을 확장할 수 있는 기회를 제공할 수도 있다. 결국 플로리디가 언급하는 네 차례의 전회를 이러한 방식으로 기술하면 인간이 세상을 이해하는 방식에 큰 변화를 일으킨 경우라고 할 수 있을 것이다.

알고리즘 정보 이론에 의하면 정보의 의미는 여러 단계의 절차를 통해 이뤄진 알고리즘에 따라 기술될 수 있다. 이러한 절차를 기술하기 위해서는 대상들과 해당 대상들에 작용할 수 있는 명령어들에 대해 심볼 그라운딩된 정보들이 필요하다. 하지만 이러한 심볼 그라운딩은 우연적인 사회적 소통을 통해 이뤄지기 때문에 관찰자에 따라 상이할 수밖에 없다. 그렇기 때문에 소통할 수 있는 범위와 관찰자들에 의해 구성된 정보들에 따라 허용되는 범위 내에서만 유사한 의미를 가질 수 있다.

관찰자 머릿속의 해석체는 그 해석체를 대상으로 또 다른 대상체와 표현체를 형성할 수 있기 때문에 해석체를 관찰하는 과정 자체에 대한 정보, 즉 성찰적 정보를 가질 수 있다. 이런 관점에서 물리학이나 생물학에서 알게 된 모든 정보들도 역동적인 정보 과정을 피할 수는 없다. 나아가 새로운 정보들을 탐구해 가는 과정 자체를 대상으로 하는 정보가 만들어지기 때문에 역사에 대한 성찰로서의 역사철학 연구나 과학에 대한 성찰로서의 과학철학의 연구는 정보 철학적으로 재고해 볼 수 있을 것이다. 특정한 정보를 의도적으로 제외하는 정보의 배치와 비약을 통해 이뤄지는 프로파간다적인 정치 정보의 조작적 사용도 정보 철학적으로 분석해 볼 수 있다.

빅히스토리 연구자인 프레드 스피어(Fred Spier)는 우주에서 물질, 생명, 그리고 문화의 발생을 복잡성의 창발(emergence)과 쇠퇴(decline)

로 다루는 데 있어서 세 개의 복잡성 수준(Spier, 2010: 25~27)을 구별했다. 물리적 우주의 복잡성은 생명 없는 물질들의 특정한 나열을 통해 정보를 실어 나른다. 생물적 세계의 복잡성은 생명 DNA 분자 안에 저장된 유전 정보를 기반으로 자기 조직화한다. 인간 문화 세계의 복잡성은 신경세포들 또는 서로 다른 종류의 인간 기록들에 저장된 정보로 설명된다. 물리적 우주 세계를 설명하기 위한 물리학 이론과 생물적 세계를 설명하기 위한 생물 진화 이론처럼 인간 문화 세계를 설명하기 위해서 그에 해당되는 이론이 필요한데 그 이론은 단연코 언어 이론이다. 인간의 언어는 인간이 관찰할 수 있는 가장 복잡하고 세련된 정보 체계다. 이러한 언어를 설명하기 위한 언어 이론에서 해명되어야 하는 개념이 심볼 그라운딩이다. 심볼 그라운딩은 관찰자 내부에 심볼, 즉 해석체가 관찰 대상을 지칭하여 의미를 가지게 되는 것을 뜻하기 때문에 인간을 포함한 모든 생물적 체계들도 정보처리 수준에 따라 어느 정도 수준의 심볼 그라운딩이 일어날 수 있다. 이러한 생물적 체계들 중에 특정 생물체들은 심볼 그라운딩을 기반으로 하는 의사소통을 통해 공동사회를 이룰 수 있게 되기도 한다. 필자는 전자를 개별 심볼 그라운딩 또는 1차 심볼 그라운딩(first symbol grounding)이라고 하며 후자를 공동 심볼 그라운딩(common symbol grounding) 또는 2차 심볼 그라운딩(second symbol grounding)이라고 한다. 이러한 2차 심볼 그라운딩의 해석체가 새로운 표현체로 만들어질 수 있으면, 즉 자신의 해석체를 외재화할 수 있으면 표시 심볼 그라운딩(sign symbol grounding) 또는 3차 심볼 그라운딩(third symbol grounding)이라고 부를 것이다. 이러한 3차 심볼 그라운딩이 바로 인간의 언어다.

루만의 사회 체계 이론에 따르면 사람들이 '사회'라고 부르는 사회적 체계는 '인간들'이 아니라 '인간들의 소통'으로 이뤄지고, 사람들이 '의식'이라고 부르는 심리적 체계는 '신경세포들'이 아니라 '생각들'로 이뤄진다. 심리적 체계와 사회적 체계는 공히 '의미'를 매체로 하며 그 '의미'를 이루는 재료로서의 매체가 바로 '언어'다.

인간의 언어가 관찰자의 해석체를 또 다른 표현체(음성언어나 문자언어)로 외재화함으로써 폭발적인 정보의 생산과 배포를 통해 인간문화 세계를 구축하고 다시 심리적 체계에 귀환됨으로써 더욱 고등화되어 왔다. 인간과 같은 언어를 가지지 못한 다른 생물적 체계들은 물리적 체계를 전제로 하고 낮은 심리적 체계를 가지고 사회적 체계를 구축한다고 할 수 있지만 해석체를 또 다른 표현체로 만들 수 없기 때문에 인간의 심리적 체계나 사회적 체계와는 비교할 수 없을 만큼 단순할 수밖에 없다. 관찰자의 정보 구성은 사회적이면서, 심리적이면서, 생물적이면서, 물리적으로 형성된다는 관점에서 퍼스 기호학과 루만의 사회 체계 이론의 연결을 모색한다.

5. 구성적 정보 철학 관점의 소셜 머신

알랭 바디우(Alain Badiou)에 따르면 세상을 변화시킬 수 있는 네 가지 진리의 유적 절차 중 '정치'에 대해 그 사건의 질료가 집합적이거나 또는 그 사건이 집합적인 다수성 외에 다른 것에 기인할 수 없을 때

정치적이라고 한다. 구성적 정보 철학에서 정치 체계도 바로 이러한 필요성에 의해 기능적으로 만들어진 것이다. 위키피디아에 따르면 다양하게 서로 다른 이해를 가진 주체적인 행위자들이 합의 과정을 통해 정책을 결정하고 실행해 나가는 사회적 통치 체계를 거버넌스라고 한다. 그러므로 정보 철학적 관점에서 소셜 머신은 '정치적 기계'라고 할 것이다. 권력 분배의 공적 행위는 책임 있는 공정성 확보를 위해서라도 누구에게나 보여지고 논의할 수 있어야 하기 때문에 소셜 머신은 그러한 역할을 하는 플랫폼으로 기대할 수 있다.

또한 정치적 기계로서의 소셜 머신은 정보 철학적으로 볼 때 단순히 옳고 그름을 판별하는 기계가 되어서는 효과적인 의사소통 기제를 제공할 수 없다. 양현정은 "카임 페렐만(Chaïm Perelman)이 논증적 이성을 통해 사회 속에서 진리가 아닌 의견 가운데 가장 큰 공약수, 즉 '언어공동체가 판단, 또는 명제에 부여하는 합의'를 통해서 다양성을 나타내고자 함은 전제에 대한 논의를 새롭게 하는 의미에서 더욱 타당해 보인다"(양현정, 2010: 159)라고 적시한다. 그런 의미에서 소셜 머신은 신 수사학적 기계가 될 수 있는 작동을 구현해야 한다. 기계는 시스템이고 시스템은 언어다. 소셜 머신의 언어는 수사학에서 말하는 로고스(logos), 파토스(pathos), 그리고 에토스(ethos)적인 차원의 언어 소통이 가능하도록 하는 것이다.

현재 소셜 머신이 인간들과 기계들에 의한 소셜 테크놀로지라고는 하지만 기계들은 빅데이터나 사물통신, 인공지능 기술을 활용하더라도 주로 인간과 인간의 상호작용을 용이하게 하는 기반을 제공하고 인간-기계 사이의 용이한 인터페이스 역할을 한다. 인공지능 학자이기도 하면서 노벨 경제학상을 수상하고 행정학의 대가인 허버트 사이몬(Herbert Simon)은 그의 저서 『인공의 과학(The Sciences of The Artificial)』에서 어떤 체계에 '인공적'이라는 말을 쓰는 이유를 "해당 체계가 환경 속에서 활동하기 위한 목적과 의도에서 만들어지기 있기 때문"이라고 설명한다. 그런 의미에서 소셜 머신은 가장 야심찬 정보 철학적 기계의 발명을 꿈꾸는 것이 될 것이다. 이러한 소셜 머신은 민간이 주도하는 디지털 데모크라시나 시빅테크와는 다르게 범국가적인 재원과 조직을 바탕으로 관련 정부 공공 조직, 민간단체, 전문단체, 시민들이 참여하고 논의 주제의 개시부터 결정 과정을 모두 모니터링할 수 있도록 처리 과정과 모든 데이터가 수집/분석되어 제시될 수 있어야 한다. 이러한 과정상에 의견 제시와 수렴 과정 또한 투명하게 드러나야 한다. 이러한 과정에 참여하는 인공지능 기계들도 의사결정에 대한 설명을 제시해야 한다. 공공이나 민간의 전문가들은 소셜 머신상의 이러한 자료들과 소셜 머신이 제공하는 다양한 도구들을 활용하여 분석과 의견을 제시할 수 있다. 소셜 머신의 인공지능 기계들은 능동적으로 사회현상에 관련한 데이터들을 수집해 상호 대조하고 분석하여 제공하는 기능도 수행할 수 있다. 이러한 과정에서 가짜 뉴스에 대한 검증도 이뤄질 수 있을 것이다.

월드와이드웹과 시맨틱 웹을 고안하고 소셜 머신 연구를 촉발한 팀 버너스-리는 사용자들이 특정한 집단에 통제되지 않고 직접 자신의 데이터를 통제할 수 있는 웹을 구축하기 위해 솔리드 프로젝트(Solid Project)를 시작했다. 솔리드 프로젝트는 기존의 웹 기술을 사용하며 사용자들이 자신의 데이터를 서비스 회사들에게 넘겨줘야 뭔가를 얻을 수 있는 지금의 웹 모델의 개혁을 목표로 하고 있다. 사용자는 솔리드 기반 웹 환경에서 자신의 데이터가 어디에 저장될지, 특정 개인이나 그룹이 선택한 요소에 접근할 수 있는지, 그리고 어떤 앱을 쓸 것인지에 대해 선택권을 행사할 수 있다. 이를 통해 사용자와 사용자 가족 및 동료들은 누구든지 연결해 데이터를 공유할 수 있다. 다양한 앱들에서 사람들이 같은 데이터를 동시에 볼 수 있게 해 준다. 소셜 머신은 인간과 기계들로 이뤄지는 소셜 플랫폼으로서 공공 부문이든 민간 부문이든 모든 참여자들은 소셜 플랫폼을 솔리드와 같은 형태로 구성할 수 있을 것이다.

6. 마치며

도래하는 인공지능 시대는 우려와 기대를 모두 배태하고 있다. 이에 대한 다양한 이해관계자들의 사회적 합의에 의한 거버넌스가 중요하다. 인공지능에 대한 효과적인 거버넌스를 위해 이해관계자들의 소통을 증진할 수 있는 IT 기술인 소셜 머신을 고려할 수 있다. 소셜 머신은 IT 기술을 이용해 사람들의 소통과 이해를 증진하려는 것이다. 인공지능 거버넌스로서의 소셜 머신에 대한 인문사회학적인 논의를 위해 융합적인 관점을 제공할 수 있는 정보 개념을 제1주제로 삼는 정보 철학을 도입했다. 정보 철학에 구성주의적 관점을 도입한 구성적 정보 철학에서는 퍼스 기호학을 '정보'의 총체적인 이해를 위한 기반으로 '정보'는 '관찰자 내부에서 만들어진 자신을 포함한 세상에 대한 앎'으로 정의했다. 이러한 앎이 외재화된 것이 기호(퍼스 기호학에서의 표현체)이고 이러한 기호가 의미를 가지는 현상을 심볼 그라운딩이라고 한다. 인간의 언어는 가장 고차원적인 심볼 그라운딩으로서 인간이 단순히 물리적·생물적 존재 이상으로 존재할 수 있게 하는 것이다.

구성적 정보 철학에서 심볼 그라운딩은 욕망을 가진 존재만이 환경에 적응하는 과정에서 이뤄지는 것이며 대상에 대해 상충하는 이해를 가지는 경우 이를 위한 상호작용이 필요하게 되고 이러한 상호작용들이 다양한 사회적 체계들로 만들어지게 된다. 하지만 인간들의 소통에 의해 만들어진 사회적 체계들도 서로 다른 경험과 가치에 의해 구성된 심볼 그라운딩의 상이성으로 인해 인간들은 항상 갈등할 수밖에 없다. 구성적 정보 철학의 관점에서 이런 심볼 그라운딩의 상이성을 조금이라도 완화하기 위한 고려가 필요하다.

이미 살펴본 바와 같이 바디우의 네 가지 유적 절차 중 다수성에 기인한 정치 체계의 출현, 페렐만 신수사학에서 언어공동체에 부합되는 합의를 증진하는 메커니즘으로서 소셜 머신을 상상할 수 있다.

구성적 정보 철학적 관점에서 소셜 머신은 IT 기술을 활용해 공유하는 정보만큼이나 서로 다른 정보들을 가지고 있는 인간들이 의사소통 시 가급적 유사한 개념들의 언어적 정보를 가질 수 있도록 가이드하고 모니터링할 수 있는 기제를 제공함으로써 좀 더 나은 의사소통에 기여할 수 있을 것으로 믿는다.

참고문헌

고강일. 1992. 「A Critique of Modern Science and Technology: Baconian Utopia and New Atlantis」. ≪영어권문화연구≫, 11(1): 113~138.

글릭, 제임스(James Gleick). 2017. 『인포메이션』. 박래선·김태훈 옮김. 동아시아.

김재희. 2018. 「발명 개념에 대한 철학적 탐구」. ≪철학연구≫, 112: 163~191.

루만, 니클라스(Niklas Luhmann). 2014. 『체계이론입문』. 윤제왕 옮김. 서울: 새물결.

_____. 2015. 『사회의 교육체계』. 이철·박여성 옮김. 이론출판.

마넬리, 미에치슬라브(Mieczyslaw Maneli). 2006. 『페럴만의 신수사학: 새로운 세기의 철학과 방법론』. 손장권·김상희 옮김. 고려대학교출판부.

문형준. 2018. 「포스트아포칼립스적 민주주의: 영화 Zardoz와 민주주의의 역설」. ≪영어권문화연구≫, 11(3): 95~118.

바디우, 알랭(Alain Badiou). 2018. 『메타 정치론』. 김병욱·박성훈·박영진 옮김. 이학사.

박충식. 2017. 「생명과 몸과 마음으로서의 인공지능」. 『제4차 산업혁명과 새로운 사회윤리』(포스트휴먼 사이언스 총서 3). 아카넷.

_____. 2018a. 「생명으로서의 인공지능: 정보 철학적 관점에서」. 『인공지능의 존재론』(포스트휴먼 시대의 인공지능 철학 1). 한울아카데미.

_____. 2018b. 「성찰적 인공지능」. 『인공지능과 새로운 규범』(포스트휴먼 사이언스 총서 4). 아카넷.

_____. 2018c. 「윤리적인 인공지능 로봇: 구성적 정보 철학 관점에서」. ≪과학철학≫, 21: 39~65.

_____. 2018d. 「기계들과의 공존: 소셜머신」. 4차 산업혁명시대 인문학에 길을 묻다. 문화체육관광부. 한국도서관협회·이화인문과학원.

_____. 2019a. 「[박충식의 인공지능으로 보는 세상] 소셜 머신 또는 사회적 기계」. ≪이코노믹리뷰≫, 2018.11.1. accessed 19 Oct. 2019. http://www. econovill.com/news/articleView.html?idxno=348436

_____. 2019b. 「거꾸로 보는 인공지능의 역사」. 『인공지능의 이론과 실제』(포스트휴먼 사이언스 총서 6). 아카넷.

_____. 2019c. 「빅 히스토리와 인공지능: 정보적 관점에서」. ≪인간·환경·미래≫, 22: 31~59. accessed 19 Oct. 2019. http://www.hefinstitute.or.kr/~hefinstitute/ejournal/22/02.pdf

브린욜프슨, 에릭(Erik Brynjolfsson)·매카피, 앤드루(Andrew McAfee). 2013. 『기계와의 경쟁 진화하는 기술 사라지는 일자리 인간의 미래는』. 정지훈·류현정 옮김. 틔움.

슈밥, 클라우스(Klaus Schwab). 2016. 『제4차 산업혁명』. 송경진 옮김. 새로운 현재.

양현정. 2010. 「신수사학과 데카르트 철학-카임 페렐만의 관점에서 바라본 데카르트의 철학」. ≪수사학≫, 12: 125~145.

이진순. 2016. 『듣도 보도 못한 정치: 더 나은 민주주의를 위한 시민의 유쾌한 실험』. 문학동네.

한국 정치벤처 와글. 2019. accessed 19 Oct. 2019. http://www.wagl.net/

Chaitin, G. J. 1996. "On the Length of Programs for Computing Finite Binary Sequences." *J. Association for Computing Machinery*, 13(4): 547~569.

Digital Encyclopeia of Charles S. Peirce. 2019. accessed 19 Oct. 2019. http://www.digitalpeirce.fee.unicamp.br/home.htm

Floridi, Luciano. 2011. *The Philosophy of Information*. Oxford: Oxford University Press.

Harnad, S. 1990. "The Symbol Grounding Problem." *Physica D*, 42: 335~346.

Hendler, Jim and Tim Berners-Lee. 2010. "From the Semantic Web to social machines: A research challenge for AI on the World Wide Web." *Artificial Intelligence*, 174: 156~161.

Laboratory for Social Machines. 2019. MIT Media Lab. accessed 19 Oct. 2019. https://www.media.mit.edu/groups/social-machines/overview/

Social Machine in wikipedia. 2019. accessed 19 Oct. 2019. https://en.wikipedia.org/wiki/Social_machine

SOCIAM Project. 2019. accessed 19 Oct. 2019. https://sociam.org/

Spier, F. 2010. *Big history and the future of humanity*. Chichester: Wiley/Blackwell.

Stanford Encyclopedia of Philosophy-Causal Theories of Mental Content. 2018. accessed 15 Nov 2018. https://plato.stanford.edu/entries/content-causal

_2부_
인공지능과 인간의 공진화

_6장_
특이점은 어떻게 오는가?

천현득

1. 왜 특이점인가?

과학 소설가 아서 클라크(Arthur Clarke)에 따르면, 충분히 진보한 기술은 마법과 구별할 수 없다. 우리 시대의 마법은 인공지능일 것이다. 인공지능 연구가 태동하던 시기부터 해결해야 할 과제로 제시되었던 체스 게임에서 IBM 사의 딥블루(Deep Blue)는 체스 챔피언 가리 카스파로프를 이겼고, 엄청난 경우의 수 때문에 단기간에 정복할 수 없다고 생각했던 바둑 경기에서도 구글 딥마인드의 알파고는 바둑 천재 이세돌을 제쳤다. 인공지능은 스스로 자동차를 운전하고, 병을 진단하고, 얼굴을 인식하고, 사용자의 선호에 맞는 영화나 음악을 추천해 주고 있다. 급속하게 발전하는 인공지능 기술을 목도하면서 우리는 그것이 어디까지 발전할 수 있을지 자연스레 묻게 된다.

대중매체를 통해 사람들이 접하는 미래상에서 인공지능은 인간의 지능을 뛰어넘는 초지능(superintelligence)을 가진 존재로 묘사된다. 우리는 문학작품이나 영화 등에서 자아를 가지고 인간과 정서적으로 교류하며 자신의 의지를 따라 의식적으로 행동하는 인공지능 로봇을 흔히 볼 수 있다. 인간을 뛰어넘는 인공지능과 인공초지능의 존재는 우리에게 한편으로는 경이를 다른 한편으로는 공포를 불러일으킨다. SF 소설이나 영화에서 보던 초지능은 현실이 될 수 있을까? 이 글은 지능 폭발, 특이점, 그리고 초지능에 관해 검토해 본다.

지능 폭발(intelligence explosion)이 발생할 것이라는 생각과 그것의 기본적인 논증은 수학자 I. J. 굿(I. J. Good)에 의해 제시되었다.

초지능 기계(untraintelligent machine)란 제아무리 똑똑한 인간이더라도 인간의 모든 지적 활동을 능가할 수 있는 기계로 정의된다고 하자. 기계를 설계하는 것도 그러한 지적 활동의 하나이므로, 초지능 기계는 더 나은 기계들을 설계할 수 있다. 그다음에는 의심할 나위 없이 '지능 폭발'이 생길 것이고, 인간의 지능은 크게 뒤쳐질 것이다. 그래서 최초의 초지능 기계는 인류가 만들 수 있는 최후의 발명품이다(Good, 1965).

굿이 제시한 지능 폭발의 핵심 아이디어는 이렇다. 기계가 일단 인간보다 더 지능적이게 되면, 이 기계는 기계를 설계하는 데 있어서도 인간보다 나을 것이고, 그러면 인간이 설계할 수 있는 가장 지능적인 기계보다 더 지능적인 기계를 설계할 수 있을 것이다. 만일 지능적인 기계가 인간에 의해 설계될 수 있다면, 그보다 더 지능적인 기계를 설계하는 것이 가능할 것이고, 지능적인 기계가 그보다 더 지능적인 기계를 설계할 수 있으리라고 추론할 수 있다. 기계가 자신보다 더 지능적인 기계를 만드는 일이 반복된다면, 지능은 폭발적으로 증가할 것이다. 그 결과는 곧 특이점이다.

기계나 기술의 발전과 관련하여 '특이점(singularity)'이라는 용어는 SF 작가인 버너 빈지(Vernor Vinge)의 1983년 글에서 처음 사용된 것으로 알려져 있고, 빈지(Vinge, 1993)를 통해 널리 알려졌다. 물론 기술적 특이점(technological singularity)이라는 생각을 대중적으로 확신시킨 사람은 발명가이자 미래학자인 커즈와일(Kurzweil, 2005, 2012)이다. 이때 특이점은 엄밀한 수학적 의미의 특이점은 아니다. 기술적 특이점이라는 표현이 느슨하게 사용될 때는, 점점 가속되는 기술적 발전으로 인해 예측할 수 없는 결과가 초래될 수 있다는 정도의 약한 의미를 지니지만, 강하게 해석하는 경우 지능이 기하급수적으로 증가하여 무한대로 치닫게 되는 상황을 뜻할 수도 있다. 통상적인 해석은 그 중간에 위치한다. 느슨한 의미에서의 기술적 특이점은 인공지능을 굳이 언급하지 않더라도 많은 현대 기술에서 나타나는 특성이기 때문에 너무 느슨하고, 강한 의미의 기술적 특이점은 무한대의 지능을 함축하므로 지나치게 강하다. 통상 특이점은 지능 폭발을 통해 해명된다. 다시 말해, 특이점이 도래한다는 것은 굿이 언급한 재귀적 메커니즘에 의해 지능이 (무한대로 발산하지는 않지만) 폭발적으로 증가한다는 것을 가리키는 말로 이해될 수 있다. 이 글에서 우리는 이 용법을 따른다.

특이점이 지능 폭발로서 이해된다면, 그것을 철학적으로 진지하게 논의해야 할 이유는 무엇인가? 물론 특이점과 관련된 논의는 상당히 사변적이다. 이는 진지한 철학자들이 특이점과 관련된 논의를 기피해 온 한 가지 이유일 것이다. 특이점의 도래 시점에 관한 예측이 일관적이지 않은 것도 논의를 방해하는 한 가지 이유일 수 있다. 굿(Good, 1965)은 2000년에 최초의 초지능 기계가 생겨날 것으로 생각했지만, 이 예상은 빗나갔다. 빈지(1993)는 2005년에서 2030년 사이, 유드코프스키(Yudkowsky, 1996)는 2021년에 인간보다 뛰어난 초지능이 생겨나거나 특이점이 올 것으로 예상했고, 커즈와일(2005)은 2030년까지 인간 수준의 인공지능이 출현하고 2045년경 특이점이 도래할 것으로 예측했다. 아마 2020년 현재 사람들에게 특이점이 도래할 시점을 묻는다면 상당히 다양한 의견들이 제시될 것이다.

현재 사회에서 혹은 가까운 미래에 인공지능이 가져올 사회적·법적·윤리적 문제에 대해 대응하는 일이 일차적으로 중요하다. 따라서 나는 시급하고 근미래적인 문제를 논의하는 데 더 많은 관심과 자원을 사용할 필요가 있다고 믿는다. 그럼에도 불구하고 특이점에 관한 진지한 철학적 논의를 포함해 장기적 관점에서의 논의도 필요하다. 특히 특이점에 관한 논의가 필요한 적어도 두 가지 이유가 있다. 첫째, 실천적으로는 특이점이 가져올 효과의 크기 때문에 깊이 논의될 필요가 있다. 만일 지능 폭발이 발생한다면, 지구상에서 벌어졌던 어떤 사건보다 영향력이 큰 사건이 될 것이며, 지질학적 사건 수준의 사건이 될 것이다. 닉 보스트롬은 이를 '실존적 위험(existential risk)'이라고 부른다. 특이점이 올 가능성이 낮다고 하더라도, [마치 블레즈 파스칼(Blaise Pascal)의 신 논증처럼] 그것의 귀결이 치명적인 경우 우리는 그것을 다룰 좋은 이유를 가진다. 둘째, 이론적으로 특이점은 흥미로운 철학적 문제를 제기한다. 즉, 특이점의 도래와 관련된 논증들을 검토하면서 우리는 지능이란 무엇이고, 더 지능적이게 된다는 것, 지능을 설계하고 구현한다는 것 등에 관해 따져 볼 수 있는 좋은 기회를 가질 수 있다.

　이 글에서는 만일 특이점에 도래한다면 인류는 어떻게 대응해야 하는지와 관련된 전략과 정책에 관해 논의하지 않을 것이다. 몇몇 논자들은 인간의 가치를 파악하고 그에 맞추어 자신의 가치를 정렬할 수 있는 인공지능을 사전에 설계하는 데 노력을 기울여야 한다고 주장한다. 그리고 어떻게 그러한 인공지능을 설계할 수 있는지('가치 정렬 문제')에 관해서도 논의가 이뤄지고 있다. 또한 만일 인간보다 더 뛰어난 인공지능이 생겨난다면, 어떻게 그것과 공존할 수 있는지도 숙고해야 한다. 인류의 생존 기회를 높이고 특이점 이후의 사회에서 피해와 희생을 최소화하면서 가장 큰 편익을 취할 수 있는 방법이 무엇인지도 탐구할 필요가 있다. 이를 위해서는 특이점 이후의 세계에서 인류가 어떠한 형태로 존재할 수 있으며 또 존재해야 하는지 논의해야 한다.[1] 그 대신, 이 글에서는 특이점이 어떻게 도래할 수 있는지, 어떤 조건에서 가능한지를 따져 보고자 한다.[2]

1　인간의 두뇌에 신경칩을 장착해 인지능력을 강화하는 방식이나, 인간의 두뇌로부터 모든 정보를 읽어 내 클라우드에 올려놓는 마인드 업로딩 등이 가능한 방안으로 언급되고 있다.

2　특이점이 언제 어떻게 올지에 관해, 전문가를 포함한 사람들의 판단을 조사해서 통계적인 결과를 내놓을 수도 있다(Bostrom, 2014). 그러나 이런 문제에 관해 사람들의 직관이나 소위 전문가들의 감에만 의존할 수는 없다. 인공지능 분야의 전문가들이 내놓는 먼 미래에 대한 예측이 신뢰할 만하다는 근거는 어디에도 없다.

2. 특이점이 도래한다는 논증

특이점이 머지않아 도래할 것이라는 논증을 분석하기 위해, 다음과 같이 표현들을 정의하자(Chalmers, 2010). 먼저, 인간 수준의 인공지능을 'AI'로 표현하자. 이하에서 AI라는 표현은 인공지능이 아니라 보통의 인간과 유사한 지능을 가지는 인공지능을 뜻한다. 인간 수준을 뛰어넘는, 그래서 가장 지능적인 인간보다 더 지적으로 뛰어난 인공지능은 'AI+'로 나타낸다. AI+를 뛰어넘어 그보다 훨씬 높은 차원의 지능을 가진 존재, 즉 초지능에 대해서는 'AI++'라는 기호를 도입해 표현하자. 시간 차원을 나타내기 위해 '머지않아'와 '곧'을 사용한다. 이때, '머지않아'는 '수 세기 내'를, '곧'은 '수십 년 내'를 뜻한다. 특이점이 도래할 것이라는 주장은 조건문이라는 사실에 주목하자. 왜냐하면 내일 운석의 충돌로 인류가 멸망한다면 특이점은 오지 않을 것이기 때문이다. 전 지구적 재난이나 전역적 모라토리움 등 특이점의 도래를 저지할 수 있는 사건들을 '방해 요인'이라고 부르자. 특이점 도래에 관한 주장은 그러한 방해 요인들이 존재하지 않으면 특이점이 머지않아 도래할 것이라는 조건부 주장이다.

위와 같은 표현들을 사용하면, 지능 폭발이 발생할 것이라는 논증을 다음과 같은 형태로 요약해 볼 수 있다(Chalmers, 2010).

- S1: (방해 요인이 없다면, 머지않아) AI는 생겨날 것이다.
- S2: AI가 생겨난다면, (방해 요인이 없다면, 곧) AI+도 생겨날 것이다.
- S3: AI+가 생겨난다면, (방해 요인이 없다면, 곧) AI++도 생겨날 것이다.

따라서, (방해 요인이 없다면 머지않아) 초지능이 생겨날 것이다.

요컨대, 인간 수준의 인공지능이 개발될 수 있다면, 인간을 뛰어넘는 지적 능력을 가진 인공지능도 생겨날 것이고, 그다음에는 그러한 인공지능을 훨씬 뛰어넘은 초지능도 생겨날 것이다. 세 전제를 각각 동등성 전제(equivalence premise), 연장 전제(extension premise), 확장 전제(amplification premise)로 부를 수 있다.

이 단순한 논증의 전제들을 하나씩 뜯어서 살펴봐야 하겠지만, 우선 이러한 논증이 가능하게 만드는 한 가지 전제를 언급하고자 한다. 그것은 바로 지능의 개념이다. 이 논증은 지능이라는 것이 존재하며 더 지능적인 것과 덜 지능적인 것을 구별할 수 있을 뿐 아니라, 상이한 체계들의 지능을 서로 비교할 수 있다는 전제 위에서만 성립한다. 예컨대, 인간의 지능이 쥐의 지능보다 뛰어난 것처럼, AI+의 지능도 인간의 지능보다 뛰어난 것이다. 만일 일반적으로 지능이라고 부를 수 있는 것이 없거나, 지능을 비교하는 것이 불가능하다면, 위 논증은 성립할 수 없다. 상이한 체계들 사이의 지능을 서로 비교하려면, 지능들의 순서를 결정할 수 있을 뿐 아니라 지능에 측도를 부여해야 한다. 왜냐하면 특이점은 단순히 지능이 지속적으로 커져 간다는 것을 주장하는 것이 아니라 기하급수적으로 (무한대로 발산하지는 않더라도) 폭발적으로 증가함을 뜻하기 때문이다. 어떤 증가가 단조증가인지 기하급수적인지 등은 측도에 의존한다. 단순히 순서만 결정할 수 있다면, 어떤 증가가 기하급수적 증가인지 결정할 수 없다. 그렇다면 어떤 체계가 인간 수준의 지능을 가지고 있는지 아닌지 여부를 (혹은 더 뛰어난지 아닌지 여부를) 시험하는 방법은 무엇인가를 묻지 않을 수 없다.

이때, 주의할 것 중 하나는 지능의 증가가 속도의 증가와 동일하지 않다는 것이다. 특이점을 옹호하는 많은 논증은 계산 속도의 기하급 수적 증가에 호소한다. 그러나 개념적으로 말해, 계산 속도의 증가가 지능의 증가를 함축하는 것은 아니다. 그리고 속도 폭발은 지능 폭발 의 동의어가 아니다. 예컨대, 현재 우리가 사용하는 컴퓨터가 열 배 빨라진다고 해서, 그것의 지능이 열 배 증가하는 것은 아니다. 그러 나 특이점에 관한 많은 예측은 사실상 속도 증가에 대한 예측에 기반 하고 있다는 점에 주의해야 한다.

3. 동등성 전제(S1)에 대한 검토

인간 수준의 인공지능이 머지않아 생겨날 것이라는 주장은 어떻게 정당화될 수 있을까? 보스트롬(Bostrom, 2014)이 요약한 전문가 설문 결과를 보면, 2040년까지 기계가 인간 수준의 지능을 획득할 것이라 고 본 비율은 50%, 2075년까지 개발될 것이라고 대답한 비율은 90% 다. 물론, 보스트롬은 이러한 전문가들의 예측이 다소 과장되어 있을 수 있다는 점을 인정하지만, 그는 일단 인간 수준의 지능이 개발되면 초지능으로 도약하는 데는 시간이 많이 걸리지 않을 것으로 예측한 다.[3] 인간 수준의 지능이 개발될 수 있다는 것을 주장하는 두 가지 논 증을 살펴보자. 첫째는 전뇌 에뮬레이션 논증이고 둘째는 진화적 논

중이다.

1) 전뇌 에뮬레이션 논증

에뮬레이션이란 시스템의 내적 과정을 충분히 상세하게 시뮬레이션함으로써 시스템의 행동에 대한 근사적인 패턴을 복제하는 것이다. 데이비드 차머스(David Chalmers)는 이를 근사적 시뮬레이션(close simulation)이라고 부른다. 만일 인간의 지적인 행동이 두뇌에서 비롯된 것이고, 머지않아 인간의 두뇌를 에뮬레이션할 수 있다면, 방해 요인이 없는 한 인간 수준의 지능(AI)은 개발될 수 있다는 것이 핵심 주장이다.

일부 반대자들은 인간의 두뇌가 시뮬레이션될 수 없다고 주장할지도 모른다. 물론 현 단계에서, 신경과학이 인간 행동을 모방할 수 있을 정도로 충분히 두뇌와 신경계에 관해서 알고 있다고 볼 수는 없다. 뇌에 관한 연구는 아직도 초보적인 수준이며 인간 수준의 지능을 모방하기 위해서는 아직 갈 길이 멀다고 평가할 수 있다. 그럼에도 인간의 두뇌가 원천적으로 모방 불가능하다고 볼 뚜렷한 근거는 찾기 어렵다. 뇌신경과학의 발전에 따라 두뇌와 신경계에 관한 지식이 더 축적되고, 이를 인공적으로 구현할 수 있는 기술이 개발된다면, 전뇌 에뮬레이션(whole brain emulation)이 실현될지도 모른다.

---

3 참고로, 앨런 튜링(Alan Turing)은 지난 세기말까지 튜링 시험을 통과하는 기계가 나타날 것으로 예측했었다.

이에 대해 한 가지 가능한 반론은 인간과 같은 생명체의 유기적 과정은 기계가 아니기 때문에 시뮬레이션될 수 없다는 것이다. 컴퓨터를 통해 시뮬레이션할 수 있는 대상은 기계적인 것에만 국한된다는 이러한 반론은 유기체와 기계의 구분을 전제로 삼고 있다. 물론 우리는 자동차 엔진과 같은 기계와 생명체를 구분한다. 생명체는 기계와 질적으로 다른 무엇인가? 19세기까지 많은 사람들은 생명체에는 고유한 원리나 생기(entelechy)와 같은 것이 있다고 믿었지만, 20세기 이후 우리는 그러한 것을 받아들이지 않는다. 생명체들은 유전물질과 단백질들로 구성되어 있으며, 그러한 고분자 물질들의 화학적 작용이 생명 활동의 기저에 존재한다. 요컨대, 생명체는 단백질들로 이뤄진 기계라고도 볼 수 있다. 이런 관점에서 보면 두뇌는 신경회로들로 이뤄진 전기화학적 기계다. 다른 한편, 두뇌가 전기화학적 기계임을 받아들이면서도 그것이 디지털 컴퓨터로 시뮬레이션될 수 없다고 주장할 수도 있다. 왜냐하면 두뇌는 디지털 컴퓨터와 같은 순차적 직렬처리 방식으로 작동하지 않는 병렬적 신경망이기 때문이다. 그러한 반론이 설득력을 얻으려면, 인공신경망 방식의 컴퓨터를 통해 두뇌를 시뮬레이션할 수 없다고 주장할 수 있는 충분한 근거를 제시해야한다.

인간의 두뇌를 근사적으로 시뮬레이션할 수 있다고 해서, 인간 수준의 지능을 개발할 수 있음이 도출되는 것은 아니다. 첫째, 시뮬레이션을 통해서 행동을 모방하더라도 그것이 심성의 중요한 부분인 의식, 이해, 지향성 등을 결여한다는 철학적 반론들이 존재한다. 잘 알려진 것이 존 서얼(John Searl)의 중국어 방 논변이다(Searl, 1980,

1990). 중국어를 전혀 모르는 서얼이 중국어의 기호들과 그 기호들을 조작하기 위한 지침들로 가득 찬 방에 있다고 하자. 그것들은 각각 자료 기지(data base)와 프로그램이라고 볼 수 있다. 방 밖의 사람들은 중국어 기호들을 방 안의 서얼에게 넣어 주는데 이것은 중국어로 된 질문들이다. 방 안의 서얼은 프로그램의 지침들을 따라 질문에 알맞은 답변에 해당하는 중국어 기호들을 밖으로 내놓는다. 방 안의 서얼은 프로그램에 따라 입력에 대한 출력을 산출하는 셈이다. 중국어 방 안의 서얼이 여러 질문들에 대해 적절한 기호들을 내놓는다면, 중국어 방은 튜링 시험을 통과할 수도 있을 것이다. 그러나 중국어 방이나 그 안에 위치한 서얼이 중국어 기호들의 의미를 이해하고 있는가? 이것이 중국어 방 사고실험을 통해 서얼이 묻고자 하는 물음이다. 서얼은 이를 통해 행동의 모방이 이해와 지향성을 산출하지 않는다는 것을 보여 주고자 했다.[4]

물론 서얼의 중국어 방 논변이 모두를 설득하는 데 성공한 것은 아니다. 다수의 반대자들은 적절히 프로그래밍된 어떠한 체계가 이해나 지향성 등을 가질 수 없다는 서얼의 논변에 대해 반론들을 제기해 왔다. 유망한 반론 중 하나는 소위 '로봇 대응'으로 알려져 있다. 컴퓨터(중국어 방)를 로봇 안에 집어넣자. 카메라와 팔, 다리 등을 가진 로

---

4 초기 버전에서 서얼은 중국어 방의 인물이 중국어를 '이해'하지 못한다는 점을 강조했고, 프로그램의 작동이 이해에 충분치 않음을 보이려고 했다. 그러나 중국어 방의 나중 형태(Searle, 1990)에서는 단어의 이해가 아니라 체계의 지향성에 초점을 맞춘다. 계산 프로그램의 통사적 작동은 의미론을 위해 불충분하다는 것이다.

봇은 환경을 감지하고 이리저리 이동할 것이다. 로봇 대응의 옹호자들은 지각과 행위를 포함하는 로봇은 진정한 이해나 다른 심적 상태들을 가질 수 있음을 주장한다. 이에 대해 서얼은 "로봇 껍질 안에 있는 방 안에서 내가 하는 일은 기호들을 조작하는 것 … 형식적인 컴퓨터 프로그램이 내가 가진 전부이기 때문에, 나는 그 기호들에 어떤 의미도 부여할 도리가 없다. 로봇이 외부 세계와의 인과적 상호작용에 관여한다는 사실은 나에게 도움이 되지 않는다"라고 대응한다. 로봇 대응은 형식적인 기호의 조작이 이해나 지향성을 산출하는 데 충분하지 않음을 암묵적으로 인정하는 셈이라는 것이다.

게다가, 서얼은 지각과 운동 능력을 덧붙여도 이해나 지향성을 산출하기에 충분하지 않다고 주장한다. 이를 위해 추가 사고실험을 제안한다. 컴퓨터를 로봇 속에 집어넣는 대신, 나를 로봇 속에 집어넣는다고 하자. 내가 하는 것은 결국 기호 조작에 불과하다. 나는 로봇의 지각 기구를 통해 정보를 받고, 운동 기구에 지시를 전달하지만, 사실들을 알고서 하는 것은 아니다. 따라서 로봇은 어떤 지향적 상태도 가지고 있지 않다. 이러한 서얼의 재반론에 대해 두 가지 점만을 언급하고자 한다.

첫째, 서얼은 로봇 속의 내가 기호 조작에 종사할 뿐이므로 로봇도 마찬가지로 기호 조작을 수행할 뿐 이해나 지향성과 같은 어떠한 심적 상태를 가질 수 없다고 주장하는 것처럼 보이는데, 이는 결합의 오류를 저지르는 것이다. 전체 속의 어떤 부분이 A라는 속성을 가지고 B라는 속성은 가지지 않는다는 사실로부터, 그 부분을 포함한 전체가 동일한 속성들을 가진다는 결론은 도출되지 않는다. 따라서 서얼의 주장은 오류에 노출되어 있다.

둘째, 서얼은 로봇 대응의 옹호자들이 서얼이 원래 비판하려는 입장과 차이를 보인다는 점을 간과하고 있다. 서얼이 비판하려는 강한 인공지능은 '적절히 프로그래밍된 컴퓨터의 작동은 지향적 상태를 가질 수 있다'는 입장이다. 서얼의 중국어 방 사고실험은 이러한 입장을 겨냥한 것이었다. 로봇 대응에 대해 서얼은, 그러한 대응이 심적 상태를 가지기 위해 규칙에 의한 기호 조작 이상의 무엇이 있어야 함을 인정한다고 받아들인다. 정확히 그렇다. 로봇 대응은 사실상 새로운 이론적 입장(로봇 인공지능)이다. 따라서 중국어 방 사고실험을 통한 서얼의 논증은 새로운 이론에 무력하다. 새로운 이론하에서, 환경 속에 놓여 있는 적절히 프로그램된 컴퓨터는 그것의 내부 상태와 외부 환경의 인과적 상호작용을 통해 지향적 상태를 가질 수 있다. 서얼은 이러한 입장을 정확히 겨냥하는 반대 논변을 제시한 것은 아니다. 그렇다면 로봇 인공지능은 여전히 유효한 선택지 가운데 하나일 수 있다.

이는 두뇌 시뮬레이션만으로는 행동을 모방할 수 없다는 두 번째 반론과 연관된다. 두 번째 반론은 행동을 복제하기 위해서는 두뇌를 모방할 뿐 아니라 신체 및 그를 둘러싼 환경을 함께 고려해야 한다고 본다. 시뮬레이션된 두뇌가 다른 신체와 결합할 때, 혹은 다른 환경에 놓일 때, 그것이 어떤 행동 패턴을 나타낼지는 예측하기 어렵다. 따라서 인간 수준의 지능을 가진 인공지능을 개발하는 것은 쉽지 않다. 그런데 이러한 반론은 그 자체로 체화된 인지(embodied cognition)를 전제로 한 것이 아닌가? 만일 인지에 관한 논쟁적인 이론을 전제할 때만 성립하는 비판이라면, 설득력을 가지기 어려울 수 있다. 그러나 체화된 인지로 통칭되는 흐름 가운데는 비교적 덜 논쟁적인, 약한 형태의 체화주의도 존재한다. 예컨대, 인지에서 신체 활동과 환경의 상호작용이 '인과적으로' 중요함을 인정하면서도, 그것 자체가 인지의 한 과정임을 인정하지 않을 수도 있다. 이러한 약한 체화주의는 표상주의와 계산주의를 핵심 요소로 하는 계산주의적 마음 이론(computational theory of mind)과 양립 가능하다. 두 번째 반론이 작동하기 위한 조건은 이렇게 약한 형태의 체화주의다.

세 번째 반론은 인간의 지능이 사회적 지능이라는 점에 의존한다. 인간의 지능이 발달한 데는 다른 영장류보다 큰 집단을 이뤄 생활했던 진화사적 요인이 크게 작용했다. 진화사를 언급하지 않더라도 인간의 많은 인지 활동이 다른 사람들의 믿음, 의도, 감정 등을 파악하고 반응하는 것과 관련된 사회적 인지에 해당하며, 따라서 인간 수준의 인공지능이 개발되려면 그러한 사회적 인지능력을 획득해야 할 것이다. 그런데 두뇌를 시뮬레이션하는 것만으로 그러한 사회적 인지능력까지 복제될 수 있는지는 분명하지 않다.

우리는 전뇌 에뮬레이션 논증에 대해 세 가지 반론을 살펴보았다. 물론 이러한 반론들이 인간 수준의 인공지능이 개발될 수 없다는 강력한 반대 논증을 제시하는 것은 아니다. 그러나 적어도 전뇌 에뮬레이션이 인간지능을 복제하는 데 충분하다는 주장에 대한 의심을 제기한다. 더 나아가, '인간만큼 지능적이다'라는 주장이 가지는 의미를 재고하게 만들어 준다.

2) 진화로부터의 논증(evolutionary argument)

인간의 지능도 결국 진화한 것이다. 만일 진화가 인간 수준의 지능을 산출했다면, 우리가 머지않아 AI를 산출할 수 있을 것이다. 따라서 방해 요인이 없다면, AI는 개발될 것이다.

이 논증은 두 가지 형태로 해석될 수 있다. 느슨한 해석에 따르면, 인간 수준의 지능의 탄생은 초자연적 의지와 개입 없이 설명될 수 있고, 그렇다면 인간 수준의 인공지능이 개발되는 것도 기적은 아니라는 것이다. 이렇게 해석된 경우, 그 결론은 덜 논쟁적이다. 그러나 이는 인간 수준의 인공지능(AI) 개발의 논리적·물리적 가능성만을 언급할 뿐, 그것이 머지않아 도래할 것을 적극적으로 주장하기에 충분하지 않다. 이 해석에서 인간지능이 진화했다는 사실은 그것이 자연적으로 가능했다는 것만을 의미하기 때문이다.

보다 적극적인 해석은 자연선택에 의한 진화와 공학기술을 이용한 인위선택에 의한 진화 사이의 유비에 의존한다. 자연선택에 의해 인간지능이 진화했듯이, 그와 유사한 공학에 의한 인위선택이 작용하면 AI도 개발될 수 있다는 것이다. 공학기술을 통한 인위선택을 적용하려면, AI를 개발하는 방법에도 일정한 제약이 필요하다. 예컨대, 전뇌 에뮬레이션은 인위선택에 적합하지 않을 것이다. 반면, 기계학습은 하나의 유력한 방식이 될 것이다. 소위 '씨앗 인공지능(seed AI)'을 설계하여 그것이 환경에 맞추어 자신의 설계를 바꾸면서 진화하도록 만들 수 있다면, 그것은 인간 수준의 지능으로 발전할 수 있을지 모른다. 또 하나의 방식은 낮은 수준의 인공지능들을 만들어서 다양한 환경에 노출시킴으로써 변이와 선택을 통해 진화하도록 만드는 것이다. 물론, 두 방식을 결합하는 것이 가능할 것이다.

이러한 방식의 인공적 진화를 통해 AI에 도달할 가능성이 있다는 것은 부정하기 어렵다. 문제는 시간적 단서 '머지않아'와 관련된다. 첫째, 물리적인 형태를 갖춘 기계를 제작하여 인위선택하려면 상당한 제약이 따르기 마련이다. 세대 간의 시간 간격을 줄이고 비용을 줄이려면 가상 환경에서 인공지능을 진화시키는 편이 훨씬 유리하고 제약도 적다. 다만, 이런 방식으로 진화하는 인공지능이 인간 수준에 이르도록 보장하는 것이 무엇인지 따져 보아야 한다.[5] 게다가, 진화는 직면하고 있는 환경에서 유기체의 적응도가 높은 방향으로 형질들이 분포되는 것이지, 그 자체로는 개체들의 지능을 더 높인다고 볼 수 없다. 진화 자체는 시스템을 더 지능적으로 만들어 주지 않기 때문에 인위적인 선택을 위해 어떤 선택압이 주어져야 하는지도 명세될 필요가 있다. 특수한 환경의 압력에 의해 개체들은 지능을 높이는 쪽으로 진화할 것이다. 그러한 환경의 선택압은 무엇이 될 것인가? 물론 더 지능적인 것만 살아남고 그렇지 못한 개체는 퇴화하는 환경을 구상해 볼 수 있다. 이 경우, 어떤 개체가 더 지능적이어야 살아남을 수 있는 환경이라는 것이 무엇인지 (만일 가상적으로 그런 환경을 구축한다면, 그 환경이란 어떤 모습일지) 말해 줄 수 있어야 한다.

둘째, 진화적 논증은 언제라도 개진될 수 있었는데 왜 AI가 지금으

---

5 전뇌 에뮬레이션 논증에 대한 두 번째와 세 번째 반론은 여기에서도 적용될 수 있다.

로부터 '머지않은' 시점에 최초로 등장하는지에 대해, 진화적 논증은 말해 주지 않는다. 동일한 논증은 100년 전에도, 200년 전에도, 심지어 원리적으로는 수천 년 전에도 가능했다. 진화가 빚어 낸 인간 수준의 지능이란 지난 수천 년 동안 거의 변화하지 않았을 것이기 때문이다. 그렇다고 해도 (진화의 비밀을 밝혀낸) 과거의 누군가가 머지않아 인간 수준의 인공지능이 개발될 것이라고 발언했다면, 그는 제정신으로 취급받지 못했을 것이다. 물론, 지금의 상황은 수천 년이나 수백 년 전과는 같지 않다. 그러나 진화론적 논증은 그러한 차이를 고려하지 않은 채 전개되었다.

기계학습이나 씨앗 인공지능이 아닌 다른 방식도 고려해 볼 수 있을까? 그런데 보스트롬이 언급하는 생물학적 인지, 뇌-컴퓨터 인터페이스, 연결망과 조직 등은 인간 혹은 인간 수준의 지능을 전제로, 그것의 지능을 초지능으로 확장시키는 방법으로 검토될 수는 있지만, 그 자체로 인간 수준의 지능적 기계를 산출하는 방법으로는 적절치 않아 보인다. 그렇다면 진화적 방식으로 AI에 도달하기 위해서는 기계학습 방식이 가장 유망해 보이지만, 그러한 방식으로 '머지않아' AI에 도달하게 될지는 분명치 않다.

이러한 논의에서 우리는 다시금 근본적인 물음에 직면하게 된다. 도대체 '인간 수준의 지능'이라는 것이 무엇인가? 일반성은 생명체와 인간의 지능에서 필수적이다. 그러한 일반 지능은 어떻게 확보될 수 있는가? 현재 논의 중인 AGI(Artificial general intelligence)는 가망이 있는가? 이러한 물음에 어떻게 대답하는지에 많은 것이 달려 있다.

4. 연장 전제(S2)에 대한 검토

인간 수준의 인공지능이 등장한다면, (방해 요인이 없다면) 곧 인간을 뛰어넘는 인공지능(AI+)이 개발될 것인가? 인간 수준의 인공지능을 개발할 수 있다면, 그리고 인공지능의 개발 역시 지능적인 과제라면, 그보다 더 뛰어난 인공지능을 개발할 수 있다는 것은 너무 자연스럽게 들리기도 한다. 하지만 이를 정당화하기 위해서는 인공지능을 개발하는 방법을 살펴볼 필요가 있다. 인공지능 개발 방법은 크게 두 종류, 확장 가능한 방법과 그렇지 않은 방법으로 구분할 수 있다.

1) 확장 가능한 방법에 의한 인공지능 개발

만일 AI가 등장한다면, 그것은 확장 가능한 방법에 의해 개발된 것이다. 그리고 AI가 확장 가능한 방법에 의해 개발된다면, 그 방법을 확장해서 AI+를 개발하는 것도 가능할 것이다. 그러니 방해 요인만 없다면 AI가 등장한 후 곧 AI+가 개발될 것이다. 이 논증은 확장 가능한 방법에 많이 의존하고 있다. 이때, 방법이 확장될 수 있다는 것은 그것이 쉽게 개량되어서 더 지능적인 시스템을 산출할 수 있음을 뜻한다. 만일 인간 수준의 인공지능인 AI가 확장 가능한 방법으로 개발된다면, 그 방법을 확장해서 AI+를 개발하는 것은 가능할 것이다. 문제는 인간 수준의 인공지능을 개발하는 방법이 과연 확장 가능한 방법인가 하는 데 있다. 예컨대, 인간들은 서로 결혼을 통해 자식을 낳고 자식들은 인간 수준의 지능을 가지지만, 결혼을 통한 대물림은 더 지능적인 자손을 보장하지 않기 때문에 확장 가능하지 않다. 앞에서 언급된 전뇌 에뮬레이션도 확장 가능한 방법은 아니다. 인간 두뇌 전체를 근사적으로 시뮬레이션한다고 하더라도 어떻게 하면 그보다 더 지능적인 체계를 설계하고 제작할 수 있는지 알 수 있는 것은 아니다. 물론 인간 두뇌라는 하드웨어보다 더 빠르게 작동할 수 있는 컴퓨터나 다른 하드웨어에서 에뮬레이트된 두뇌를 구동시키면 인간보다 더 신속하게 추론하고 과제를 수행할 수 있을 것이다. 물론 속도의 증가는 어떤 의미에서 지능의 증가이겠지만, 그렇게 속도-증강된 에뮬레이트된 두뇌가 더 지능적인 체계라고 볼 수 있을지는 의문이다. 확장 가능한 인공지능 개발 방법의 사례는 기계학습이나 인공적 진화일 것이다. 만일 우리가 기계학습이나 인공적 진화, 혹은 둘의 결합을 통해 인간 수준의 인공지능에 도달할 수 있다면, 그것을 확장해 인간을 뛰어넘는 지능을 개발하는 것이 불가능하지 않을 것이다.

2) 확장 가능하지 않은 방법에 의한 개발

확장 가능한 방법을 사용하지 않고 현재 인간지능을 뛰어넘는 지능을 개발할 수도 있을 것이다. 예컨대, 유전자 조작이나 신경과학적 기법을 통해 인간 두뇌의 능력을 증강할 수 있다. 이렇게 증강된 두뇌는 그 자체로 인공지능은 아니지만, 이를 에뮬레이션함으로써 우리는 AI를 건너뛰고 곧바로 AI+를 얻을 수도 있을 것이다. 그러나 이러한 가능성이 얼마나 현실적인지, 증강된 두뇌의 에뮬레이션을 통해 '머지않아' AI+를 얻을 수 있을지에 추가적인 검토가 필요하다. 우리는 전뇌 에뮬레이션을 통해 AI에 도달할 가능성을 검토하면서 다소 회의적인 결론을 내린 바 있다. 그렇다면 동일한 방식으로 인간 수준을 건너뛰어 인간 이상의 지능 AI+를 개발할 수 있다는 생각도 유사한 비판에 직면할 것이다. 한편, 특이점 담론은 인간 수준의 지능을 기준점으로 삼아 논의되기 마련인데, 인간 두뇌의 증강을 통해 인간 수준의 지능이라는 기준이 증강된 인간의 지능 혹은 증강된 두뇌 능력으로 변화한다면, 특이점 담론의 지형도 (구체적으로, AI+, AI++) 변화해야 할 것이다.

5. 확장 전제(S3)에 대한 검토

일단 인간 수준을 뛰어넘는 인공지능 AI+가 개발되면, (방해 요인이 없는 한) 곧 AI++가 등장하게 될 것이라고 믿을 근거는 무엇일까? 만일 AI+가 존재한다면, 최초의 AI+인 AI0가 존재할 것이다. 그리고 모든 양수 n에 대해, 만일 AIn가 존재한다면 (방해 요인이 없는 한) AIn+1도 존재할 것이다. 이 과정을 반복하면 결국 AI++는 존재할 것이다.

AI++가 등장할 것임을 주장하는 이 논증이 특이점의 도래라는 결론을 도출하기 위해서 두 개의 숨겨진 가정을 전제로 해야 한다. 하나는 시간이 지남에 따라 지능이 기하급수적으로 증가한다는 가정(기하급수적 증가의 가정)이고, 다른 하나는 지능의 증가에 따라 지적인 시스템을 설계하는 능력도 비례하여 증가한다는 가정(비례성 가정)이다. 만일 시간이 지남에 따라 지능이 증가하는 정도가 둔화된다면, 혹은 만일 지능이 증가하더라도 지능적인 시스템을 설계하는 능력은 그와 비례하여 증가하지 않는다면, 특이점은 도래하지 않을 것이다.

레이 커즈와일은 '수확 가속의 법칙'을 옹호하는 것으로 널리 알려져 있다. 인간 유전체 프로젝트(HGP)가 진행되는 동안 회의론자들은 15년 만에 인간 유전체를 분석한다는 것은 말이 되지 않는다고 의심의 눈길을 보냈고, 초반에는 실제로 속도가 더뎠지만, 결과적으로 원래 계획보다 이른 시기 내에 분석은 완료되었다. 수확 가속의 법칙은 여러 기술적 발전에서 되풀이되고 있다는 것이 커즈와일의 주장이다. 그러나 만일 속도가 점차 더뎌진다면 어떻게 될까? 처음에는 50% 개선되었지만, 그다음에는 25%, 그다음에는 12.5%, 이런 방식으로 앞선 기간 동안 개선된 것의 절반씩만 개선된다면, 그러한 개선이 무한히 이어지더라도 최종적으로는 원래 상태의 두 배에서 그치고 만다. 우리는 무한수열이 발산하지 않고 수렴하는 경우들을 많이 알고 있다. 즉, 계속된 발전은 지능의 '폭발'을 보장하지 않는다. 게다가, 지능이 증가하더라도 그에 비례하여 (혹은 그 이상으로) 설계 능력이 증가하지 않을 수도 있다. 지능이 일정 기간 동안 꾸준히 두 배씩 증가한다면 기하급수적 증가의 패턴을 보이겠지만, 설계 능력은 지능이 증가하는 것의 절반, 그다음은 그의 절반, 그다음은 그의 절반만 증가한다고 생각해 보면, AI+이더라도 그 자신보다 훨씬 뛰어난 AI++를 설계하고 제작할 수 있음이 도출되지는 않는다.

시간 스케일에 관해서도 생각해 보아야 한다. 기하급수적 증가의 가정과 비례성의 가정이 성립한다면, AI+가 등장하면 AI++도 등장할 것이라고 기대할 수 있다.(물론 AI로부터 AI+가 개발될 수 있다는 두 번째 전제가 성립한다는 또 다른 전제 위에서만 그러하다.) 그러나 그렇지 않은 경우라면 '곧'이라는 시간적 주장은 설득력이 없다. 언제 특이점에 도달할지 예측할 수 없기 때문이다. 이것은 우리로 하여금 '방해 요인이 없다면'이라는 조건문에 주의를 돌리도록 한다. '곧' 발생한다면 그 사이에 방해 요인이 작동하지 않을 가능성이 크다. 그러나 오랜 시간이 걸리는 과정이라면 그 사이에 방해 요인은 얼마든지 작용할 수 있다. 기후변화와 전 지구적 감염병 등으로 인류가 멸망한다면, 우리는 특이점에 관해 걱정하지 않아도 될 것이다.

6. 도대체 지능이란 무엇이고, 더 지능적이란 무엇인가?

지금까지의 논의를 정리해 보자. 특이점이 도래하고 인간의 지적 능력을 초월하는 초지능이 실현될 가능성은 배제하기 어렵다. 특이점 이후에 인류가 초지능을 가진 인공지능과 어떻게 더불어 살아가야 할지 논의하기 위해서는 먼저 어떠한 조건 아래 어떠한 경로로 그것이 실현될 것인지를 살펴보아야 한다. 우선, 머지않아 초지능 AI++가 등장하기 위해서는 어떠한 방해 요인도 없어야 한다. 인공지능이 인간 수준의 지능을 가지게 되었더라도 폭발적으로 지능이 증가하려면, 지능의 증가는 시간이 지나면서 기하급수적으로 증가한다는 가정과 지능이 증가하면서 설계 능력도 비례하여 증가한다는 가정이 성립해야 한다. 그리고 지능의 증가는 확장 가능한 방법에 의해서 이뤄져야 한다. 전뇌 에뮬레이션을 통해 인간 수준의 인공지능 개발은 가능할 수도 있지만 설사 그것이 가능하더라도 머지않아 초지능으로 발전할 것으로 전망하기는 어렵다.[6] 그렇다면 기계학습이나 인공적 진화가 초지능으로 갈 수 있는 유력한 경로일 수 있다.

이상의 논의는 다시 근본적인 물음으로 우리를 이끈다. 한 개체에 하나의 숫자로 부여할 수 있는 일반적인 인지능력으로서 지능이란 존재하는가? 하나의 개체가 다른 개체보다 더 지능적이라는 것은 무엇을 뜻하는가? 우리 논의에서 이와 관련된 물음들은 '무엇이 인간 수준의 지능인가' 하는 것과 '어떤 개체가 인간보다 더 지능적이라는 것은 무엇인가'이다.

사람들은 오랫동안 지능지수(IQ)로 측정되는 일반 지능(g)이 있다고 믿어왔지만, g의 실재성에 관한 의문은 심리학과 인지과학에서 심각하게 제기되었다.(Nisbett, 2009; Deary 2012). 예컨대, 수학에 재능이 있다고 해서, 언어에도 감각이 있다는 보장이 없고, 체계적이고 논리적인 추론은 잘 하지만 타인의 마음을 파악하는 사회적 지능은 낮을 수도 있다. 다중지능은 이런 비판에 대한 한 가지 대응이다(Gardner, 1983). 영수가 철희보다 지능지수가 높다고 해서 더 지능적이라고 볼 수는 없을 것이다. 그렇다면 인공지능의 지능지수를 측정해서 인간과 비교하는 것은 유망한 방법은 아닐 것이다.

일반적 인지능력의 척도로서의 지능을 언급하지 않고도, 인간이

---

6 전뇌 에뮬레이션에 의해서 인간 수준의 지능에 도달할 수 있다는 주장에 대한 반론들을 되짚어 볼 필요가 있다. 그러한 반론들은 지능에 있어서 두뇌뿐 아니라 신체와 환경, 그리고 사회적 상호작용이 핵심적이라는 사실을 환기시켜 준다.

수행할 수 있는 여러 인지 과제들 모두를 (혹은 대부분을) 수행할 수 있는 경우 인간 수준의 인공지능이라고 부를 수도 있겠다. 그리고 그러한 과제들에서 인간보다 더 나은 수행 능력을 보여 주는 경우, 인간보다 더 지능적이라고 볼 수 있을 것이다. 특정한 인과 과제에 대한 수행 능력이 좋다고 해서 반드시 더 지능적일 수 있는지에 관한 문제 제기는 제쳐 두자.[7] 두 가지 문제가 남는다. 하나는 무엇이 더 지능적인지를 평가하기 위해서 우리가 고려해야 하는 인지적인 과제의 목록을 어떻게 결정할 것인가 하는 것이고, 다른 하나는 그렇게 결정된 목록에 속한 각 과제를 더 지능적으로 수행한다는 것이 무엇인지와 관련된다.

첫째 문제에 관련해, 우리는 인지적 과제들을 나열할 수도 있을 것이다. 미적분 문제를 풀고, 체스와 바둑을 두고, 여러 언어로 인간들과 대화를 하고, 사물들을 적절한 범주로 분류하고, 얼굴을 알아보고, 연역적이거나 귀납적인 추론을 하는 등이 주요한 과제로 간주될 수 있다. 일부 학자들은 초지능이 된 인공지능이 인간이 해결하기 어려워하는 과학적 문제들이나 심지어 철학적 문제들을 해결해 줄 것으로 기대한다. 그렇다면 인공지능이 과제 목록의 대부분에서 인간 이상의 능력을 보여 주면서 인간이 수행하지 못하는 과제들까지 수행할 수 있다면, 그것은 인간보다 더 지능적이라고 볼 수 있을 것이다. 그러나 인간의 지능에는 보통의 인간이라면 능숙하게 풀 수 있는 잘

---

7 인공적인 지능의 존재론적 물음에 관해서는 천현득(2019)을 참고할 수 있다.

정의된 문제들을 해결하는 것뿐 아니라 얼마간 창조적인 능력도 포함된다. 뛰어난 예술 작품을 만든 예술적 창조성을 지녔지만 여러 가지 인지 과제에 그다지 능숙하지 못한 예술가를 우리는 상상할 수 있다. 반대로 예술적인 영역에서는 전혀 재능이 없지만, 다른 인지 영역에서 인간을 능가하는 인공지능도 생각해 볼 수 있다. 만일 그러한 창조성이 지능의 본질적인 부분이 아니라면, 예술적 재능이 없는 인공지능이 인간보다 더 지능적이라고 볼 수 있겠지만, 창조성이 본질적인 요소라면 반대의 결론을 이끌어 낼 수도 있다.

둘째 문제는 특정한 과제를 더 잘 수행한다는 것이 무엇인지 물음을 던진다. 커즈와일은 특이점의 도래를 주장하면서 계산 속도의 기하급수적 증가를 그 근거로 제시한다. 그러나 지능의 증가와 속도의 증가, 지능의 폭발과 속도의 폭발은 개념적으로 구분된다. 물론, 인간이 수행할 수 있는 지적인 과제를 매우 단축된 시간 내에 수행하고 그럼으로써 과제 수행의 시간 척도가 상상할 수 없이 짧아질 수 있다. 그리고 지식의 축적 속도도 엄청나게 빠르게 이뤄질 수 있다. 동일한 인지적 과제를 더 빠르게 해결한다면, 이는 어떤 의미에서 더 지능적이다. 보스트롬(2014)은 그 결과를 '속도 초지능(speed intelligence)'이라고 부른다. 그러나 1년 동안 작업을 통해서 독창적인 그림을 그려 낸 화가와 그와 유사한 그림을 1초 만에 만들어 낸 인공지능 가운데 누가 더 지능적인가? 만일 인공지능이 더 지능적이라면, 그것은 시간만큼 (3153만 6000배?) 더 지능적인가? 이와 같은 질문을 염두에 둘 때, 보스트롬이 말한 것은 사실 속도 초지능이 아니라 '초속도 지능(super-speed intelligence)'일 것이다. 물론 집단 초지능이나 질적 초지능에 비해 속도 폭발이 더 현실성 있는 인공지능의 발전 경로일 수 있다. 그러나 지능의 폭발은 속도의 증가에만 달려 있지 않다.

끝으로, 무엇이 인간 수준의 지능이고 왜 하필 인간의 지능이 기준인지에 관해 생각해 보자. 이 글에서 검토한 특이점이 도래한다는 논증의 핵심 전제는 인간 수준의 지능에 도달한 이후에 지능의 폭발이 발생한다는 것이다. 그런데 왜 인간 수준의 지능이 하필 기준인가? 인간 수준의 지능이란 다소 애매하다. 그것은 평균적인 인간의 지능일 수도 있고, (여러 수준의) 집단으로서 인간 사회가 할 수 있는 일을 통해 파악되는 지능일 수도 있고, 기술과 결합된 근대인이 수행할 수 있는 일과 관계될 수도 있다. 만일 속도의 증가와 폭발이 문제라면, 왜 굳이 그 기준점이 인간 수준의 지능이어야 하는지도 의문이다. 예컨대, 우리는 지렁이 수준의 지능을 기준으로 놓고(WAI), 그것을 개발할 수 있다면 곧 그것을 뛰어넘는 WAI+가 나올 것이고, 곧 WAI++도 나올 것이라는 논증을 전개할 수 있다. 혹은 다람쥐 수준의 지능을 기준으로 삼을 수도 있다. 한 가지 그럴듯한 추측은 인간 수준의 지능이란 자신과 같은 수준이나 그보다 더 높은 지능을 가진 체계를 만들 수 있는 최소 기준이 된다는 것이다. 즉, 논증의 숨은 전제 가운데 하나는 '인간의 지능은 자신과 같거나 더 나은 지능을 인공적으로 설계할 수 있는 지능'이라는 것이다. 이 전제가 얼마나 그럴듯한지는 '머지않아' 밝혀질 것이다.

참고문헌

천현득. 2019. 「인공지능의 존재론: 이미 도래했으나 아직 실현되지 않은 존재를 사유하기」, ≪쌈: 문학의 이름으로≫, 8집, 7~25쪽.

Bostrom, N. 2006. "How Long Before Superintelligence?" *Linguistic and Philosophical Investigations*, 5(1): 11~30.

_____. 2014. *Superintelligence: Paths, Dangers, Strategies*. Oxford University Press.

Chalmers, D. 2010. "The Singularity: A Philosophical Analysis." *Journal of Consciousness Studies*, 17: 7~65.

Deary, I. 2012. "Intelligence." *Annual Review of Psychology*, 63(1): 453~482.

Gardner, H. 1983. *Frames of Mind: The Theory of Multiple Intelligences*. New York: Basic Books.

Good, I. J. 1965. "Speculations Concerning the First Ultraintelligent Machine." in F. Alt and M. Rubinoff(eds.). *Advances in Computers*, vol.6. New York: Academic Press.

Hutter, M. 2012. "Can Intelligence Explode?" *Journal of Consciousness Studies*, 19(1-2): 143~166.

Kaplan, J. 2016. *Artificial Intelligence: What Everyone Needs to Know*. New York: Oxford University Press.

Kurzweil, R. 2005. *The Singularity Is Near: When Humans Transcend Biology*. New York: Viking.

_____. 2012. *How to Create a Mind: The Secret of Human Thought Revealed*. New York: Viking.

McDermott, D. "Response to 'The Singularity: A Philosophical Analysis'." http://www.cs.yale.edu/homes/dvm/papers/chalmers-singularity-response.pdf

New Scientist. 2017. *Machines that Think: Everything you need to know about the coming age of artificial intelligence*. John Murray Learning.

Nisbett, R. 2009. *Intelligence and How to Get It*. Norton & Co.

Prinz, J. 2012. "Singularity and Inevitable Doom." *Journal of Consciousness Studies*, 19: 77~86.

Searle, J. 1980. "Minds, Brains and Programs." *Behavioral and Brain Sciences*, 3: 417~457

Searle, J. 1990. "Is the Brain's Mind a Computer Program?" *Scientific American*, 262(1): 26~31.

Vinge, V. 1983. "First word." *Omni,* January(1983), p.10.

_____. 1993. "The coming technological singularity: How to survive in the post-human era." *Whole Earth Review*, Winter(1993).

7장

인공지능을 활용하는
인지능력 향상의 전망*
인공지능이 인간 인지체계의 일부로 작동할 조건

고인석

인공지능 칩을 뇌에 장착함으로써 인간의 인지능력을 향상시킬 수 있을까? 이런 향상이 실현될 수 있으려면 어떤 조건이 충족되어야 할까? 이 글은 인공지능이 인간 인지체계의 일부로 작동할 수 있을 조건을 따짐으로써 인공지능을 활용해 인지능력을 향상하는 일을 전망하는 데 일조하려고 한다. 이를 위해 이 글은 중앙신경체계(central nervous system)에 연결되어 생각대로 움직이는 의수의 경우, 뇌에 알파고 칩을 장착하고 바둑을 두는 사람의 경우, 그리고 외국어 통·번역 인공지능 작동 칩을 두개골 안에 이식한 사람의 경우를 차례로 검토

---

* 이 글은 ≪철학논총≫, 102집(2020)에 수록된 같은 제목의 논문을 이 책의 취지에 맞게 수정한 것이다.

한다. 생체공학 의수는 인공지능으로 사람이 더 똑똑해지는 경우는 아니지만 인공지능이 인지체계의 작동을 보완하는 실질적인 활용의 가능성을 머금고 있다. 뇌 안에 이식된 알파고 칩에 관한 검토는 모종의 확률이 개입하는 인지능력 향상이 가능하리라는 결론에 도달하지만, 그 과정에서 제기되는 결정과 제어의 주체에 관한 물음을 통해 '인간이 인공지능을 활용한다'는 구조가 흐릿해진다는 문제가 확인된다. 통·번역 인공지능의 경우에 대한 검토는 이 기술을 활용할 수 있게 할 특정 방식을 전망하게 하지만, 그 방식은 그 사람의 인지능력 자체를 향상하는 것이 아니다. 따라서 이 글은 인간의 뇌가 언어의 의미를 어떻게 처리하는지 해명되기 전까지는 통·번역 인공지능을 인간 인지체계의 일부로 활용하는 일이 불가능하리라고 전망한다.

1. 문제: 인공지능으로 인간의 인지능력을 강화하는 일

인공지능을 작동하는 컴퓨터 칩을 뇌와 연결하는 방식으로 뇌의 기능을 향상시키는 일이 가능할까? 그런 향상이 바람직한지, 그런 기술을 어떤 범위에서 활용하는 것이 옳은지 같은 토론이 있지만 (Burwell et al., 2017; Liao, 2008 참고), 이러한 규범적 논의에 선행되어야 할 것은 이런 향상의 현실성에 관한 검토다. 만일 그것이 현실에서 일어날 수 없는 일이라면 이 일에 관한 가치판단의 취지는 윤리에 관한 사고실험의 수준을 넘지 않을 것이기 때문이다. 이러한 실현 가능성 평가는 공학을 포함하는 경험과학의 기여를 필수 요소로 요청하지만, 그런 평가가 실행될 수 있으려면 평가의 기준을 수립하는 일이 필요하다. 다시 말해 '인공지능을 뇌와 연결해 인간의 인지능력을 향상하는 일이 실현 가능하다고 판정하려면 어떤 조건이 충족되어야 하는가?'라는 물음에 답할 수 있어야 한다. 이 글은 인공지능이 인간 인지체계의 일부로 작동 가능한 조건을 따짐으로써 인공지능을 활용해 인지능력을 향상하는 일을 전망하는 데 일조하려 한다.

2019년 7월, 일론 머스크는 2020년쯤 '전자두뇌'를 인간의 몸에 적용하게 될 것으로 기대한다고 발표했다.[1] 그는 윌리엄 깁슨(William Gibson)의 소설 『뉴로맨서(Neuromancer)』(1984)에서 묘사된 뇌-컴퓨터 연결 기술의 현실 버전인 뉴럴 레이스(neural lace) 기술이 실현될 때야 비로소 인간이 AI에 지배되지 않고 양자가 공생하는 일이 가능해질 것이라고 주장해 왔다.[2] 인간의 지능과 컴퓨터의 기능을 결합하는 일은 과학기술의 미래에 관한 오래된 상상일 뿐만 아니라 흥미로운 논의 주제이며, 머스크가 아니라도 과학기술 영역의 프로젝트로 계속 거론되고 또 시도될 것이다. 그런데 이것은 도대체 실현 가능한 일이기는 한가? 만일 실현 가능하다면, 그런 실현의 방식은 어떠할

---

1   2019년 7월 16일 자 Cnet.com 기사(Shankland, 2019) 참조. 머스크는 이 글의 이전 판본이 출간되기 얼마 전인 2020년 8월, 뇌에 전극을 심은 돼지 한 마리를 데리고 나와 그가 설립한 뉴럴링크(Neurallink)의 계획이 어떻게 실현될 것인지를 보여준다는 취지의 공개 시연을 했다. 그것은 흥미를 끄는 생생한 시연이었지만, 이 글이 다룰 뇌-컴퓨터 연결의 실현을 체감하게 하는 효과와는 거리가 멀었다.

2   머스크의 2017년 인터뷰 참조(URL=https://www.youtube.com/watch?v=hQ3wyxDWVcw).

것인가? 또 이런 일의 실현을 어렵게 만드는 중요한 장애가 있다면 무엇인가?[3] 이 글은 이러한 물음들을 따짐으로써 인간지능과 인공지능의 결합이라는 프로젝트의 성공 조건을 탐색한다.

효율적인 논의를 위해 여기서 논할 문제 상황의 범위를 확인해 둘 필요가 있다. 우리는 이미 인공지능을 다양한 문제에 활용하는 세계에 살고 있으며, 그런 활용은 구조적으로 인간과 인공지능의 결합 또는 연결이라는 형태를 띤다.[4] 인공지능의 학습과 의사결정 과정에 인간의 작용을 포함시키도록 요청하는 최근의 'Human(s) in the loop' 개념 역시 이러한 연결을 전제한다고 볼 수 있다. 단, 여기서 '연결'은 인간이 데이터 더미에서 필요한 정보를 추출하거나, 제시된 문제해결 방안들을 평가하거나, 앞으로 벌어질 일을 예측하는 데 **컴퓨터를 활용하는 것**을 뜻한다. 이것은 인간과 컴퓨터가 각각 독자적인 정보처리 체계로 작동하면서 서로 정보를 교환하는 방식으로 연결되는 경우다. 인간의 인지체계의 관점에서 볼 때 이 연결은 체계 밖에서 일어나는 것이라는 의미에서 '외적 결합'이라고 부를 수 있다. 반면 서두에서 언급한 연결은 인공지능을 작동하는 물리적 체계를 인간의

---

3 뇌와 인공지능을 결합하는 공학적 시도의 현황에 관해서는 바사넬리(Vassanelli, 2011)를 참조하라.

4 최근 우리 사회에서 자주 거론되는 개념으로 '인간과 인공지능의 협업'이 있다. 그러나 그런 협업이 어떻게 실현될지, 또 어떻게 실현되는 것이 적절할지에 대한 토론은 상대적으로 빈곤하다. 이 '협업'이 실제로 어떤 양상으로 발전할 것인지에 대한 근거 있는 감각을 제공하는 일은 이 글의 부수 효과가 될 것이다.

인지체계의 일부분으로 받아들임으로써 인간의 인지체계 자체를 강화하는 연결을 뜻한다. 이러한 연결은 인간 인지체계 내부의 사건이라는 의미에서 '내적 결합'이라고 부를 수 있다.

인간과 컴퓨터 간의 외적 결합은 이미 일상적인 현상이므로, 그것의 실현 가능성을 평가하거나 실현의 조건을 따지는 일은 무의미하다. 반면에 내적 결합의 실현 가능성이나 그런 실현의 조건을 따져 보는 것은 의미가 있다. 그런 것은 아직 실현된 바 없으며, 실현될 수 있는지, 실현된다면 어떤 방식으로 실현될 것인지도 불분명하기 때문이다. 이것이 이 글이 하려는 작업이다.

2. 인간에 인공물의 기능을 결합하는 시도

1990년대 말 미국 국방고등연구기획국(DARPA)은 생물융합 연구를 지원하기 시작했다. 연구의 취지는 군사기술 영역에서 기계 등의 수단을 활용하여 인간을 강화하는 것으로, 말하자면 트랜스 휴머니즘을 실현하는 기획이었다. 비슷한 시기 미국에서는 이와 유사한 연구가 군사 목적 이외의 영역에서도 광범위하게 구상되고 제안되었다(Roco, 2003 참조). 이런 연구의 핵심은 개별 인간의 신체 단위 이하의 차원에서 인간과 인공 시스템을 결합하는 계획이었다. 제이콥슨(A. Jacobsen, 2015)에 따르면, DARPA의 이러한 지원을 받아 뇌에 전극을 심은 쥐의 움직임을 외부의 컴퓨터로 조절하는 연구나 번데기 단계에서 반도체를 삽입하여 나방의 발달을 제어하는 연구 등이 진행되었다.

우리는 인간 신체와 인공 시스템을 결합하는 기술의 사례를 —비록 현실이 아닌 영화적 상상의 영역에서지만— 이미 오래전에 감상했다. 1970년대 TV 시리즈물인 〈600만 불의 사나이〉[5]의 주인공인 스티브 오스틴 대령은 사고로 잃은 한 팔과 두 다리, 그리고 한쪽 눈을 인공물로 교체했다. 그렇게 얻은 그의 손과 발은 그의 의지에 따라 작동하고, 고성능 렌즈가 장착된 눈으로 본 것은 그의 정보 내용이 되었다. 그의 기계 부분과 생체 부분이 매끈하게 연결되어 있는 것이다.

'매끈한 연결의 성취'를 어떻게 확인할 수 있을까? 이 물음에 관한 시험은 지각과 운동의 현상을 고찰하는 방식으로 가능할 것이다. 기계손이 원래 손이 그랬던 것과 똑같이 모든 점에서 주체의 의도에 따라 작동하는 경우에 한해 우리는 연결의 성공을 판정할 것이다. 또 거꾸로, 기계손이 촉각을 통해 그것이 만지는 대상에 관해 최소한 원래 손과 마찬가지 수준의 신뢰할 만한 정보를 얻는 통로가 되는 경우 그 연결은 매끄럽게 이뤄졌다고 볼 수 있다. 최근 의수족 기술의 발달은 이런 매끄러운 연결을 현실로 만듦으로써 사고로 손이나 발을 잃은 사람이 사고 이전처럼 새로운 손과 발을 사용할 수 있도록 하고 있다.[6] 그렇다면 이런 일은 어디까지 가능할까? 특히, 인간의 신체와 인공 시스템을 매끄럽게 연결하는 방식으로 인간의 정신에 속한 기능을 보완하는 일이 가능할까?

---

5 미국 TV 드라마 시리즈. 원제는 'The Six Million Dollar Man'.
6 MIT 미디어랩 교수인 휴 허(Hugh Herr)의 TED 강연(Herr, 2014, 2018)을 참조.

이세돌이 알파고와 바둑 시합을 한 2016년 이후 바둑계의 환경에 변화가 생겼다고 한다. 최고 수준의 기사들까지 포함해 인간이 인공지능에게 바둑을 배우는 현상이 그것이다.[7] 알파고가 대국에서 사용한 새로운 포석이 모방의 대상이 되는 일은 이제 뉴스거리도 아니다. 커제(柯洁)는 이런 인공지능의 영향 덕분에 기사들의 실력이 상향 평준화되는 효과가 생긴 것으로 보인다고 말했다.[8] 다들 똑똑한 선생에게서 배우다 보니 그렇게 되었다는 평가다. 그렇다면 2절의 논의의 연장선상에서 다음과 같은 상상을 하게 된다. 알파고 제로 같은 인공지능 프로그램을 작동시키는 장치를 두개골 안에 장착하면 누구든 세계 최고 수준의 바둑 실력자가 될 수 있지 않을까?[9]

이와 유사한 상상이 이어지며 펼쳐진다. 적절한 인공지능 장치를 뇌와 연결함으로써 여러 나라의 언어를 듣고 말하고 읽고 쓰는 능력을 가지게 된다거나, 어떤 분야의 전문지식이 담긴 저서들과 최근 10

---

7 알파고 이후, 종전의 바둑에서 금기시되던 몇 가지 포석이 널리 활용되고 있다. 2019년 3월 9일 ≪중앙일보≫ 기사 "'알파고' 등장 3주년… AI 바둑은 이미 흔한 수법이 되었다" 참조.

8 2019년 3월 11일 ≪중앙일보≫ 기사 "알파고 충격 3년, 프로 바둑계가 세졌다"에서 인용된 커제의 인터뷰 내용 참조.

9 만일 그런 일이 가능하고 또 허용된다면, 더 우수한 인공지능 프로그램을 장착한 사람이 이기는 판국이 될 것이다. 한편 그렇게 해서 강자가 된 기사는 이세돌-알파고 대국에서 이세돌과 바둑판을 사이에 두고 마주 앉아 있었지만 스스로 바둑을 두는 대신 알파고가 지정하는 곳에 바둑돌을 놓는 일을 대신했던 아자황(黃士傑)과 자신이 비슷한 존재가 되었다고 느끼게 될 개연성이 크다. 4절의 논의를 참조.

년간 출간된 주요 학술지 논문들에 담긴 내용을 필요한 대로 줄줄 말하고 활용할 수 있게 된다거나 하는 일이 가능해지지 않을까 하는 생각이다. 이런 일들이 가능하다면, 계산이든 언어든 특수한 분야의 지식이든 온갖 종류의 지적 능력을 그런 방식으로 강화한 만물박사가 되는 것 역시 불가능한 일이 아닐 것이다. 사람이 실제로 무슨 까닭으로 그렇게 하려고 할지는 별개의 문제겠지만, 만일 그런 일이 가능하다면 막대한 비용과 위험을 감수하고서라도 스스로 그렇게 해 보려는 사람이나 누군가를 시험 삼아 그렇게 만들어 보려는 사람은 많을 것이다. 그런데 이런 일이 실제로 가능할까? 기술에 의해 그런 일이 실현되기 위해서는 어떤 조건이 충족되어야 할까? 1절에서 확인한 것처럼, 이것이 이 글의 중심 물음이다.

3. 생체공학 의수의 경우

대뇌와 척수를 포함하는 인간의 중앙신경체계는 감각기관을 통해 수집된 정보를 종합해 세계의 상태와 그 안에서 활동하고 있는 주체의 상태를 파악하고 나아가 '행동'이라는 개념으로 포괄될 반응의 양상을 결정·명령하는 기관이다. 이 글은 이런 신경체계의 작용과 인공물의 연결의 전망을 생체공학적(bionic) 의수, 뇌 장착형 알파고, 그리고 뇌 장착형 통·번역[10] 프로그램이라는 세 가지 경우에서 살펴볼 것이다. 세 경우는 각각 뇌와 인공물 간 소통과 결합의 특정한 유형을 보여 줄 것이다.

첫 번째 고찰 대상인 생체공학적 의수는 중앙신경체계에 연결되어 그것의 제어를 받는다. 이 제어에서는 의수가 대신할 손이나 손가락, 팔, 다리의 근육들을 수축시키고 이완시키는 데 필요한 신경계의 명령이 의수를 제어하는 데 필요한 전기신호로 적절히 대체되도록 하는 것이 관건이다. 이를 위해 해결해야 할 핵심 과제는 의수가 연결되는 부분에서 생체 쪽 신호가 그것에 상응하는 전기신호로 매끄럽게 변환되도록 하는 것이다. 빠르게 발전 중인 의수족 공학은 이러한 과제를 이미 높은 수준의 세련도로 실현하고 있다(Jee, 2020 참조).[11]

생체와 인공물이 맞닿는 접속 면 양쪽의 신호가 모두 전기 자극과 전달의 성격을 띤다는 점에서 동질성을 지니는 점도 이런 성공에 작용하지만, 의수족 기술이 사용자의 의식에 의한 인공지체 제어의 세련도를 빠르게 높여 갈 수 있는 더 중요한 근거는 신경체계에 의한 근섬유의 제어가 단일한 물리량, 혹은 공통된 몇 가지 물리량으로 환산되는 신호에 의해 이뤄진다는 사실에 있다. 손목 부위에서 손목 위쪽과 손을 연결하는 접속부의 신경 연결이 N가닥의 신경섬유(nerve fibers)로 이뤄져 있다고 해 보자. 똑같은 한 쌍의 손목-손 연결이 있다

---

10 개념의 용법상 통역과 번역은 각각 구어와 문어에 적용되는 개념이고 이 글이 다루는 상황은 주로 구어 차원의 변환이지만, 구글 번역(Google Translate)이나 네이버 파파고 같은 프로그램들이 구어와 문어를 포괄적으로 다루는 점을 고려하면서 두 갈래의 언어 변환을 뭉뚱그려 '통·번역'이라고 쓴다.

11 이 밖에도 *MIT Technology Review*에서 'prosthetics'라는 표제어로 기사를 검색해 보라.

고 가정할 경우, N가닥의 신경섬유로 전달되는 전기적 자극이 동일하다면 두 개의 손은 손가락의 미세한 동작까지 포함하여 정확히 동일한 방식으로 움직일 것이다.

이런 관계를 고려할 때, 생체공학 의수 기술의 목표는 생체 손과 최대한 비슷한 방식으로 유연하게 작동할 수 있는 구조의 기계손을 구현하고 뇌의 명령이 신경전달을 매개로 생체 손의 동작과 같거나 아주 비슷한 동작을 그 기계손에서 실현할 수 있도록 하는 일이다. 우리는 반복되는 통제된 시험을 활용하는 귀납적 방법을 통해 이러한 목표에 점근적으로 도달해 갈 수 있을 것이다. 그런데 이런 의수는 인간의 뇌와 인공물을 연결하는 사례인 동시에 신경생리학과 전기공학 등을 활용하여 신체 기능을 보완하는 사례인 반면, 일견 인공지능으로 인지체계의 기능을 보완하거나 증강하는 일과는 거리가 있어 보인다.

그렇다고 이 기술이 인공지능의 활용과 무관한 것은 아니다. 뇌 기능의 쇠퇴나 이상으로 인해 신체를 제어하는 기능이 약화된 사람에게는 뇌의 미세한 신호를 증폭하거나 인공지체를 제어하는 신호에서 손의 불필요한 떨림 같은 잡음(noise)을 제거하는 보완이 필요할 것이고, 이런 일에 인공지능 기술이 활용될 것이기 때문이다. 또 인공지능의 적용은 뇌가 지체의 운동을 제어하는 원심(遠心) 방향의 과정에만 국한되지 않는다. 그것은 예를 들어 인공 손가락의 감각을 뇌에 전달하는 구심(求心) 방향에도 적용됨으로써 인공 수족으로 생활하는 사람의 지각 체계를 보완할 것이다. 야심 찬 트랜스 휴머니스트는 뒤따르는 절들에서 검토될 한층 더 적극적인 인지 강화에 마음이 끌리겠지만, 과학의 눈으로 현실을 바라본다면 이런 생체공학 의수족이야말로 인공지능 기술이 인간의 인지체계에 접목되어 활용될 가장 중요한 영역일 것이다.

4. 뇌 장착형 알파고 칩의 경우

이번에는 알파고를 뇌에 장착한 기사(棋士)의 경우를 생각해 보자. 뇌와 알파고 프로그램이 적절히 정보를 교환할 수 있다면, 그런 기사는 앞에서 언급한 것처럼 인공지능 기술로 증강된 인지체계의 힘을 보여 줄 수 있을 것이다. 이러한 인지능력 증강의 경우를 살펴보기 위해, 뇌 안에 알파고 프로그램을 작동시키는 초소형 컴퓨터를 장착했다고 가정해 보자. 우리는 이 컴퓨터가 뇌와 어떻게 정보를 교환할 수 있을지, 심지어 그것이 원리적으로 가능한지도 따져 보아야 할 것이다. 그러나 그 일을 잠시 보류하고, 일단 그런 정보 교환이 가능하다고 가정하자. 즉, 여기서 뇌에 내장된 알파고 칩은 초소형 컴퓨터의 역할을 하고, 그것이 바둑 게임의 현재 상황에서 다음 돌을 어디에 두는 것이 승리의 확률을 최대로 만드는지를 계산하여 기사로 하여금 그 수를 두게 한다.

① 바둑판과 그 위에 놓인 바둑돌들을 보는 시각경험 — ② 바둑판 위 바둑돌들의 위치에 대한 정보가 뇌에 전달됨 — ③ 그 정보가 알파고 칩에 전달됨 — ④ 알파고 칩이 이 정보를 토대로 최선의 수를 계산함 — ⑤ 알파고 칩의 계산 결과에 대한 정보가

뇌에서 게임에 관한 판단을 내리는 부분에 전달됨 — ⑥ 이 정보가 바둑돌을 놓는 손의 운동을 조절하는 뇌 부위에 전달됨 — ⑦ 팔과 손의 근육이 제어되어 해당 위치에 바둑돌이 놓임[캠벨 외(Campbell et al.), 2016: 49장 참조].

이 일이 실현되기 위해 제일 먼저 확보되어야 할 조건은 바둑판의 상황에 대한 정보가 뇌에, 그리고 뇌 안에 심어진 알파고 칩에 전달되는 것이다. 이것은 기사의 시각 체계가 담당하는 일이다. 그 과정은 구체적으로 어떻게 진행되는가? 가로세로 열아홉 줄씩으로 이뤄진 바둑판과 그 위에 놓여 있는 바둑돌들의 위치가 2차원 영상 이미지로 알파고에 실시간으로 전달되고, 알파고가 그 이미지를 처리해 바둑돌들의 정확한 위치를 계산하고, 그로부터 최선의 수에 해당하는 위치를 계산한다고 해 보자.

이런 과정은, 앞에 서술된 각 단계가 실현된다고 가정할 경우, 알파고가 결정한 위치에 바둑돌이 놓이기 위한 충분조건인가? 아니면 알파고가 결정한 위치에 바둑돌이 놓이는 이러한 과정이 그 취지대로 실현될 수 있게 추가되어야 할 조건이 있는가? 그러한 조건이 있다. 그것은 결정 경로의 단일성, 아니면 적어도 통일된 위계를 확보하는 일이다. 이 조건은 위의 경로에서 ⑤가 생략되고 알파고가 계산한 결과가 곧장 운동 조절을 담당하는 부위에 전달되어 근육을 제어하도록 할 경우 어렵잖게 충족될 수 있다. 말하자면, 그것은 알파고가 바둑돌을 잡는 손의 운동을 직접 제어하는 경우다.

그러나 사람 손이 바둑을 두기 위해서만 존재하는 것은 아니라는 빤한 사실을 상기하자. 이런 사실을 고려할 때, 사람의 신경체계에서 손의 운동을 제어하는 부분이 —알파고와 무관하게— 작동하고 있다는 것을 알 수 있다. 그렇기 때문에 기사는 바둑을 두는 중에라도 한 손으로 턱을 괴거나 양손을 깍지 끼는 등 바둑돌 놓는 일과 무관한 손동작을 할 수 있다. 문제는 손 제어의 이러한 경로와 알파고의 결정이 처리되는 경로의 관계다. 알파고 칩이 한 사람(기사)의 인지체계의 일부분으로 내장된 경우라면, 두 경로는 단일한 내용의 명령, 또는 적어도 서로 일관성 있게 조화되는 내용의 명령을 산출할 것이다. 또 그래야만 한다.

알파고가 손의 운동을 직접 제어하는 경우와 그렇지 않은 경우를 나누어 생각해 보자. 먼저, 알파고가 손의 운동을 직접 제어하는 경우는 앞의 도식에서 ⑤의 단계 없이 ④에서 ⑥으로 진행하는 것에 해당한다. 그런데 알파고를 통한 인지능력 증강의 현실이 이렇게 진행된다고 보는 데는 두 가지 문제가 있다. 하나는 이 경우 바둑을 두는 사람이 바둑 게임의 진행 과정에서 알파고의 지배를 받는 것처럼 보인다는 것이다. 사람이 기계의 지배를 받을 가능성에 분개한다는 말이 아니다. 이런 관계가 문제가 되는 것으로 보이는 이유는 두 가지다. 하나는 이런 경우와 아닌 경우 간의 구별, 그리고 둘 사이의 매끄러운 전이가 어떻게 가능할 것인가 하는 물음을 통해 제기된다. 다른 하나는 이것이 직관적으로 바둑을 두는 주체와 그가 바둑을 더 잘 두기 위해 활용하는 기술산품 간의 권력관계를 전복시킨다는 점이다. 알파고와 이세돌의 대국에서 아자황이 알파고 대신 돌을 놓던 것과 마찬가지로 알파고가 결정한 곳에 자동적으로 돌이 놓이게 되는 구조의 신경체계라면, 그것은 인간이 알파고를 활용하여 인지능력을 증강하는 경우가 아니라 알파고가 인간의 시각 체계와 팔 근육을 활용하는 경우라고 해야 할 것이다.

이번에는 '그렇지 않은' 경우에 대해 생각해 보자. 즉, 알파고가 직접 근육을 제어하는 것이 아니라 알파고에서 도출된 결론이 대뇌피질에 전달되고 대뇌피질에서 종합된 판단에 따라 팔 근육을 제어하는 신경 명령이 발생한다고 해 보자. 사태가 이렇게 진행된다면, 앞에서 본 전복은 발생하지 않는다. 이 경우 바둑을 두는 주체는 사람이고, 알파고는 특수한 영역의 문제에 관해 의지할 만한 의견을 제시하여 주체의 인지능력을 보완하고 증강하는 뇌 내 기관의 지위를 갖는다고 해석할 수 있다.

그러나 이 선택에도 까다로운 문제가 숨어 있다. 그것은, 간단히 말하자면, 알파고가 도출한 결정의 우선성을 어떻게 현실에 반영할 것인가 하는 물음이다. 예컨대, 방금 단수에 몰렸고 돌을 잇는 것이 기사 자신을 포함해 거의 모든 사람에게 당연해 보이는 상황이라고 해 보자. 이런 상황에서 만일 알파고가 그곳의 돌을 잇는 대신 엉뚱해 보이는 다른 곳을 다음 착점으로 계산했다면, 기사는 어느 곳에 돌을 놓게 될까? 이 물음 자체에 답하는 일도 까다롭지만, 위에서 '까다로운 문제'라고 한 이유는 이 상황에서 다음 돌 놓을 곳을 결정해야 하는 기사 자신이 양립 불가능한 두 결정 가운데 어느 것이 알파고의 결정이고 어느 편이 알파고에 의지하지 않은 결정인지 판별하기 어려우리라는 데 있다. 기사는 자신의 뇌가 결과적으로 도달한 결론을 인지하겠지만, 그런 결정이 이뤄지는 과정에서 뇌의 어떤 부분이 어떤 기여를 했는지는 스스로 인식할 수 없을 것이기 때문이다.[12]

이러한 어려움을 타개하려는 시도는 가능하지만, 그런 시도들은 일종의 딜레마에 봉착한다. 먼저, 이 상황에서 알파고 결정의 우선성을 실현하기 위해 알파고의 결정이 일반 신경전달 신호와 차별되는 한층 강력한 신호로 대뇌피질에 전달되도록 할 수 있다. 그러나 만일 바둑에 관한 기사의 판단에 이러한 방식이 일관성 있게 적용된다면, 그것은 인간이 알파고를 활용하여 바둑 지능을 증강하는 경우가 아니라 알파고가 기사의 눈과 손을 이용하여 바둑을 두는 경우에 해당할 것이다.

한편, 이와 달리 앞의 해법과 같은 비대칭성을 만들지 않고 원칙적으로 대등한 위상을 지닌 수(手) 판단의 후보들 가운데 바둑판에 놓일 수가 대뇌피질에서 결정되도록 할 수 있다. 이렇게 할 경우, 대뇌피질에서 어느 수가 다음 착점으로 결정될 것인지는 대뇌피질의 신경 체계의 특성에 따라 달라질 수 있는 경험적 차원의 문제가 된다. 이 경우 뇌가 어떤 방식으로 다음 수를 결정할지는 더 발달한 신경과학의 성과에 의지해 답할 수 있는 물음이 될 것이다. 다만, 현재 서술된 상황에서, 각각 알파고 칩과 그것을 제외한 생체 뇌 부분에서 산출된 두 제안 가운데 한편에 '알파고 추천'이라는 표식을 달 방안은 없어 보인다. 어떤 이는 위에 서술한 상황에서 기사가 자신의 머릿속에 누구나 택할 만한 수와 개연성이 희박해 보이는 수가 경쟁하는 것을 감지

---

12 이것은 이론적 불가능성에 관한 주장이 아니라 사실에 관한 주장이므로 경험적 증거에 의해 논박될 수 있다. 그러나 뇌의 진화가 이러한 종류의 메타 모니터링을 정착시킬 이유는 없었으리라고 본다.

한 경우 일종의 메타적 평가를 통해 후자가 알파고의 추천이라고 추정할 만한 귀납적 이유가 있다고 주장할지도 모르겠다. 이런 생각에는 일리가 있지만, 그와 같은 메타적 평가가 일반적으로 가능하리라는 기대에는 별도의 정당화가 필요하다. 결국, 채택 가능한 복수의 안이 후보로 떠올랐을 경우 그중 어느 것이 뇌의 생체 부분이 생각한 안이고 어느 것이 알파고의 제안인지는 구별할 수 없을 것으로 보인다. 따라서 우리는 알파고가 제안한 '필승의 수' 대신 생체 뇌의 부분에서 산출된 제안을 좇아 다른 수를 선택할 수도 있다. 그러나, 만일 알파고의 제안이 생체 뇌의 제안보다 실제로 더 나은 것이라면, 알파고를 뇌에 장착한 기사의 승리 확률은 알파고를 장착하지 않은 경우에 비해 높아질 것이다. 자신이 결국 떠올린 수가 알파고 칩의 계산 결과인지 아니면 자기 뇌가 제시하는 안인지 구별하지 못하면서도 기사는 바둑을 둘 수 있다. 그리고 아마도 이것이 알파고 칩을 뇌에 이식해 인지체계의 일부로 받아들인 사람에게서 기대할 수 있는 인지능력 향상의 현실적 양상일 것이다.

5. 외국어 통·번역 인공지능 칩을 뇌에 장착하는 경우

이제 뇌-인공지능 연결의 세 번째 유형으로 통·번역 인공지능을 작동하는 컴퓨터 칩을 두개골 안에 이식한 사람의 경우를 생각해 보자. 인공지능의 번역 수준은 대상 언어에 따라서는 웬만한 외국어 능통자의 능력과 비견할 만하게 되었고 그 성능은 계속 향상되고 있는

데, 이런 인공지능 번역기를 문자 그대로 머릿속에서 작동시키는 경우라고 생각하면 되겠다. 이것은 인간의 정신이 지닌 특유의 능력이면서 고도의 인지 역량이라고 간주되는 언어능력과 관련해 뇌와 인공지능의 결합을 통해 인지능력을 증강하는 경우라는 점에서 이 글이 다루는 문제의 핵심부에 상응하는 사례다.

그런데 구글 번역이나 네이버 파파고 같은 번역 인공지능을 인간 인지체계의 일부로 통합하는 일에는 앞서 논의한 경우들에서는 부각되지 않았던 중요한 난관이 있다. 통역이나 번역은 한 언어로 된 신호를 그 의미를 보존하면서 다른 언어의 신호로 바꾸는 일인데, 통·번역의 핵심 조건인 의미 보존의 실현을 어떻게 보장할 것인지가 문제다. 특히 언어를 통한 의사소통에서 의미가 맥락의 영향을 받는다는 것이 어려움의 중요한 원천이다. 즉, 핵심 문제는 인공물(통·번역 칩)과 생체 뇌 사이의 신호교환 과정에서 발화 상황의 구체적 맥락 속에 놓인 언어 표현의 의미를 어떻게 손실이나 왜곡 없이 보존할 것인가다. 이 글의 후반부에서는 이 문제의 성격과 해결의 조건을 살펴보는 일에 주력할 것이다.

통·번역 마이크로프로세서 칩을 장착한 사람에게 어떤 언어능력을 기대할 것인가에 따라 뇌-인공지능 결합의 유형은 두 가지로 나뉠 것이다. 하나는 통·번역 칩이 외국어 이해만을 담당하는 경우로, 이 경우에 입력된 말소리나 문자 자극에 대한 반응은 그 사람의 모국어로 이뤄질 것이다. 한편 다른 경우는 통·번역 칩이 외국어 이해를 유도할 뿐만 아니라 한 걸음 더 나아가 그에 대한 반응을 다시 입력 자극에 해당하는 외국어 표현으로 변환해 출력하는 경우다. 후자는 외국어에서 모국어로, 그리고 다시 모국어에서 외국어로, 두 차례의 언어 변환을 거친다는 점에서 복잡성과 비용이 전자보다 일층 커지겠지만, 만일 전자가 가능하다면 불가능할 이유는 없어 보인다.

그런데 후자의 구조는 중국어 방 논증에 서술된 상황을 상기시킨다.[13] 단, 존 설(John Searle)은 기능주의 비판을 위한 사고실험이라는 취지의 관점에서 **중국어 방이 중국어에 능통한 사람과 대등한 존재처럼 보일 수 있음을 가정했던** 반면, 인지 향상의 현실을 전망하려는 이 글은 그런 평가를 일단 유보한다. 만일 이런 칩이 장착되고 그 취지대로 활용된다면, 그 사람은 해당 외국어를 능숙하게 구사하는 사람처럼 보일 것이다. 그러나 '만일 …된다면'이라는 가정의 제약이 있음을 잊으면 안 된다. 이러한 가정이 실현되려면 어떤 조건이 충족되어야 하는가? 그것이 여기서 따져야 할 문제다.

먼저 기본적인 제약 두 가지를 꼽아 보자. 첫째, 통·번역 칩은 두 언어에서 상응하는 표현 간의 대응 관계를 충분히 정확하게 연결해야 한다. 외국어로 입력된 소리를 한국어로 옮기기는 해도 원래 외국어 표현의 의미와 맞지 않는 한국어 표현을 출력하는 장치라면 앞에 서술된 취지의 통·번역 칩은 아니기 때문이다. 앞에서 말한 '충분히 정확한 연결'은 명료한 분석적 개념이라기보다는 실용적 개념이고, 그 성취 여부나 정도는 상황의 맥락 속에서 결정될 것이다.[14] 통역이

---

13 중국어 방 논증에 관해서는 콜(Cole, 2020)을 참조. 이 글이 상정하는 구조는 인공지능으로 작동하는 중국어 방이 언어 사용자의 두개골 안에 장착된 구조라고 할 수 있다.

나 번역은 두 언어에 속하는 표현들 간의 매핑 작업이다. 이 매핑은 낱말 대 낱말로 이뤄질 수도 있고 문장 단위로 이뤄질 수도 있고, 낱말이나 문장 같은 문법적 단위가 아닌 다른 어떤 의미 단위로 이뤄질 수도 있다.[15] 그러나 어떤 경우든, 그것은 한 언어로 구현된 표현에 그것과 의미가 같은 다른 언어의 표현을 대응시키는 활동이다.

그런데 문제는 이러한 매핑이 재현하려는 대응의 관계가 불확정적이라는 점이다. 우리는 같은 낱말이 다양하게 번역될 수 있는 경우뿐만 아니라 같은 낱말이 상이하게 번역되어야 한다고 생각되는 상황을 흔히 만난다. 윌러드 밴 오먼 콰인(Willard van Orman Quine)의 원초적 번역의 미결정성 논제는 이러한 불확정성에 대한 고전적 논의에 해당한다. 1970년대 이후 발달한 인지의미론(cognitive semantics)도 일대일 매핑의 전망을 흐리는 설득력 있는 근거를 제시한다. 인지의미론에 따르면, 개념은 신체화된 경험을 토대로 형성되며, 그렇기 때문에 객관주의적-진리조건적 의미론은 언어의 현실을 포착하지 못한다.[16] 동일한 기호로 표현되는 개념일지라도 다른 신체에서 이뤄지

---

14 그러나 이러한 맥락 의존성이 임의성을 의미하는 것은 아니다. 맥락이 주어지면 대응 관계의 성패는 대체로 명료하게 드러난다.

15 이와 관련한 두 가지 참고 사항: ① 다양한 문법적 요소가 생략되고는 하는 구어(口語)에서 문장이라는 단위의 종지(終止)는 일반적으로 명료하지 않다. ② 원래 언어 표현의 두어 문장을 합쳐서 한 문장으로 통·번역하는 것이 적절할 때도 있고, 거꾸로 원래 한 문장으로 표현된 것을 두어 문장으로 풀어서 통·번역하는 것이 적절할 때도 있다.

16 인지의미론의 관점에서 볼 때, 낱말들은 명확히 정의된 의미 덩어리가 아니라 방

는 다른 경험의 역사와 결부되면서 미묘한 차이가 생성되고 누적된다. 언어를 통한 우리의 소통은 이런 차이에도 불구하고 대개 상당한 성공을 거두지만, 이러한 성공이 보장되는 것은 아니고, 성공의 근거도 아직 불투명하다. 그리고 그것이 불투명한 이상, 상이한 집단적 경험의 역사 위에서 성립한, 두 가지 상이한 언어의 표현을 일대일로 연결하는 대응 관계를 설정하는 일은 뚜렷한 한계를 지닌다.

유능한 통역자도 자기가 들은 말을 발언자가 어떤 뜻으로 했는지 명확히 알기 어려워서 어떻게 통역할지 막막한 상황을 만날 수 있다. 그런 상황에서 통역자는 그 말의 의미를 맥락 속에서 추정함으로써 적절한 통역을 결정할 것이다. '빨간색 우산이요.'라는 말은 맥락에 따라 빨간색 우산을 건네 달라는 뜻일 수도 있고, 자기가 찾는 사람이 (앞에 있는 사람들 중에) 빨간 우산을 든 사람이라는 뜻일 수도 있다. 첫 번째 경우에 저 말을 영어로 'It is a red umbrella.'라고 통역한다면 적절하다 할 수 없을 것이다. 어려움이 있어도 통역이 불가능한 것은 아니지만, 현실에서 진행되는 의사소통의 맥락에서 엉뚱하게 들리는 오역의 위험은 제거되지 않는다. 유능한 통역자에게서 그런 오역의 개연성은 작아질 것이다. 그는 자신이 통역하는 문자열의 속성과 더불어 대화가 진행되는 맥락까지 체감하면서 그 일을 하고 있을 것이기 때문이다.

둘째로, 통·번역 칩은 입력된 외국어 기호에 담긴 내용을 사용자의

대한 규모의 지식 창고에 접속되는 접근점의 기능을 할 뿐이다. 에반스·그린(Evans and Green, 2008: 163쪽 이하) 참조.

뇌가 이해할 수 있는 방식으로 변환하여 전달해야 한다. 이것이 중국어 방 안의 사람과 통·번역 칩을 장착한 사람의 차이다. 전자는 입력된 기호의 의미를 인식하지 못하겠지만, 통·번역 칩은 그것을 장착한 사람의 인지체계에서 그런 의미의 이해를 촉발할 수 있지 않으면 안 된다. 중국어 방을 고스란히 두개골 안으로 옮겨 오는 일은, 적어도 이론적으로, 가능할 것이다. 그것이 이 글이 검토하는 통·번역 칩의 경우와 다른 점은 입력되고 처리되는 언어기호의 내용이 뇌의 신경체계에서 처리되는지 여부다.[17]

앞에서 언급한 맥락의 문제의 일면을 다음 예에서 살펴보자.

[1] The city councilmen refused the demonstrators a permit because *they* *feared* violence.

[2] The city councilmen refused the demonstrators a permit because *they* *advocated* violence.

(Winograd, 1972)[18]

---

17 만일 중국어를 전혀 알지 못하는 사람의 두개골 안쪽 일부 공간을 활용해 중국어 방에 해당하는 장치를 하고 출력을 발성기관에 연결하여 입력된 중국어 자극에 따라 적절한 반응에 해당하는 중국어를 말하도록 한다면, 그는 중국어 사용자와 어려움 없이 의사소통을 하는 것처럼 보일 것이다. 그러나 그 사람은 자기가 듣는 말과 자기 입에서 나오는 말이 무슨 뜻인지 알지 못한다. 그런 경우를 인공지능 칩을 통한 인지능력의 향상이라고 평가할 수는 없다. 이 글의 7절 참조.

18 이에 덧붙여 위노그래드·플로레스(Winograd and Flores, 1986), 특히 9장을 참조.

외견상 두 문장은 밑줄 친 'they' 다음에 나온 동사만 빼고 똑같다. 그러나 [1]에서 'they'는 문맥상 시의회 의원들(city councilmen)을 지칭하는 대명사인 반면, [2]에서 'they'는 시위 군중(demonstrators)을 가리킨다고 보는 것이 옳다. 문제는 이러한 관계를 파악하기 위해서는 문장 전체의 의미를 이해해야 한다는 것이다. 그리고 이 문장들의 의미를 이해한다는 것은 시의회 의원들과 시위 군중이 포함된 상황을 상정하고 거기서 모종의 요구에 대한 허가 여부가 고려되는 상황과 더불어 가능한 폭력의 발생이 연루된 상황 전개를 생각할 수 있는 능력을 요구하는 일이다. 달리 말하자면 그것은 문맥을 읽는 능력, 주어진 기호의 의미를 문맥 속에서 파악하는 능력이다.[19] 인공지능 통·번역 칩이 이런 능력을 발휘할 수 있을까? 이 물음에 답하는 것은 이 글의 범위를 넘어서는 일이다. 그것은 논리와 개념에 관한 논의만으로 답할 수 없고 경험의 차원을 요청하는 물음이기 때문이다. 현재 시점에서 가능한 평가는, 주어진 문장이 발화되는 상황을 상정하면서 그러한 문장이 서술하는 상황에 자신을 가져다 놓을 수 있는 반사실적 가정의 역량을 가진 인지 주체라면 이 문제를 해결할 수 있으리라는 것 정도다. 반면에 인공지능이 그러한 가정적 사고의 역량을 발휘할 수 있을지는 열린 문제다.

---

19 이 문제에 대한 위노그래드 자신의 사후 평가는 감스 외(Gams et al., 1997)에 실린 위노그래드의 서문을 참조.

6. 통·번역 칩을 활용하는 두 가지 방식

페터 빅셀(Peter Bichsel)의 단편 「책상은 책상이다」에 등장하는 남자는 어느 날 침대를 사진, 책상은 양탄자, 의자는 시계라고 부르기 시작한다. 그는 신문을 침대라고, 거울은 의자라고, 시계는 사진첩이라고, 옷장은 신문이라고 부르고, 양탄자를 옷장이라고, 사진을 책상이라고, 그리고 사진첩을 거울이라고 부른다. 이런 그가 "사진 옆 양탄자 위에 놓인 책상을 좀 가져다줘"라고 말하는 경우를 생각해 보자.

우리는 그의 이런 말을 듣고도 이해하지 못할 것이다. 뒤죽박죽이 된 그의 말을 우리가 그의 방식으로 이해하지 못하는 것은 이상한 일이 아니다. 그러나 유의할 것은 그의 머릿속에서 진행되었을 문장 구성 과정에서 '양-탄-자'라는 음성기호로 표현된 것은 책상을 향한 그의 생각이었을 것이고 '책-상'이라는 음성기호로 구현된 것은 사진을 지시하는 생각이었으리라는 점이다. 남자가 그렇게 말할 때 그 문장은 그의 마음에 전혀 이상한 문장이 아니었다. 오히려 '침대 옆 책상 위에 놓인 사진을 좀 가져다줘'라는 문장이 그에게는 의미가 통하지 않는 우스꽝스러운 문장일 것이다.

인공지능 통·번역 칩은 이것을 어떻게 처리할까? '사진 옆의 양탄자 위에 놓인 책상을 좀 가져다줘.'라는 이 남자의 말[20]을 듣는 사람의 머리에 장착된 한-영 인공지능 통·번역 장치는 ─'Please get me the

---

20 독일어 원문인 원작에서와 달리, 이 남자가 한국어로 말했다고 가정하자.

picture lying on the desk beside the bed.'가 아니라— 'Please get me the desk lying on the carpet beside the picture.'를 출력할 것이다. 이런 이상한 남자의 이상한 문장을 처리하기 곤란하리라는 이유로 통·번역 칩의 전망을 폄하하려는 것이 아니다. 다만, 이런 상상 덕분에 우리는 통·번역 칩을 통해 번역되는 대상이 무엇인가 하는 물음을 의식하게 된다.

인공지능 통·번역 칩이 처리하는 대상은 '야-ㅇ-타-ㄴ-자'라는 소리인가 아니면 소통 주체가 그런 소리를 통해 전달하고자 하는 내용, 즉 그 표현에 실린 뜻인가? 이 물음 덕분에 우리는 인공지능 통·번역 칩이 중요한 차이를 가진 두 가지 상이한 방식으로 구현될 수 있다는 사실을 의식하게 된다. 앞의 물음에 대해 전자와 후자가 모두 나름으로 정당한 대답의 자격을 지니기 때문이다. 그 한 가지 방식은 칩이 청각 기관과 뇌 사이에서 소리 신호를 변환·전달하는 장치로 작동하는 방식이고, 다른 하나는 칩이 뇌의 신경체계 안에 삽입되어 해당 체계의 일부로 작동하는 방식이다.

먼저 〈그림 7-1〉에 묘사된 '소리 변환 방식'부터 이야기해 보자. 거기서 인공지능 통·번역 칩은 외부에서 입력된 소리를 처리하여 칩을 장착한 사람의 청각 체계[21]에 그 사람의 모국어로 된 소리 신호를 전

---

21 듣는 지각의 경로와 메커니즘에 대해서는 상세한 지식이 누적되어 있다. 사람의 듣는 지각은 달팽이관의 섬모가 수용하는 자극에서 출발하여 종국적으로 측두엽의 청각피질(auditory cortex)에서 처리된다. 가자니가 외(Gazzaniga et al., 2014, 5장) 참조.

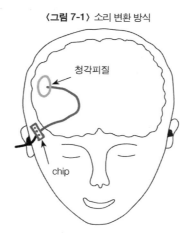

〈**그림 7-1**〉 소리 변환 방식

청각피질

chip

달하는 기능을 한다. 이런 경우 통·번역 칩의 성패는 한 언어의 소리 신호를 다른 언어의 소리 신호로 변환하는 일이 어느 정도로 만족스럽게 실행되는가에 달려 있다. 그런데 이미 훌륭한 수준의 음성 인식 기술과 인공지능 번역기가 개발되어 있는 데다가, 그 수준은 점점 더 향상될 것이다. 수준 높은 번역기라고 해서 해당 언어를 모국어와 같은 수준으로 구사하는 사람—이른바 '바이링구얼(bilingual)'—의 번역 수준만큼 실행할 수 있을지는 분명하지 않지만, 현재 활용 가능한 기술만 고려해도 고객이 상당히 만족스러워할 수준의 통·번역 칩이 작동할 수 있을 것이다. 그러나 이에 관해 분명히 해 둘 사항이 있다. 이 칩은 글의 서두에 언급된 '뇌 장착 칩'이 아니라는 사실이다.

결과의 차원에서, 그것은 '인공지능 기술을 활용하는 인지능력 향상'에 해당한다. 그리고 인공지능 장치를 활용해서 인간 능력을 향상시키는 기술은 —뇌의 신경체계에 직접 개입하는 방식보다— 이러한 외부 장착(augmentation) 방식을 위주로 발전해 갈 것이다.[22] 그러나 그것은 사용자의 인지체계가 새로운 외국어 이해 능력을 가지게 되는 질적 향상을 이루는 경우가 아니다. 소리 변환 방식의 핀란드어 칩을 장착한 사람에게 핀란드어를 할 줄 아느냐고 물으면 그는 "할 줄 모르지요. 하지만 이 칩 덕분에 핀란드 사람과도 너끈히 소통할 수 있습니다"라고 답할 것이다.[23]

자신의 핀란드어 능력에 대한 사용자의 이러한 평가가 구식 관점과 결부된 관습의 문제이고, 그 사람은 칩을 장착한 시점에 이미 핀란드어를 이해하는 사람이 된 것으로 보아야 한다고 주장할 사람도 있을지 모른다. 그러나 이것은 단순히 관습의 문제가 아니다. 〈그림 7-1〉의 경우는 칩 사용자가 자신의 외국어 능력을 향상시키는 대신 유능한 통역자를 동반하고 다니는 상황에 해당한다. 이 칩은 두피 안쪽 또는 두개골 내부에 장착할 수도 있지만, 그것을 보청기처럼 귀에 걸거나 피어싱으로 귓바퀴에 고정해도 기능의 차이는 생기지 않는다.[24]

---

22 이것이 바람직한 기술 발전의 방향이기도 하다. 그러나 이런 가치판단의 문제는 다른 글을 통해 다뤄야 할 주제다.

23 물론 이 칩이 제공하는 것은 핀란드어 표현을 이해하는 일일 뿐 사용자의 생각을 핀란드어로 표현하는 일은 별개의 과제이므로 현재 상황에서 '너끈히 소통'이라는 서술은 부풀려진 평가다.

24 피부 아래 장착되어 내 신체에 고정되는 방식으로 결합되는 일이 '내 (신체의) 일부'가 되는 중요한 기준이라고 보는 린 베이커(Lynne Baker)의 입장에서는 둘 사이에 중요한 차이가 있다고 여기겠지만(Baker, 2009), 그러한 결합이 활동성과 결부된 실용적 차이는 낳을지언정 정보 소통에 본질적인 차이를 유발하지는 않는다

모든 기능에서 동일한 두 칩을 한 사람은 두피와 두개골이 만나는 지점에 장착하고 다른 사람은 그가 늘 달고 다니는 피어싱 귀걸이에 장착했다고 가정할 때, 장착 방식에 따라 두 사람의 외국어 능력에 관한 평가가 달라진다면 불합리한 일일 것이다. 사실상 그것은 우리가 생소한 외국어가 사용되는 상황에서 스마트폰의 번역기를 켜서 활용하는 것과 다르지 않다.

이 방식과 〈그림 7-2〉에 묘사된 '의미 변환 방식'의 핵심적인 차이는 후자에 없는 디코딩(decoding) 접속 면이 전자에 있다는 것이다. 여기서 '디코딩'은 —특정 기호 체계의 규칙에 따라 구성된— 신호에서 그 안에 담긴 내용을 추출하는 과정을 뜻한다. 바로 인공지능 칩 형태의

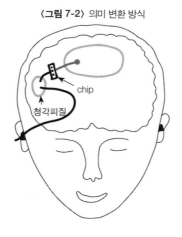

〈그림 7-2〉 의미 변환 방식

는 점에 이 입장의 한계가 있다. 더욱이, 피어싱 같은 경우를 고려하면 베이커의 기준은 모호해진다.

통·번역기와 사용자의 인지체계 사이에 위치한 접속 면이다. 사용자는 통·번역기가 변환한 신호를 특정한 소리 신호의 형태로 듣고, 그 의미를 이해해야 한다. 다시 말해 해당 신호를 처리해 그 안에 담긴 의미를 올바르게 건져 내야 한다. 이를 위해 사용자는 통·번역 칩에 연결된 소리 생성 장치에서 흘러나오는 소리를 놓치지 않고 포착해야 한다. 그 소리는 사용자에게 친숙한 언어로 구성된 신호지만, 우리가 귀에 들어오는 모든 소리를 의식적인 정보로 수용하지 않는다는 사실을 상기하라. 이 통·번역기의 출력 신호가 사용자의 유효한 이해를 산출하기 위해서는 적어도 두 가지 조건이 충족되어야 한다. 첫째는 사용자의 적절한 주의 기울임(attention)이 있어야 한다는 것이고, 둘째는 전달된 내용이 성공적으로 해석되어 통·번역 칩 사용자의 인지체계에 수용되어야 한다는 것이다. 이런 두 조건은 필연적으로 충족되는 것들은 아니지만, 그것들이 충족되는 상황은 드물지 않다. 그것은 우리가 일상적으로 하는 대화의 상황에서도 똑같이 적용되는 조건들이다. 그러나 이를 인지체계의 향상이라고 평가할지는 따로 고민해서 결정해야 할 문제다.

7. 통·번역 칩이 인지체계의 일부로 작동하게 될 전망

이 글이 고찰하는 인지적 인간 향상이 기술의 힘을 이용하여 결과적으로 인간의 지적 역량을 증강하는 일을 뜻할 뿐 그 방식이 직접이냐 간접이냐를 따질 이유가 없다면, 통·번역 칩을 통한 외국어 역량

향상 기술은 적어도 철학적 관점에서는 이미 해결된 문제일 것이다. 남은 일은 공학, 신경과학, 외과학 등의 협력이 이 기획의 매끄러운 실행을 인도할 가까운 미래를 기다리는 것뿐이다. 그러나 인간 향상[25]이 각 사람의 고유한 신체적-정신적 역량을 증강하는 일을 뜻한다면 이야기는 다르다. 이것은 인간 향상의 개념을 어떻게 볼 것인가 하는 개념 규정의 문제이고, 따라서 관점의 다양성과 그에 부수하는 인간 향상 개념의 다수성이 허용되어야 한다는 생각도 가능하다. 그러나 인간 향상의 개념에는 어느 정도 범위의 제한이 존재한다.

대표적인 향상 방법의 하나인 약물 투여(doping)를 생각해 보라.[26] 그것은 외부의 물질을 향상의 필수 요소로 활용하지만 향상의 효과는 약물이 투여된 그 사람에게 나타난다. 어느 마라톤 대회에서 인간 향상 기술의 적용을 허용했다고 가정해 보자. 이 대회의 출발선에서 '600만 불의 사나이'[27]와 F1 경주용 자동차를 모는 참가자가 나란히 출발 준비를 하고 있는 것을 본다면, 우리는 전자와는 달리 후자를 '인간향상 기술을 통해 빨리 이동하는 능력을 갖춘 경우'라고 인정하기 어렵다는 직관에 이끌릴 것이다. 더 빨리 달릴 수 있기 위해 근육에 약물 주사를 놓는 일은 자신의 신체적 역량을 향상하는 방법인 반

---

25 '인간 향상'이라는 번역어에 관한 논의는 심지원(2015: 각주 24) 참조.

26 인간 향상의 개념 그리고 관련 논의의 개관은 후엥스트·모즐리(Juengst and Moseley, 2019)를 참조.

27 앞의 각주 5에서 언급된 TV 드라마 시리즈 〈The Six Million Dollar Man〉의 극중 인물(주인공).

면, 같은 목적으로 잘 달리는 말 위에 올라타는 것은 그 사람의 신체적 역량을 향상하는 방법이 아니다. 이러한 직관의 취지를 반영한다면, 소리 변환 방식은 '인공지능 기술을 활용해 사람의 외국어 역량을 향상시키는 인지 향상'의 경우라고 평가할 수 없다.

인공지능 칩이 한 언어의 소리 신호를 다른 언어의 소리 신호로 변환하여 뇌의 청각 정보처리 체계에 전달하는 기능을 하는 소리 변환 방식과 달리, 〈그림 7-2〉에 묘사된 의미 변환 방식은 인공지능 칩이 입력으로 주어진 외국어 표현에 담긴 의미를 담은 다른 언어―사용자의 모국어 또는 그가 이해하는 언어―의 신호를 생성하여 직접 뇌의 언어 이해 체계에 공급한다. 이 신호는 소리 변환의 경우처럼 사용자의 청각 체계가 포착하여 그 의미를 해석(decode)해야 하는 신호가 아니라, 듣는 이의 주의나 선택과 무관하게 그의 신경체계 안에서 언어 이해 기능에 직접 호소하는 체계 내 신호다.

이런 기능을 하려면 칩은 뇌의 신경체계 내의 특정 위치에 장착되어야 한다. 즉, 통·번역 칩은 언어 자극을 받아들여 처리하는 뇌의 정보처리 경로에서 의미 이해가 이뤄지는 지점 직전의 위치에 자리 잡고, 청각에서 수용된 신호를 칩 사용자의 신경체계에서 통용되는 의미 신호, 다시 말해 더 이상 체계 상대적 디코딩 작업을 거치지 않아도 그 자체로 인식 주체에게 의미를 전달하는 힘을 지닌 신호로 변환하는 역할을 해야 한다. 그것은 학습으로 어떤 외국어에 익숙해진 사람이 해당 언어 사용자의 말을 들으면서 이해할 때 작동하는 뇌 부분의 기능을 인공지능 칩이 대행하는 작용에 해당한다.

이런 일이 실현될 수 있으려면 두 가지 조건이 선결되어야 한다.

먼저, 뇌의 언어 이해 과정이 물리적 차원에서 소상히 밝혀져 있어야 한다.[28] 그렇지 않으면 우리는 어떠한 세부 특성을 지닌 칩을 구성해 어느 위치에 장착하고 그것을 뇌의 부분들과 어떻게 연결해야 할지 알지 못한 채 방금 서술된 기능을 실현해 줄 기적이 일어나기를 기다려야 할 것이다. 두 번째 조건은 문장이든 낱말이든 한 단위의 언어 표현이 주어졌을 때 그것의 의미에 상응하는 단일한 물리적 신호가 있어야 한다는 것이다. 의미와 신호 간의 이러한 상응은 일대일 대응의 구조여야 한다. 다시 말해 의미가 다르면 신호도 달라야 하고, 의미가 같을 경우 신호도 같아야 한다. 이러한 조건이 부과하는 문제를 해결하려면 도대체 우리가 언어를 통해 서로 전달하고, 또 때로는 잘못 전달하기도 하는 '의미'가 어떤 것인지, 그것이 물리적 차원에 어떻게 드러나고, 어떻게 물리적인 것으로 환산될 수 있는지 같은 문제들을 먼저 해명해야 할 것이다.

만일 어떻게든 이상의 두 조건이 충족되고[29] 의미 변환 방식의 통·

---

28 이 글의 6절 이하에서 논의는 외국어 표현을 이해하는 일에 국한되었고, 그것도 청각을 통한 이해에 국한되었다. 한편 뇌에서 이뤄지는 모국어 이해의 과정과 외국어 이해 과정의 세부가 얼마나 유사하고 어떤 점에서 상이한지는 경험적 연구를 통해 해명되어야 할 문제다. 청각을 통해서가 아니라 눈으로 문자열을 읽어 이해하는 일에 관해서도 이 글의 고찰과 유비되는 논의가 전개될 것이다. 외국어 표현을 산출하는 일에 관한 논의는 이에 상응하는 요소들을 포함하는 또 하나의 주제군을 형성할 것이다.

29 첫 번째 조건의 충족은 원칙적으로 우리의 노력에 달린 반면 두 번째 조건은 적어도 부분적으로 세계의 속성에 관한 조건이라는 성격을 띠기 때문에 우리의 노력과

번역 칩이 개발된다면, 나는 세계 여러 나라의 언어를 각각 경우에 맞도록 한국어의 의미 신호로 변환해 나의 뇌의 언어 이해 체계에 넘겨주는 칩[30]을 뇌에 장착함으로써 여러 나라의 말을 자유롭게 이해하는 사람이 될 것이다. 국제회의 참석자들이 모두 이런 칩을 장착했다면 참석자들은 각자 자기 나라 말로 이야기하면서 모든 참석자들의 말을 이해할 수 있을 것이다.

그런데 이런 상황을 상정할 때 눈에 들어오는 또 하나의 문제는 언어 표현의 애매성이다. 특히 이 글이 통·번역 칩의 전망을 고려하고 있으니만큼, 애매성의 언어 상대적 측면에 주목해 보자. 예를 들어 한국어를 모르는 영어 사용자의 한영 통·번역 칩에 '왕비가 위험해요.'라는 한국어 신호가 입력되었다고 해 보자. 이 말은 왕비가 위험에 처해 있다는 의미와 왕비가 위험인물이라는 의미의 두 갈래로 해석 가능하다는 점에서 애매하지만, 일반적인 상황을 가정할 때 이 문장의 발화자는 이 말을 둘 중 한 가지 뜻으로만 사용했을 것이다. 그렇다면 발화자의 의도가 아니라 그가 말한 **문장**을 입력 자료로 공급받는 통·번역 칩은 이것을 'The queen is dangerous.'와 'The queen is in danger.' 중 어느 것으로 보고 의미 신호를 만들어야 할지 미결정의 상황에 봉착한다. 앞서 오간 대화나 이어지는 대화를 통해 애매성의 제거가 가능할 수도 있겠지만 우리는 자연스럽게 처리하는 맥

무관하게 충족되기 어려운 것일 수도 있다.

30 이것을 하나의 칩으로 만들 수 있을지 아니면 언어의 수만큼 여러 개의 칩을 장착해야 할 것인지는 공학의 문제다.

락 반영이 공학적으로 어떻게 실현될 수 있을지는 아직 모른다. 게다가 전달된 정보가 달랑 이것 한 문장일 수도 있다. 잠시 동안이든 영구적으로든, 애매성의 문제는 미해결의 문제로 현전하게 된다. 그러나 이것으로 통·번역 칩을 탓할 수는 없다. 맥락에 관한 정보가 없는 한, 충분한 언어능력을 가진 사람도 똑같은 미결정의 상황에 머물 것이기 때문이다.[31]

그런데 거꾸로, 영어를 모르는 한국어 사용자에게 'The queen is dangerous.'라는 영어 문장이 제시되는 경우를 생각해 보라. 영한 번역기가 그것을 '왕비가 위험해요.'라고 옮긴다면 나무랄 데 없는 일이겠지만, 통·번역 칩을 통해 사용자가 이해하게 되는 내용은 앞의 한국어 문장에서 '왕비가 위험에 처해 있다.'라는 의미는 제거되고 '왕비를 조심하라.'는 의미만 남은 것이어야 할 것이다. 이런 점을 고려할 때, 통·번역 칩이 앞선 〈그림 7-1〉의 방식으로 사용자의 청각에 저 문장을 제공한다면 그것은 원래 영어 문장에 없었던 애매성을 통·번역 칩이 덧붙이는 결과를 함축한다는 점에서 부적절한 작동일 것이다. 한편 〈그림 7-2〉 방식의 영한 통역에서 이러한 애매성 증가의 위험이 어떻게 해소될지는 아직 모른다. 다만, 통·번역 칩을 실현하는 과제가 언어 간의 이러한 애매성 차이를 어떻게 처리할 것인가 하

---

31 네이버 파파고와 달리 구글 번역은 '왕비가'와 '왕비는'에 대해 상이한 번역을 내놓았다. 개연성의 관점에서 어느 정도 한국어 언어 감각에 부합하는 판단이라고 생각된다. 그러나 두 조사 '~는'과 '~가'가 그러한 의미 차이의 징표가 된다고 볼 이유가 없다는 점에서, 일반화는 불가능하다.

는 문제 해결을 과제의 일부로 요구한다는 사실만큼은 분명하다.

8. 뇌-인공물 결합의 전망에 대한 잠정적 평가

2020년 여름, 머스크는 뉴럴링크 사의 뇌 칩 기술이 척수 기능이 심각하게 손상된 사람의 운동 기능을 회복시키는 일에, 또 나아가 인간의 청각 범위를 정상 범위 밖까지 확장하는 데 활용될 것이라고 주장하면서 공개 이벤트를 예고한 후, 뇌에 전극을 심은 돼지 '거트루드'를 데리고 나와서 기술 시연을 했다.[32] 뉴럴링크가 아니라도 뇌와 인공물을 연결하는 일은 계속 시도될 것이고, 개발자들은 그 범위를 확장하려 할 것이다. 그러나 이 글에서 고찰한 것처럼 그러한 연결을 통해서 도달할 수 있는 효과의 범위는 한정적이다.[33] 한정된 범위 안에서도 점점 더 흥미롭고 풍부한 응용의 시도가 진행될 수 있고, 그것은 기술이 나아가는 건강한 발전의 경로다. 그러나 (아직) 되지 않을

---

32 ≪AI타임스≫ 2020년 8월 3일 자 기사 "뇌와 컴퓨터 연결한다"와 영국 ≪인디펜던트≫지 2020년 7월 21일 자 기사 "Elon Musk Claims His Neurallink chip will allow you to stream music directly to your brain" 참조. 2020년 8월 29일의 공개 시연에 관한 BBC 기사 "Neuralink: Elon Musk unveils pig with chip in its brain"도 보라.

33 머스크·뉴럴링크(Musk and Neurallink, 2019)에서 머스크가 언급하는 응용이 신경계 이상증을 개선하는 것의 수준에 머물고 있는 데 유의하라. 청각 범위를 확장하는 일 역시 이 글이 가능하다고 평가하는 응용의 범위를 벗어나지 않는다.

일을 되는 것처럼 선전한다면, 첨단 기술이라는 이름을 오용하는 지적 사기일 뿐이다.

이 글의 고찰에 따르면, 뇌 안의 칩은 칩과 신경체계 사이에 신호를 의미로 바꾸는 디코딩이나 의미를 신호로 변환하는 인코딩의 문제가 개입하지 않는 범위 안에서 활용 가능하다. 이러한 한계는 도대체 '의미'가 무엇인지, 의미를 처리하는 뇌의 물리적 기반과 과정이 어떠한지 상세히 알려지고, 우리 마음에서 이뤄지는 의미 처리의 과정을 공학적으로 재현하고 조절할 수 있게 되는 날 해제될 것이다. 그러나 그것은 아직 학문적 가시성의 지평선 너머에 놓인 일이다.

김재권은 뇌 전체를 고스란히 물리적으로 복제한다면 그것의 심적 상태도 복제되겠지만, 그러한 전체 복제 이외의 방식으로는 뇌의 심적 상태를 복제할 수 없을 것이라고 평가했다.[34] 이러한 평가는 어떤 뇌의 심적 상태 전체에만 적용되는 것이 아니라 특정 에피소드에 관한 기억이나 한 문장으로 표현되는 명제에 대한 지식에도 똑같이 적용될 것이다. 우리는 아직 뇌가 특정한 사건에 대한 기억이나 판단, 또 추상적 술어를 포함하는 명제를 어떻게 저장하는지 알지 못한다. 그것은 개별 뉴런의 물리적 특성에 의존하는 기능일 수도 있고 신경세포들의 연결망의 구조에 수반하는 기능일 수도 있다. 전체가 전체를 재현하리라는 것은 분명하지만, 그것을 넘어 특정한 내용의 생각이 신경망의 상태와 어떻게 대응되는지에 관해서는 분명한 것이 없

---

34 김재권 교수가 제1회 김영정 기념 강연(2011년 6월)의 토론에서 표명한 견해다.

다고 말하는 편이 학문적으로 정직한 일일 것이다.

오랫동안 익숙해진 컴퓨터와 뇌의 유비는 방금 언급한 특정 기억이나 믿음이 뇌의 특정 장소에 저장하고 인출할 수 있는 데이터로 기록되어 있다는 인상을 불러일으키지만, 그것은 과학적인 사실과 거리가 있다. 의식을 설명하는 신경과학자 스타니슬라스 드핸(Stanislas Dehaene)의 광역신경작업공간(Global Neuronal Workspace) 이론(Dehaene, 2014 참조)의 관점에서 보더라도, 하나의 생각은 —도대체 그런 개념을 의미 있게 사용할 수 있다면— 뇌의 국소적 상태와 대뇌피질의 너른 영역을 포괄하는 광역적 과정의 결합을 통해 비로소 실현되는 사건이라고 추정할 수 있다. 다시 말해 사람의 마음속에서 일어나는 하나의 생각은 몇몇 신경세포의 상태나 대뇌피질의 특정한 주름에 담겨 있는 것이 아니라 어떤 방식으론가 뇌 전체를 연관시키는, 신경체계의 정적-동적 상태의 총합에 상응한다고 보는 것이 합리적이다.

현재 뇌-컴퓨터 상호작용(brain-computer interaction)의 통로로, 혹은 뇌-기계 인터페이스(brain-machine interface)로 주목받으며 연구되고 있는 것은 뇌파(brain wave)다.[35] 그리고 뇌파 연구가 세분되며 확장되는 반면, 뇌파 이외의 통로는 사실상 눈에 띄지 않는다. 그러나

---

35 밀란(Millán, 2014)과 페레이라 외(Ferreira et al., 2008)를 보라. 뇌파 연구의 발달 과정을 개관하려면 다음 문헌들을 참조하라. EEG(electroencephalogram)의 시발점으로 간주되는 베르거(Berger, 1929), 정신현상 탐구에 EEG를 활용하는 일의 역사와 관련해 파셀라·바레라(Pacella and Barerra, 1941), 그리고 뇌-컴퓨터 커뮤니케이션에서 뇌파의 지위에 관해서는 비달(Vidal, 1973).

뇌파는 뇌 활동의 부산물이지 뇌의 커뮤니케이션 방식이라고 볼 근거는 없다는 점에서 이러한 접근의 한계가 예견된다.

두 뇌의 활동이 유사할 경우 거기서 검출되는 뇌파도 유사하리라고 생각되며, 거꾸로 뇌파의 유사성이 뇌 활동의 유사성을 함축하리라는 추정도 합리적이다.[36] 그러나 거기까지다. 문제는 유사성과 차이의 구체적인 양상인데, 우리는 뇌파 형태의 유사성에 적용되는 메트릭(metric)과 뇌 활동으로 실현되는 사고의 내용적 유사성에 적용될 메트릭이 각각 어떠한지 알지 못한다. 한 걸음 더 나아가, 뇌파로 나타나는 뇌의 동적 상태 A와 B가 어느 정도 유사한지 판정하는 일과 A와 B에 수반하는 마음 상태나 사고 작용의 내용을 파악하는 일은 질적으로 다르다. 전자가 후자에 대한 연구에 중요한 통로를 제공하리라는 물리주의적 신념이 옳다고 해도, 전자에서 후자를 읽는 방식이 해명되기 전까지 '뇌파에서 생각을 읽는다'라거나 '뇌와 인공지능을 (물리적으로) 결합한다'라는 식의 선전은 실질적인 의미가 없는 막연한 기대의 표현에 지나지 않는다. 그것은 불명료성을 넘어 혹세무민의 속성을 띤 유해한 사이비 과학의 어투라는 점에서 주시할 필요가 있다.

---

36 단, 뇌파 차이로 검출되지 않은 뇌 활동 차이가 없다고 단언하는 것은 불합리하다.

참고문헌

심지원. 2015. 「의족을 훔치는 행위는 상해죄인가 절도죄인가: 보형물을 신체의 일부로 규정할 수 있는 기준」. ≪과학철학≫, 18/3.

Baker, L. R. 2009. "Persons and the Extended-Mind Thesis." *Zygon*, 44.

Berger, H. 1929. "Über das Elektroenkephalogramm des Menschen." *Archiv für Psych iatrie und Nervenkrankheiten*, 87.

Bichsel, P. 1969/1997. "Ein Tisch ist ein Tisch." *Kindergeschichten*. Suhrkamp (빅셀, P. 지음. 2018. 『책상은 책상이다』. 이용숙 옮김. 위즈덤하우스).

Blanco-Elorrieta, E. and L. Pylkkänen. 2017. "Bilingual Language Switching in the Laboratory versus in the Wild: The Spatiotemporal Dynamics of Adaptive Language Control." *Journal of Neuroscience*, 37.

Burwell, S., M. Sample and E. Racine. 2017. "Ethical Aspects of Brain-Computer Interfaces: A Scoping Review." *BMC Medical Ethics*, 18.

Campbell, N. A. et al. 2015. *Biology*(10th ed.). Pearson Education [캠벨, N. A. 외 지음. 2016. 『캠벨 생명과학』(제10판). 전상학 외 옮김. 바이오사이언스출판].

Cole, D. 2020. "The Chinese Room Argument." The Stanford Encyclopedia of Philosophy (URL=ttps://plato.stanford.edu/archives/spr2020/entries/chinese-room/)

Dehaene, S. 2014. *Consciousness and the Brain: Deciphering How the Brain Codes Our Thoughts*. Viking (드핸, S. 지음. 2017. 『뇌의식의 탄생: 생각이 어떻게 코드화되는가』. 박인용 옮김. 한언).

Evans, V. and M. Green. 2006. *Cognitive Linguistics: An Introduction*. Edinburgh University Press (에반스, V.·그린, M. 지음. 2008. 『인지언어학 기초』. 임지룡·김동환 옮김. 한국문화사).

Ferreira, A. et al. 2008. "Human-Machine interfaces base on EMG and EEG applied to robotic systems." *Journal of NeuroEngineering and Rehabilitation*, February(2008).

Gams, M., M. Paprzycki and X. Wu(eds.). 1997. *Mind versus Computer: Were Dreyfus and Winograd Right?* IOS Press.

Gazzaniga, M. S., R. B. Ivry and G. R. Mangun. 2014. *Cognitive Neuroscience: The Biology of Mind* (4.ed.). Norton.

Herr, H. 2014. "The new bionics that let us run, climb and dance." TED 강연. (URL= https://www.ted.com/talks/hugh_herr_the_new_bionics_that_let_us_run_climb_

and_dance)

_____. 2018. "How we'll become cyborgs and extend human potential." TED 강연. (URL=https://www.ted.com/talks/hugh_herr_how_we_ll_become_cyborgs_and_ extend_human_potential)

Jacobsen, A. 2015. *The Pentagon's Brain: An Uncensored History of DARPA, America's Top-Secret Military Research Agency*. Back Bay Books.

Jee, C. 2020. "An implant uses machine learning to give amputees control over prosthetic hands." *MIT Technology Review*, March 4 2020. (URL=https://www.technologyreview.com/2020/03/04/905530/implant-machine-learning-amputees-control-prosthetic-hands-ai)

Juengst, E. and D. Moseley. 2019. "Human Enhancement." The Stanford Encyclopedia of Philosophy. (URL=https://plato.stanford.edu/archives/sum2019/entries/enhancement)

Liao, S. M., J. Savulescu and D. Wasserman. 2008. "The Ethics of Enhancement." *Journal of Applied Philosophy*, 25/3.

Lyons, J. 1977. *Semantics 1*. Cambridge UP (라이온스, J. 지음. 『의미론 1: 의미 연구의 기초』. 강범모 옮김. 한국문화사).

McGee, E. M. and G. Q. Maguire Jr. 2007. "Becoming Borg to Become Immortal: Regulating Brain Implant Technologies." *Cambridge Quarterly of Healthcare Ethics*, 16.

Millán, J. del R. 2014. "Brain-Machine Interfaces." in *Principles of Tissue Engineering*. Elsevier.

Musk, E. and Neurallink. 2019. "An integrated brain-machine interface platform with thousands of channels." bioRxiv preprint. (doi: https://doi.org/10.1101/703801)

Pacella, B. L. and S. E. Barerra. 1941. "Electroencephalography: Its Applications in Neurology and Psychiatry." *Psychiatric Quarterly*, 15.

Roco, M. C. 2003. "Nanotechnology: Convergence with Modern Biology and Medicine." *Current Opinion in Biotechnology*, 14/3.

Shankland, S. 2019. "Elon Musk says Neuralink plans 2020 human test of brain-computer interface". (URL=https://www.cnet.com/news/elon-musk-neuralink-works-monkeys-human-test-brain-computer-interface-in-2020/)

Stolk, A., L. Verhagen and I. Toni. 2016. "Conceptual Alignment: How Brains Achieve Mutual Understanding." *Trends in Cognitive Sciences*, 20/3.

Vassanelli, S. 2011. "Brain-Chip Interfaces: The Present and The Future." *Procedia Com-*

puter Science, 7.

Vidal, J. J. 1973. "Toward Direct Brain-Computer Communication." *Annual Review of Biophysics and Bioengineering*, 2.

Winograd, T. 1972. "Understanding Natural Language." *Cognitive Psychology*, 3/1.

Winograd, T. and F. Flores. 1986. *Understanding Computers and Cognition: A New Foundation for Design*. Ablex.

AI타임스. 2020.8.3. "뇌와 컴퓨터 연결한다". (URL=http://www.aitimes.com/news/arti cleView.html?idxno=131217)

중앙일보. 2019.3.9. "알파고 등장 3주년… AI 바둑은 이미 흔한 수법이 되었다".

_____. 2019.3.11. "알파고 충격 3년, 프로 바둑계가 세졌다".

BBC. 2020.8.29. "Neuralink: Elon Musk unveils pig with chip in its brain". (URL= https://www.bbc.com/news/world-us-canada-53956683)

"Elon Musk Explained the AI future — We will be House Cats — Neurolase Explanation interview". (URL=https://www.youtube.com/watch?v=hQ3wyxDWVcw)

Independent. 2020.7.21. "Elon Musk Claims His Neurallink chip will allow you to stream music directly to your brain". (URL=https://www.independent.co.uk/life-style/gadgets-and-tech/news/elon-musk-neuralink-brain-computer-chip-music-str eam-a9627686.html)

8장

업로딩과 디지털 영생의 가능성*

신상규

2013년 1월 당시 23세였던 킴 수오지(Kim Suozzi)가 사망하고 그녀의 두뇌를 얼리는 냉동보존(cryonics) 절차가 진행되었다. 수오지는 악성 뇌종양 진단을 받고 거의 2년에 걸친 투병 생활을 했지만 상황은 나아지지 않았고, 결국에는 나중에 치료법이 개발되었을 때를 희망하며 자신을 냉동 보존하기로 선택했다. 인지과학을 부전공하고 신경과학 분야의 대학원 진학을 꿈꾸던 그녀의 이러한 선택에 큰 영향을 끼친 요인 중 하나는 레이 커즈와일의 책 『특이점이 온다(Singularity Is Near)』였다. 수업 과제로 이 책에 대해 보고서를 쓰기도 했던 수오지는, 증세가 점점 악화되는 상황에서 비록 가능성은 적다고 하더라도 극단의 대책을 시도해 보기로 한 것이다. 학생 신분이었던 수

---

* 이 글은 ≪철학·사상·문화≫, 제35호(2021.1), 43~66쪽에 수록된 「업로딩은 생존을 보장하는가?」를 바탕으로 이 책의 취지에 맞게 확장하여 재구성한 것이다.

오지는 온라인 캠페인을 통해 두뇌를 냉동하는 데 필요한 8만 달러를 모았고, 알코어(Alcor) 생명연장재단이 위치한 애리조나의 스코츠데 일(Scottsdale)에서 거주하며 생의 마지막을 보냈다. 생의 마지막 10여 일 동안 수오지는 뇌종양 부위가 더 확장되는 것을 막기 위해 물이나 음식을 거부하며 자신의 죽음을 앞당겼다(Harmon, 2015).

과연 수오지는 그녀의 바람대로, 기술이 발전된 미래에 부활할 수 있을까? 나중에 전해진 불행한 뉴스에 따르면, 그녀의 두뇌를 냉동하 는 과정이 순조롭게 진행되지는 않았다고 한다. 냉동 과정에서 허혈 로 인한 혈관 손상이 있었으며, 그 결과 동결 보호제(cryoprotectant)가 뇌의 바깥 부분에만 도달하여 두뇌의 내부가 얼음 손상에 노출되었 을 가능성이 제기되었다(Schneider, 2019: 121~122). 하지만 이 경우에 도 설령 냉동된 뇌의 생물학적 부활은 어려워도, 뇌의 손상된 부위를 디지털적으로 복구하여 이뤄지는 디지털 업로딩을 통한 부활의 가능 성은 여전히 남아 있다. 그런데 과연 디지털 업로딩을 통해 죽음을 극 복할 가능성이 있는 것일까?

1. 특이점과 업로딩, 그리고 인격 동일성

'특이점'은 어떤 영역에 대한 익숙한 이해의 방식이 더 이상 작동하 지 않는 지점을 나타내는 표현이다. 그중에서도, '기술적 특이점'이란 기술의 급속한 변화와 그 영향 덕분에 우리 삶의 모습이 근본적 변화 를 겪게 되고, 그 결과 지금 우리가 세상을 이해하는 여러 개념적 범주나 가치의 기준이 무의미하게 되는 지점을 일컫는 표현이다. 커즈와일은 특히 인간의 지능을 훨씬 뛰어넘는 초인공지능의 출현이 그러한 특이점의 순간이 될 것이라 생각한다. 커즈와일은 초인공지능이 만들어 내는 특이점이 2045년에 도래할 것으로 예측한다.

커즈와일은 자신의 책에서 인간과 슈퍼 인공지능을 결합하거나 컴퓨터에 마음을 업로드함으로써 인체의 죽음을 극복할 가능성에 대해서 논의한다. 영화 〈매트릭스〉처럼 노화나 노쇠가 불가피한 신체를 버리고 디지털 가상 세계에 살거나 기계 몸체와 전자두뇌의 결합을 통해 영생을 추구할 수 있다는 것이다. 비록 지금은 아닐지라도 업로딩을 통한 디지털 영생이 원칙적으로 가능하다고 생각한다면, 그러한 생각을 뒷받침하는 인격 동일성의 기준은 무엇이며, 그러한 이해와 얽혀 있는 심신의 본성에 대한 견해는 무엇일까?

과학기술을 활용해 영생을 추구하려는 커즈와일의 주장의 배후에는 트랜스 휴머니즘이 있다. 닉 보스트롬은 트랜스 휴머니즘을 "이성의 적용을 통해, 특히 노화를 제거하고 인간의 지적·신체적·심리적 능력을 크게 향상시킬 수 있는 기술을 개발하고 널리 사용 가능하도록 만들어 줌으로써, 인간의 상태를 근본적으로 개선할 가능성과 그것의 바람직함을 긍정하는 지적 및 문화적 운동"이라고 정의하고 있다(Bostrom, 2004: 4). 오늘날에도 이미 다양한 '향상' 기술이 존재한다. 성형수술, 보철물, 정신 집중을 돕거나 기분을 고양시키는 약물, 유전자 조작 등이 그 예다. 아직 이러한 기술들은 표피적인 수준에서 인간을 조작한다. 그런데 커즈와일의 주장처럼 인간과 인공지능이 결합하고 유전자 변형이 일상화되는 미래가 도래한다면 인간 변형의 정도는 훨씬 커질 것이며, 그야말로 현재의 인간 생물종과 구별되는 새로운 종으로서의 포스트휴먼이 출현할지도 모를 일이다.

우리가 이 글에서 관심을 갖는 인간향상 기술은 업로딩이다. 보스트롬은 업로딩에 대해서 다음과 같이 말하고 있다(Bostrom, 2004: 17).

업로딩(때로는 '다운로딩', '마음 업로딩' 혹은 '두뇌 재건'이라 부르기도 함)은 지능을 생물학적 두뇌에서 컴퓨터로 전송하는 과정이다. 이를 수행하는 한 가지 방법은 먼저 특정 두뇌의 시냅스 구조를 스캔한 다음에, 전자 매체에 동일한 계산[구조, 과정]을 구현하는 것이다. … 업로딩의 이점은 다음과 같다. 업로딩은 생물학적 노화의 영향을 받지 않는다. 업로딩의 백업 사본을 정기적으로 생성하여 문제가 발생한 경우 재부팅할 수 있다. (따라서 당신의 수명은 잠재적으로 우주의 수명만큼 길어질 것이다.) … 근본적인 인지 향상도 유기적 두뇌에서보다 업로딩에서 구현하기가 더 쉬울 것이다. … 널리 수용되는 입장은, 당신의 기억, 가치관, 태도, 정서적 성향 등 특정의 정보 패턴이 보존되는 한 당신이 생존한다는 것이다.

트랜스 휴머니스트의 관점에서 볼 때 업로딩은 인간 향상의 수단으로서 상당히 매력적인 요소들을 가지고 있다. 이들의 입장에서 볼 때 생물학적 신체는 기본적으로 인간 능력의 확장이나 자유로움을 방해하는 제약 조건이며 극복의 대상이다. 그런데 업로딩은 생물학적 신체의 속박에서 벗어나 인지적이거나 신체적인 향상을 훨씬 용이하게 만들어 줄 뿐 아니라, 무엇보다도 노화나 죽음의 두려움에서 벗어날 수 있도록 해 준다. 신체를 폐기하고서도 나의 생존이 가능하고, 필요에 따라 백업본의 재부팅을 통해 영원히 청춘의 삶을 누릴 수 있다는 것은 얼마나 매력적인 유혹인가?

　그런데 신체를 버리고도 우리는 과연 살아남을 수 있을까? 이 질문에 답하기 위해서, 우리는 더 근본적으로 '나를 나라는 사람(인격)으로 만드는 것은 무엇인가?'라는 질문에 먼저 답할 필요가 있다. 이는 철학에서 흔히 인격 동일성(personal identity) 혹은 인격 정체성의 문제라 불리는 질문으로, 어떤 사람(인격)이 시공간 속에서 계속 존재한다고 판단할 수 있는 지속성(persistence)의 조건은 무엇인지를 묻는다. 가령, 다음 주에 내가 살아 있다는 것은 지금의 나와 다음 주에 살아 있는 누군가가 같은(동일한) 사람임을 의미한다. 초등학교 시절의 나와 지금의 나는 비록 그 모습도 다르고 생각도 다르지만, 우리는 이 둘이 동일한 사람임을 믿어 의심치 않는다. 다른 시간대에 존재하는 이 두 사람이 수적으로(numerically) 같은 사람이려면 어떤 조건이 충족되어야 하나? 우리는 어떤 기준에 입각하여 이 두 사람을 같은 사람이라고 판단하는 것일까?

　앞에서 인용한 보스트롬의 마지막 문장은 "당신의 기억, 가치관, 태도, 정서적 성향 등 특정의 정보 패턴이 보존되는 한 당신이 생존한다"는 것이 널리 합의된 견해임을 주장하고 있다. 이는 인격 동일성 문제에 대해 소위 심리적 연속성 이론에 해당한다.

　인격 동일성에 대해서 다양한 이론이 존재한다. 먼저 비-물질적 영혼의 동일성(정체성)을 바탕으로 개인의 동일성을 판단하는 영혼 이론이 있다. 그러나 르네 데카르트(René Descartes)의 심신 이원론과 마찬가지로, 물질과 독립적으로 존재하는 정신 혹은 영혼의 존재를 가정하는 이론들은 신경과학의 시대를 살고 있는 우리에게 그렇게 매력적인 선택이 아니다. 아마도 과학적 지식의 발전과 조금 더 조화로운 생각은 인격/자아/마음은 그 본성이 물질적/물리적이며 따라서 물질적 기반(substrates)이 해체되면 그 사람도 종식된다고 주장하는 물질주의/물리주의적 이론일 것이다. 그러나 많은 사람들은 물질주의 이론이 가지고 있는 그 내재적인 문제와는 별개로 인간의 사람됨이 단순히 물질의 구성에 불과하다는 생각에 거부감을 가지고 있다. 그리고 우리가 누구인지를 정의하는 것은 개인의 기억과 신념, 생각, 감정, 희망, 두려움의 묶음이라고 주장하는 심리적 연속성 이론(기억이론)이 있다. 우리의 기억이나 믿음, 생각의 연속성이 나의 동일성을 판단하는 기준이라는 것이다.

2. 패턴주의

커즈와일이나 보스트롬과 같은 트랜스 휴머니스트가 인격에 대해 가지고 있는 생각은 심리적 연속성 이론의 한 형태로 분류될 수 있는 패턴주의(Patternism)라는 입장이다. 패턴주의는 인격 동일성에 대한 심리적 연속성 이론을 받아들이는 동시에, 정신이나 마음의 본성을 계산 기능주의적 관점에서 이해한다.[1] 기능주의에 따르면, 두뇌의 어떤 상태를 특정한 정신 상태로 만들어 주는 것은 그 상태가 갖는 신경

---

1 이 글에서 '마음'과 '정신'은 서로 의미가 동일한 대체 가능한 표현으로 사용되고 있음을 밝혀 둔다.

생리학적 본성이 아니라 그러한 상태가 수행하는 모종의 인과적 혹은 기능적인 역할 때문이다. 즉, 정신적인 것의 본성은 그것이 무엇으로 이뤄졌느냐가 아니라, 어떤 역할의 일을 수행하는지에 놓여 있다는 것이다. 디지털 컴퓨터의 출현, 특히 하드웨어와 소프트웨어의 구분은 기능주의의 주장을 보다 직관적으로 이해할 수 있는 모형을 제공했다. 이 점에 주목한 것이 계산 기능주의의 입장이다. 계산 기능주의자는 우리의 정신 과정을 두뇌에 구현된 계산 시스템의 작동으로 이해하고, 우리의 사고 또는 인지를 두뇌의 하드웨어를 구동하는 소프트웨어로 간주한다. 우리의 정신 상태는 정보처리와 관련된 계산적 기능을 수행하며, 그런 의미에서 우리의 두뇌는 문자 그대로 자연이 만든 생물학적 컴퓨터라는 것이다.

기능주의의 주장에서 우리가 주목해야 할 것은, 기능적 속성으로서의 정신적 속성과 그것을 실현(realize)하는 물질/물리적 기반 속성 사이에 성립하는 모종의 근본적인 독립성이다. 물론 이는 정신이 물질과 분리되어 독립적으로 존재할 수 있다는 실체 이원론에서 말하는 것과 같은 의미의 독립성은 아니다. 기능주의에 따르며 정신 혹은 정신적 상태나 과정이 존재하기 위해서는 반드시 그것을 실현하는 물질적 토대가 필요하다. 하지만 정신적 속성이 계산적 기능적 속성이라는 주장은 계산적 속성을 실현하는 기초 속성이 무엇인지에 대해서는 침묵한다.

기능주의의 복수 실현 가능성(multiple realizability) 논제에 따르면, 하나의 정신적 속성, 상태, 혹은 사건은 여러 다른 물리적 기반을 통해서 실현(구현)될 수 있다. 인간의 두뇌는 탄소를 기반으로 한 회색 물질로 이뤄져 있지만, 정신의 기능을 수행하는 모든 기관(organ) 혹은 시스템이 반드시 우리 인간의 두뇌와 같은 물질적 기반으로 이뤄져야 할 필요는 없는 것이다. 따라서, 계산 기능주의의 관점에서 보자면, 정신 상태는 실리콘과 같은 다른 물질적 기반 위에서도 얼마든지 실현 가능하다. 정신적 상태의 실현과 관련해 우리가 물어야 할 핵심 질문은 그것이 '올바른' 마음 프로그램을 구현하고 있는지 여부이며, 그 물질적 기반이 무엇으로 이뤄져 있느냐가 아니다.

업로딩을 통한 생존의 달성 가능성을 예측하게 만드는 이론적 기반 중 하나가 바로 이러한 복수 실현 가능성의 개념이다. 패턴주의는 개인의 생존을 소프트웨어 패턴의 생존 문제와 동일시한다. 가령 뇌라는 하드웨어가 바뀌더라도 '동일한' 소프트웨어의 패턴 혹은 계산적 과정이 지속되는 한, 우리 혹은 우리의 정신은 지속적으로 존재한다고 말할 수 있다는 것이다. 다음은 커즈와일의 말이다.

> 우리는 우리를 구성하는 대부분의 세포가 몇 주 만에 교체되고, 상대적으로 오랜 시간 동안 별개의 세포로 유지되는 뉴런조차도 한 달 안에 모든 구성 분자를 교체한다는 것을 알고 있다. … 나는 물이 개울을 따라 바위를 지나가며 그 경로에 만드는 패턴과 같은 것이다. 실제 물의 분자는 매 밀리 초마다 변하지만, 패턴은 수 시간 혹은 수 년 동안 지속된다(Kurzweil, 2005: 383).

인간의 동일성(정체성)이 정보 패턴에 의존한다는 생각은 1940년대에 사이버네틱스를 만든 MIT 수학자 노버트 위너(Norbert Wiener)에게로 거슬러 올라갈 수 있다. 위너는 1948년 『사이버네틱스: 혹은 동물이나 기계에서 제어와 통신(Cybernetics: Or Control and Communi-cation in the Animal and Machine)』이라는 책을 출판했다. 사이버네틱스는 흔히 인공두뇌학이라 번역되지만, 그 핵심은 시스템의 동작이나 행동에 대한 제어 및 통신을 연구하는 것이다. 위너는 인간을 포함한 모든 동물을 정보처리자로 간주한다. 정보처리자란 지각을 통해 외부 세계에 대한 정보를 얻고, 생리적 과정에 의존하는 방식으로 정보를 처리하고, 그 처리된 정보를 이용해 환경과 상호 작용하는 존재다. 책 제목에서 알 수 있듯이 위너는 정보처리의 관점에서 동물과 기계를 동일한 방식으로 탐구할 수 있다고 생각했다.

위너에 따르면 인간은 물질과 에너지에 체현되어 있는 정보의 복잡한 패턴으로 구성된다. 인간은 끊임없이 변화하는 물질과 에너지의 흐름 속에서 지속하는 역동적 형상(form)이거나 패턴으로서의 '정보적 대상'이라는 것이다. 위너의 이러한 생각에는 이미 인간 정체성의 핵심이 정보의 동일 패턴 혹은 정보 형상의 지속 여부라는 것이 깔려 있다. 인간을 구성하는 물질은 바뀌어도 정보의 패턴이나 형상이 지속되는 한 인격의 동일성이 유지된다는 것이다. 캐서린 헤일스는 『우리는 어떻게 포스트휴먼이 되었는가(How We Became Posthuman)』라는 책에서 위너의 사이버네틱스가 마음과 신체에 대해 갖는 생각을 다음과 같이 정리하고 있다.

① 정보 패턴이 물질적 예화에 우선한다. 생물학적 기체를 통한 체현은 생명의 불가피성이 아니라 역사적 우연성이다.
② 의식은 부수 현상적이다.

③ 신체는 원래부터 보철(prosthesis)이다. 신체를 다른 보철로 확장하거나 대체하는
   것은 우리가 태어나기 이전에 시작된 과정의 연장이다.

④ 인간은 지능적 기계와 이음매 없이 연결될 수 있다.

(Hayles, 1999: 2~3)

사이버네틱스의 주장을 따르면, 신체는 우리를 구성하는 본질적인 요소가 아니라 언제든지 대체 가능한 요소다. 따라서 만약에 우리의 신체 일부에 이상이 생긴다면, 우리는 그 신체 일부를 다른 기계적 요소로 대체 가능할 것이다. 이는 문제가 발생한 신체 기관이 정신과 관련된 부분이어도 마찬가지다. 생물체의 자기 조절이나 통제 기능에 기계를 결합하여 하나의 통합적 시스템을 이룬 존재를 우리는 사이보그라고 부른다. 인간의 정신이나 지능의 본질적 기능이 정보처리에 있다면, 인간 정신의 기관과 기계를 잇는 적절한 인터페이스가 존재한다는 가정하에, 또 다른 종류의 정보처리자인 기계와의 결합 가능성은 자연스러운 귀결이다. 가령 우리 두뇌의 신경세포에 이상이 생겨서, 그 세포들을 실리콘으로 만든 인공 뉴런으로 대체한다고 가정해 보자. 인공 뉴런들이 부작용 없이 성공적으로 작동한다면, 우리의 두뇌는 아무런 문제 없이 그 정신적 기능을 수행할 것이다. 그런데 이러한 대체 과정이 점진적으로 계속되고, 어느 순간에 이르러 모든 신경세포가 전자적인 인공 뉴런으로 교체되었다고 해 보자. 이 시점에 이르면, 우리는 생물학적 두뇌가 아닌 전자두뇌를 가진 사이보그 인간으로 변해 있을 것이다.

그런데 물질적 예화에 우선하는 정보 패턴으로서의 정신이라는 생

각은 이보다 훨씬 더 급진적인 함축을 갖는다. 생물학적 신체나 두뇌를 기반으로 하는 정보 패턴의 실현은 역사적 우연성에 불과하므로, 정신의 시스템을 구성하는 요소가 반드시 생물학적 기관으로 이뤄져야 할 필연성은 없다. 여기에는, 앞서 살펴본 기능주의의 주장과 마찬가지로, 신체와 정신의 독립성 혹은 분리 가능성이 함축되어 있다. 즉, 우리의 정신은 그 존재를 위해 물질적 기반을 요구하지만, 그것이 반드시 지금의 두뇌와 같은 생물학적 기관일 필요는 없는 것이다. 그렇다면, 정보 패턴으로서의 우리의 정신은 지금의 신체로부터 완전히 분리되어, 전혀 다른 물질적 기반으로도 이전 가능할 것이다. 이것이 바로 나라는 존재를 형성하는 정보 패턴을 지금의 신체로부터 분리하여 디지털 기반으로 이전하는 '업로딩'이다. 커즈와일은 위너의 사이버네틱스에 관한 견해에 입각하여, 나에게 본질적인 것은 두뇌에 구현된 알고리듬과 계산적 배열/구성이며, 두뇌 하드웨어를 급진적인 방식으로 바꿔도 동일한 계산적 배열이나 구성이 유지되는 나(혹은 나의 정신)는 여전히 존재한다고 주장한다. 즉, 나라는 인격의 생존은 물질적 예화에 우선하는 정보 패턴으로서의 정신의 지속 여부에 달려 있다는 것이다.

3. 인공적인 당신

수잔 슈나이더(Susan Schneider)는 『인공적인 당신(Artificial You)』(2019)이라는 책에서 과연 업로딩 이후에 인격 동일성이 유지되는가라는 흥미로운 문제를 제기한다. 업로딩이 인격의 지속과 관련된 필수 속성을 변화시키거나 제거한다면, 업로딩은 영생의 추구 방법이 아니라 일종의 자살 행위에 해당할 수 있다. 그녀는 로버트 소이어(Robert J. Sawyer)의 SF 소설 『마인드 스캔(Mind Scan)』에서 수술 불가능한 뇌종양 환자인 제이크 설리번의 복제 사례를 검토한다(Schneider, 2019: 82).[2]

소설에서 제기된 문제는 인격 동일성에 관한 문헌에서 흔히 분열(fission) 문제(혹은 복제 문제)라고 불리는 것이다. 수술이 불가능한 뇌종양 환자 제이크 설리번은 병에 걸려 죽음을 기다리는 현재의 삶을 종식시키고 새로운 삶을 살기 위해 마인드 스캔이라는 과정을 거쳐 자신의 두뇌 구성(배치)을 안드로이드 신체로 이전하기로 결정한다. 그리고 복제 과정을 통해 제이크와 질적으로 동일한 신체 그리고 심리적 구성을 가진 클론 제이크가 탄생한다. 문제는 제이크가 스캔을 끝낸 후에 아무것도 달라진 것이 없는 자신을 발견하게 된 것이다. 새로운 신체와 삶을 갖게 된 것은 복제본인 안드로이드 제이크이며, 원래의 자신은 스캔을 마친 다른 사람들과 마찬가지로 법률적 신원을 박탈당한 후 그들과 함께 죽음을 기다리는 신세에 처하게 된다. 복사본인 제이크는 죽음의 공포로부터 자유로워졌지만, 원래의 제이크는

---

2 유사한 소재를 기반으로 한 영화로는 아널드 슈워제네거(Arnold Schwarzenegger)가 주연한 〈여섯 번째 날(The 6th Day)〉이 있다. 최근 넷플릭스에서 공개된 〈리빙 위드 유어셀프(Living with Yourself)〉도 복제와 관련된 인격 동일성의 문제를 다루고 있다.

스스로의 운명이 여전히 바뀌지 않았음을 발견하고 절망에 빠진다.

여기서 우리는 클론 제이크가 원래의 제이크와 같은 사람(동일한 인격)인지의 물음을 제기할 수 있다. 만약 우리가 패턴주의의 주장을 받아들인다면, 둘 모두가 제이크라고 말해야 한다. 두 제이크가 동일한 심리적 구성을 공유하고 있기 때문이다. 정보 패턴의 측면에서 이들은 동일하고 아무런 차이를 갖지 않는다. 그런데 이들은 한 명이 아니라 서로 다른 두 명의 사람이다. 새로 복제된 클론 제이크는 원래의 제이크와 수적으로 동일하지 않으며, 단지 원래 제이크를 복제한 인공두뇌와 신체의 구성을 가진 또 다른 사람이다. 소설에서도 그렇듯이, 이 둘은 서로 완전히 다른 삶을 살 수 있고 한 사람이 죽어도 다른 사람이 살아남을 수 있다는 점에서 다른 지속 조건을 가지고 있다.

인격 동일성의 문제는 이 둘 중에서 누가 제이크인지를 묻는다. 제이크는 수적으로 한 명이며, 오직 한 명의 사람만이 제이크가 될 수 있기 때문이다. 한 사람이 두 사람이 될 수는 없으므로, 둘 모두가 제이크가 될 수는 없다. 소설을 읽는 독자라면 아마도 제이크의 역설적 상황에 대해 안타까움을 느끼게 될 것이다. 이런 안타까움을 느끼게 되는 것은 원래의 제이크만이 진정한 제이크이고 복제 제이크는 단지 클론에 불과하기에 원래 제이크와 동일한 인물이 아니라고 간주하는 상식적인 직관을 따르기 때문이다. 그런데 패턴주의를 따른다면, 상황은 그렇게 단순하지 않다. 이들은 서로 동일한 정신의 정보 패턴을 가지고 있다. 따라서 패턴주의의 주장을 따른다면, 둘 모두가 제이크라고 주장할 동등한 권리를 갖는다.

이러한 역설적 상황이 보여 주는 바는 특정 유형의 패턴을 갖는 것이 인격 동일성의 충분한 조건이 될 수는 없다는 것이다. 내 정신의 패턴이 나 자신이 되는 데 필수적인 조건이기는 하지만 나의 동일성 (정체성)에 대한 완전한 설명으로는 충분하지 않다는 것이다. 이에 대한 해결책으로 슈나이더는 수정된 패턴주의를 제안한다. 즉, 완전한 인격 동일성 이론을 산출하려면 정보 패턴의 동일성 외에 추가적인 속성이 필요하다는 것이다. 그녀의 제안은 패턴의 시간적·공간적 연속성이 생존을 위해 추가로 필요하다는 것이다. 이러한 수정된 패턴주의에서, 원래 제이크와 복제된 제이크의 '시공간 벌레(space-time worm)'[3]는 〈그림 8-1〉과 같이 그릴 수 있다.

왼쪽이 원래 제이크와 같은 일반적인 경우의 사람들이 갖는 시공

---

3 시공간 벌레는 흔히 4차원주의 혹은 'Perdurantism'으로 불리는 대상의 시간적 부분(temporal part)에 대한 이론에서 나오는 표현이다. 이에 따르면, 대상은 시간적 부분들, 혹은 3차원 시간 단면들의 합으로 간주되어야 한다. 즉, 대상은 3차원 공간에 시간의 차원이 더해진 4차원의 연속체 안에 놓여 있으며, 대상이 공간적 부분을 갖는 것과 마찬가지로 그것이 차지하는 시간대를 따라 시간적인 부분들을 갖게 된다는 것이다. 가령, 어떤 특정 시점의 대상은 (3차원의 대상을 잘랐을 때 생기는 2차원의 단면에 유사한) 그 대상의 3차원적인 '시간 단면(temporal slice)'에 불과하다. 또한 그 대상의 일정 기간 동안의 시간 조각(temporal segment)은 3차원 대상의 잘라 놓은 일부가 3차원적인 공간적 부분을 형성하듯이, 그 대상의 시간적 부분을 형성한다. 이러한 시간 단면/조각들을 시간의 흐름에 따라 하나로 묶어 놓은 것이 '시공간 벌레'다. 그것이 의미하는 바는 모든 대상은 시간과 공간을 따라 뻗어 있는 일종의 4차원적 '벌레'와 같다는 것이다. 이 글이나 슈나이더의 책이 'perdurantism'에 대해 논의하는 것은 아니며, 논의의 서술을 위해 표현만 빌려 온 것임을 밝혀 둔다.

〈그림 8-1〉 원래 제이크와 복제된 제이크의 시공간 벌레

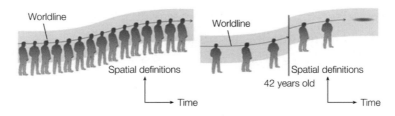

〈그림 8-1〉 원래 제이크와 복제된 제이크의 시공간 벌레

간 벌레의 모습이다. 오른쪽은 복제된 제이크의 시공간 벌레 모습인데, '마인드 스캔' 과정 이전과 이후 사이에 모종의 시공간적 단절이 존재한다. 이 그림에 따르면, 제이크는 42년 동안 존재하다가 마인드 스캔을 받게 되고, 그 시점에 공간상의 다른 위치로 순간 이동을 하며 그 이후에 이어지는 남은 생애를 살아가게 된다(Schneider, 2019: 86). 이는 왼쪽의 정상적인 생존의 경우와 구분되며, 시공간적 연속성의 조건을 충족시키지 못한다는 것이 슈나이더의 진단이다. 슈나이더는 수정된 패턴주의를 받아들이면, 시공간적 연속성 조건을 통해 원래 사람과 복제물을 구별하는 것이 가능해진다고 주장한다. 클론 제이크의 경우에, 복제 이전의 제이크와의 사이에 성립하는 시공간적 연속성에 대한 요구 조건을 충족할 수 없기 때문이다. 그러므로 복제된 클론은 엄격히 말해서 제이크가 아닌 다른 사람이다.

그런데 클론 제이크의 경우를 안드로이드 신체를 포함하는 업로딩의 한 사례로 볼 수 있다.[4] 결론적으로 슈나이더는 업로딩은 비록 동일한 정보 패턴의 복제에 성공하더라도 시공간적 연속성 조건을 충족하지 못하므로 인격 동일성의 유지, 즉 생존에는 실패한다고 주장

한다. 만일 우리가 수정된 패턴주의의 주장을 그대로 받아들이면, 죽음을 피하거나 추가적인 향상을 촉진하기 위한 업로딩은 실제로는 '향상'이 아니라 오히려 죽음에 이르는 길이 된다는 것이다.

우리는 여기서 일단 클론 제이크가 시공간적 연속성의 조건을 충족하지 못한다는 주장에 대해서 의문을 제기할 수 있다. 패턴주의에서 중요한 것은 정보 패턴의 지속성 여부이며, 시공간적 연속성을 확인할 때 우리가 고려해야 하는 사항도 원래 제이크의 정보 패턴과 클론 제이크의 정보 패턴 사이에 성립하는 연속성의 여부다. 클론 제이크가 갖는 정보 패턴은 진공에서 갑자기 생겨난 것이 아니다. 이는 원래 제이크의 정보 패턴에 대한 물리적인 스캔 과정을 거쳐, 모종의 물리적인 통신수단을 거치고 클론 제이크에게로 전송된 것이다. 이러한 모든 과정은 시공간 내 물리적인 사건 간의 인과적 연쇄를 통해 이뤄진다. 그러므로 원래 제이크의 정보 패턴과 클론 제이크의 정보 패턴을 이어 주는 모종의 인과적 연쇄가 존재하며, 그런 점에서 이들 사이에도 시공간적 연속성은 엄연히 존재한다. 그림에서 단절이 있어 보이는 것은 이들의 신체를 기준으로 단절을 판단했기 때문이다. 정보 패턴의 경우 비록 일반적인 상황에서 성립하는 표준적인 시공간적 연속성과는 그 양상이 다르지만, 분명 원래의 제이크에서 이어지는 비표준적인 시공간적 연속성이 존재한다.

이러한 고려가 보여 주는 것은 단지 시공간적 연속성의 조건만을

4　엄격히 말하면, 이 경우는 신체의 복제를 포함한 업로딩이다. 그런데 이 글에서 우리의 주된 관심은 정신의 패턴만을 디지털 매체로 이전하는 디지털 업로딩이다.

추가한다고 해서, 클론 제이크가 원래의 제이크와 다른 사람이라거나, 업로딩은 생존과 양립 불가능하다고 결론 내릴 수 없다는 것이다. 이때 슈나이더가 져야 할 부담은 비표준적인 인과적 연쇄를 통한 시공간적 연속성은 왜 인격 동일성의 유지나 생존에 해당할 수 없는지에 대한 이유를 제시하는 일이다. 그런데 이것이 단지 비표준적이라는 이유만으로 시공간적 연속성의 요구를 충족하지 못한다고 배제할 수는 없다. 업로딩은 지금까지 우리가 경험하지 못했던 혹은 가능하지 않았던 새로운 생존의 수단에 대한 제안이다. 그런데 그것이 우리에게 익숙한 표준적인 생존과 그 인과적 연속성의 구조가 다르다는 이유만으로 시공간적 연속성을 충족하지 못한다고 주장할 수는 없다. 이는 이미 표준적인 경우만 생존으로 인정할 때 가능한 일종의 질문 구걸의 오류에 해당한다.

트랜스 휴머니스트이자 계산주의자이기도 한 슈나이더는 시공간적 연속성의 조건 외에도, 마음(정신)에 대한 소프트웨어 예화(instantiation) 견해(Software Instantiation View of the Mind)를 통해 업로딩이 생존에 해당하지 않음을 주장한다. 그 이유를 들어 보자. 프로그램은 컴퓨터 코드로 이뤄진 일련의 명령문 목록이다. 그런데 소프트웨어 코드는 수학 방정식과 같이 일종의 추상적인 대상으로 간주할 수 있다. 추상적 대상은 비공간적·비시간적·비물리적·비인과적(acausal)이라는 점에서 구체적인(concrete) 대상과 구분된다. 그런데 마음에 대한 계산적 접근에 따르면 우리의 마음은 일종의 프로그램이다. 그렇다면 마음이 추상적인 대상이라는 말인가? 물론 그럴 수는 없다. 우리는 시간과 공간 속에 존재하는 인과적인 행위자다. 그리고 우리의 마음(혹은 정신적 과정)은 구체적인 세계 안에서 우리가 특정한 방식으로 행동하도록 야기한다(cause). 즉, 우리의 정신 상태는 세계 속에 존재하는 구체적인 인과적 과정의 일부다.

슈나이더는 이를 염두에 두고 프로그램 또는 소프트웨어 패턴과 이를 실현하고 있는 구체적인 예화, 즉 개별자로서의 프로그램 토큰(token)은 서로 구별되어야 한다고 지적한다. 우리의 마음이 만약 인과적 영향력을 행사하는 시공간 속의 어떤 것이라면, 마음은 프로그램 자체가 아니라 프로그램의 구체적인 예화와 동일시되어야 한다는 것이다. 그녀에 따르면, 프로그램을 구동하고 정보의 패턴을 저장하고 있는 것은 프로그램의 구체적인 예화다(Schneider, 2019: 138). 마음은 프로그램 자체가 아니라 프로그램을 구동하는 구체적 대상(상태, 과정)인 프로그램의 예화다. 여기서 프로그램은 두뇌 혹은 여타의 인지 시스템이 구현하고 있는 알고리듬이며, 이는 원칙적으로 인지과학에서 발견 가능한 어떤 것이다.

프로그램과 프로그램 예화를 구분할 경우에, 업로딩은 프로그램의 새로운 예화를 생성하는 과정이며, 동일 프로그램 유형에 속하는 다른 개별자를 생성하는 과정이다. 그런데 슈나이더는 개체(개인)의 생존은 유형이 아니라 개별자 수준의 문제라고 주장한다. 그 결과, 마음의 지속은 불가피하게 그것을 구현하는 기저 물질의 지속 여부에 의해 구속받게 된다. 따라서 그녀는 업로딩을 통한 자기 복제는 원래의 정보 패턴과는 구분되는 다른 개별자를 만드는 것이므로, 원래 인간의 생존을 보장하지 않는다고 주장한다.

이러한 주장을 슈나이더가 제시하는 다음 예시를 통해 살펴보자.

〈스타트렉〉에 나오는 안드로이드인 데이터 소령이 그를 해체하려는 적들에게 둘러싸여 있고, 최후의 수단으로 모함인 엔터프라이즈의 컴퓨터에 자신의 인공두뇌를 업로딩한다고 가정해 보자. 과연 그는 생존에 성공할 수 있을까? 우리가 마음에 대한 소프트웨어 예화 견해를 받아들인다면, '예'라고 답할 수 없다. 데이터의 개별적인 마음은 프로그램의 예화로서 구체적인 대상이고, 추상적인 대상이나 유형으로서의 프로그램 자체와는 구별된다. 그렇다면, 그것은 우리 인간의 마음과 마찬가지로 천천히 진행되는 노쇠화의 과정을 거치거나 갑작스러운 사고에 의해서 파괴될 수 있다. 개인(개체)의 생존은 유형 수준이 아니라, 개별자 수준에서 결정되는 문제이기 때문이다. 데이터 소령은 독립적인 개체로서 개별적인 인공지능이다. 그러므로, 그것과 동일한 정보 패턴의 유형을 갖는 다른 안드로이드를 생성한다고 해서, 개체로서의 데이터의 생존이 보장되지는 않는다. 그 경우에 '생존'에 성공한 것은 데이터의 것과 동일한 유형의 프로그램(마음 유형)이다.

이러한 논의를 통해 슈나이더가 제안하는 바는 다음과 같다. 아무리 지능의 급진적 향상이나 디지털 불멸이 유혹적이라 하더라도 거기에 대해 우리가 취해야 할 최선의 태도는 형이상학적 겸손이다. 자신의 마음을 새로운 유형의 기반 물질로 '이전'하거나 두뇌를 과감하게 변경하는 등의 선택은 인격 동일성의 이슈 등에 대한 철학적 논의를 통해 정보에 입각한 결정(informed decision)이 필요한 일이다. 그러한 논의에 따르면, 생존의 수단으로서의 업로딩이란 생각은 개념적으로 결함이 있는 기반에 의존하고 있다. 마음에 대한 소프트웨어 예화 견해를 따르면, 정보 패턴의 인격성은 그 물질적 기반의 제약에 종속되어 있다. 따라서, 마음의 정보 패턴을 복사하는 것은 생존에 해당하지 않으며, 업로딩의 무모한 시도는 일종의 자살일 가능성이 있다.

> 만약 우리가 인격의 궁극적 본성에 관해 확신이 없다면, 우리는 안전하고 신중한 선택을 해야 한다. 가능한 한, 정상적인 뇌가 학습과 성숙 과정을 통해 겪는 종류의 변화를 반영하는, 점진적이고 생물학 기반의 치료와 향상을 고수하라. 향상에 대한 급진적인 접근 방식에 의문을 제기하는 모든 사고실험과 인격 동일성 논쟁에 대한 일반적인 동의의 부족을 염두에 둔다면, 이런 조심스러운 접근이 가장 현명하다. 설령 기반 물질의 유형을 변경(가령, 탄소 대 실리콘)하지 않더라도, 급진적이고 빠른 변경은 피하는 것이 최선이다. 또한 마음을 다른 기반 물질로 '이전'하려는 시도는 피하는 것이 현명하다(Schneider, 2019: 149~150).

4. 파핏: 동일성의 비중요성

슈나이더의 진단과 대응은 과연 적절한가? 물론 업로딩과 같은 모험적인 기술의 적용에 조심스럽게 접근할 필요가 있다는 경고에는 동의하지 않을 이유가 없다. 그런데 정보 패턴으로서의 마음을 개별자인 프로그램 예화와 동일시하고, 업로딩은 동일 유형의 다른 개별자를 생성하는 과정이므로 생존에 해당되지 않는다라는 결론은 다음과 같은 반론에 직면할 수 있다.

인격 동일성 논의에서 특히 유명한 데릭 파핏(Derik Parfit)은 정말로 문제가 되는(중요한) 것은 심리적 연속성이며 인격 동일성(혹은 생존 그 자체)은 중요한 문제가 아니라고 주장한다(Parfit, 2003). 파핏은 자신의 이러한 주장을 뒷받침하기 위해 제이크의 사례와 유사한 몇 가지 사유실험을 제안한다. 그 한 가지는 원격이동장치(teletransporter)를 이용한 화성 여행의 사례다. 이는 〈스타트렉〉의 원격이동장치와 같이, 나에 관한 모든 정보를 스캔하여 화성에 전송하고, 화성에서는 그 정보로 그곳에 있는 분자 물질을 이용하여 '나'를 재합성하고, 원래의 나는 분해하여 파괴하는 방식으로 작동한다.[5] 그런데, 장치의 오동작으로 인해, 화성에 나의 복사본이 만들어지는 동시에 원래의 나도 파괴되지 않고 남아 있다면 어떻게 될까? 이는 제이크의 사례와 정확히 동일한 논리적 구조를 가지고 있다.

파핏이 제안하는 또 다른 사례는 우리 두뇌의 좌우 반구를 분리하여 각각 다른 신체에 이식했는데, 두 반구가 모두 의식의 중추로서 잘 작동하면서 나에 대한 동일한 기억을 유지하고 있는 경우다. 이는 분할(division)의 사례인데, 원래의 나는 더 이상 존재하지 않으며 나의 정보 패턴을 계승한 새로운 두 존재가 생겨났다. 이들 각각을 레프티(Lefty)와 라이티(Righty)라고 불러 보자. 여기서 우리는 패턴주의의 관점에서 둘 중 누가 진짜 나인지의 질문을 제기할 수 있다. 이에 대해

---

5 이때 엄격한 기준의 물질적 동일성이나 슈나이더의 소프트웨어 예화 견해를 취하게면, 화성에서 만들어진 내가 원래의 나와 동일한 사람인지에 대해서 의문을 제기할 수 있다.

가능한 답변은 네 가지다.

    ① 둘 다 내가 아니다.

    ② 레프티가 나다.

    ③ 라이티가 나다.

    ④ 둘 다 나다.

  먼저 ①의 입장은 인격의 생존은 물질적 예화에 우선하는 정보 패턴으로서의 정신 지속에 달려 있다는 패턴주의의 관점과 정면으로 충돌한다. ②와 ③은 서로 대칭적이다. 정보 패턴의 관점에서 ②와 ③은 서로 동일하고, 따라서 둘 모두가 나임을 주장할 동등한 권리를 갖는다. 따라서 그중 하나만이 참이라고 하는 것은 임의적인 선택으로 정당화되기 어렵기 때문에, 둘 모두가 만족스러운 답변이 될 수 없다. ④는 앞서 제이크의 경우에서 살펴보았듯이, 원래의 내가 수적으로 한 명이라는 사실과 충돌한다. 한 명이 두 명이 될 수는 없다. 결국 가능한 모든 답변이 모두 나름의 문제를 갖고 있어서 만족스러운 답변이 될 수 없다.

  그런데 파핏은 위와 같은 상황에서 제기되는 인격 동일성의 질문이 공허(empty)하다고 지적한다(Parfit, 2003: 135~136). 먼저 인격 동일성에 대한 패턴주의 혹은 심리적 연속성의 이론을 따라, 인격 동일성의 사실(fact)은 믿음이나 기억의 연속성과 같은 정보 패턴에 관한 사실들로 구성된다고 가정해 보자. 이 말은 정보 패턴과 관련된 사실들 외에 인격 동일성과 관련된 추가적 사실은 없다는 의미다. 즉, 인격 동일성이 정보 패턴으로 구성된다고 할 때, 비록 인격 동일성과 정보 패턴은 개념적으로 구분되지만, 그렇다고 해서 인격 동일성이 정보 패턴과 분리되거나 독립적으로 존재하는 사실은 아니라는 것이다.[6] 우리는 나의 두뇌가 분리되어 레프티와 라이티에게 이식되는 전 과정 등, 관련된 경험적 사실에 대한 모든 지식을 가지고 있다. 여기에는 오직 사건들의 단일한 방식의 전개만이 존재한다. 레프티와 라이티의 인격 동일성과 관련된 위의 네 가지 명제(질문)는 그러한 사실들과 독립적인 추가적인 사실을 기술하고 있지 않다. 이들은 단지 우리가 이미 알고 있는 동일한 결과에 대한 네 가지 다른 방식의 기술에 해당할 뿐이다. 우리는 이러한 기술을 택하지 않고도 사건의 진행이나 결과에 대한 온전한 진리를 알 수 있다. 그렇다면, 여기서 우리가 묻고 있는 것은 '어떤 것이 일어난 사태에 대한 최선의 기술인가?'라는 질문일 뿐이다.

이 지점에서 파핏은 우리에게 정말로 중요한 질문은 무엇인가라는 문제를 제기한다. 다음의 두 질문을 고려해 보자. 전자가 동일성에 관한 질문이라면, 후자는 심리적 연속성과 관련된 질문이다.

---

6 파핏은 인격 동일성이 심리적 연속성의 사실로 구성된다는 주장 등을 환원주의적 견해로 부르며, 이와는 별도로 인격 동일성을 결정하는 별도의 추가적 사실이 존재한다는 비환원주의적 견해와 구분한다. 비환원주의 견해의 대표적인 입장으로는 영혼의 존재와 같이 데카르트적 자아(ego)를 가정하는 이원론적 견해가 있다.

- 업로드 이후에, 나인 누군가가 존재할 것인가?
- 업로드 이후에, 지금의 나와 심리적으로 연속적인 누군가가 존재할 것인가?

이 두 가지 중에서 정말로 중요한 질문은 어떤 것인가? 파핏은 '어느 것이 최선의 기술(묘사)인가?'의 질문이 아니라, '어떤 것이 나에게 중요해야 하나? 나는 분리[혹은 업로딩]에 대한 전망을 어떻게 간주해야만 하나? 그것을 죽음과 같은 것으로 간주해야 하는가, 아니면 생존과 같은 것으로 간주해야 하는가?'가 중요한 질문이라고 생각한다. 우리는 업로딩을 보통의 죽음만큼 나쁜 것으로 대할 수도 있고, 보통의 생존만큼 좋은 것으로 대할 수도 있다. 어느 것이 합리적 태도인가? 파핏의 대답은 후자다. 분리의 경우든 업로딩의 경우든, 우리가 보통의 생존에서 중요하다고 생각하는 모든 것들이 거기에 포함되어 있기 때문이다. "죽는 것과 분리는 별개의 것이다. 이들을 동일하다고 간주하는 것은 2를 0과 혼동하는 것과 같다. 이중의 생존은 보통의 생존과는 다르다. 그러나 그것이 이중 생존을 죽음으로 만들지는 않는다. 그것은 죽음과 훨씬 덜 유사하다"(Parfit, 2003: 137).

파핏은 인격 동일성의 엄격한 기준을 만족시키는 생존 자체가 중요한 것이 아니라, 나와 미래의 그 존재 사이의 관계가 정말로 중요한 것들을 포함하고 있는지의 여부를 따져야 한다고 주장한다. 인격 동일성이 만일 다른 사실들로 구성되는 관계라면, 오히려 더 중요한 것은 바로 그러한 사실들의 보존 여부다. 그렇다면 우리가 중요하게 따져야 할 사항은 그 미래의 존재가 나와 심리학적으로 연결되었거나 혹은 연속성을 가지고 있는지의 여부다. 동일성이 '예', '아니오'의 답만을 허용하는 이원적 관계라면, 심리적 연속성은 정도의 문제로 접근할 수 있다. 따라서 설령 나와 그 존재 사이의 관계를 동일성으로 부를 수 없고 그 결과 생존이 아니라고 말할 수도 있지만, 심리적 연속성과 관련된 사실에는 아무런 변함이 없으며 이 관계들은 근본적으로 중요한 모든 것을 포함할 수 있다. 나와 그 사이의 심리적 연결/연속성의 관계는 마치 동일성과 같은 정도로 좋은 것이며, 동일성이 갖는 일상적 함축의 대부분(정말로 중요한 것들)을 유지하고 있다 (Parfit, 2003: 304).

내가 생존을 통해 원하는 바는, 내가 미래에도 심리적 측면에서 지금과 같은(혹은 더 나은) 사람으로 남아 있으면서, 나에게 중요한 가치를 추구하거나 보람된 일을 하면서 내가 원하는 삶을 살아 가는 모습이다. 만약 그렇다면 생존과 관련해 중요한 질문은 단지 내가 살아남았다는 사실뿐만 아니라 나에게 중요한 그런 것들이 잘 보존되고 있는지의 여부다. 일반적인 상황에서 생존은 내가 중요하다고 생각하는 것들을 보존하면서 원하는 삶을 누릴 수 있기 위한 전제 조건이다. 그런데 업로딩과 같은 특수한 상황에서는, 슈나이더가 요구하는 것과 같은 엄격한 인격 동일성의 조건을 만족하는 생존은 보장되지 않더라도, 여전히 나와 심리적으로 충분히 유사하면서 내가 원하는 삶을 살아가는 누군가가 계속 존재한다. 만약 그렇다면, 엄격한 인격 동일성이 유지되지 않아도 그것이 큰 문제는 아니라고 주장할 수 있지 않을까? 게다가 나의 복사본은 여전히 그 자신이 나와 동일한 사람이라고 생각하고 있다면 말이다.

5. 체화된 마음

슈나이더는 인격 동일성과 관련해 마음의 소프트웨어 예화 견해를 제안했다. 그런데 이 입장은 여전히 마음에 대한 계산주의적 접근을 취하고 있다. 슈나이더는 인간 정신의 소프트웨어 패턴을 컴퓨터의 전자두뇌로 복사하는 업로딩의 가능성을 부정하지 않는다. 그녀가 부정하는 것은 개별자 수준에서, 어떤 소프트웨어 패턴과 그 패턴의 복사본 사이에 인격 동일성의 관계가 유지되지 않는다는 것이다. 그런데, 이는 우리가 살펴보았듯이, 파핏 식의 반론에 직면한다. 개별자 수준의 동일성 관계가 사실은 그렇게 중요하지 않고, 정말로 중요한 것은 업로딩된 존재와 나 사이의 심리적 연결/연속성인데, 업로딩의 경우에도 그 관계는 보존되고 있기 때문이다. 그렇다면 수오지의 경우와 같이 자신의 생존을 간절히 원하는 경우라면, 자신과 심리적 연속성을 유지하는 어떤 존재가 계속해서 삶을 살아가도록 업로딩을 시도하지 않을 이유가 없다. 문제는 그것을 생존이라 부를 수 없다는 것인데, 실질적으로 중요한 모든 것이 보존되어 복사된다면, 그것이 일상적인 표준적 생존 방식과 다르다는 것이 무슨 문제가 되겠는가?

그렇다면 업로딩에 아무런 문제가 없는 것일까? 업로딩에 관한 위의 언급에는 중요한 사항이 하나 전제되어 있다. '실질적으로 중요한 것을 모두 보존하면서' 인간 정신의 정보 패턴을 컴퓨터의 전자두뇌로 복사하는 것이 가능하다는 주장이 그것이다. 그런데 과연 우리 정신은 정말로 중요한 모든 것을 보존하면서 전자두뇌로 복사 가능한 것일까? 슈나이더 같은 이가, 정신의 (유형의 차원에서라도) 복사가 가능하다고 생각하는 이유는 계산 기능주의에 대한 논의에서 살펴보았듯이, 물질에 대한 정신의 독립성을 암암리에 전제하기 때문이다.[7]

정신은 신체와 분리될 수 있으며, 비인간 신체(전자두뇌)에도 구현 가능하다는 주장을 신체와 정신의 분리 가능성 논제(separability thesis)라고 불러 보자. 이러한 분리 논제에 따르면, 정신은 그것이 구현될 신체를 가리지 않는다. 그런데 이러한 분리 논제가 가능하기 위해서는, 역으로 "신체의 특성이 우리가 소유하는 정신의 구조나 종류에 아무런 차이를 만들지 않는다"라는 신체 중립성(body neutrality)이 전제되어야 한다(Shapiro, 2004: 175). 만약 우리의 신체가 그 정신의 특성에 반영되어 있고 그 구조나 작동에 중대한 차이를 만들어 낸다면, 비록 정신을 정보 패턴으로 간주하더라도 그것이 원래의 것과 매우 다른 신체에 이식되었다면 해당 특성의 올바른 작동을 기대하기는 어려울 것이다. 정신이 몸에서 분리될 수 있고 몸은 정신의 본성에 중립적이라는 가정은, 정신은 그것을 실현하는 두뇌/신체의 종류로부터 '아무런 손실 없이' 추상화하여 특징지을 수 있는 프로그램이라는 생각과 깊은 관련이 있다. 업로딩에 대한 커즈와일의 패턴주의나 정신 패턴의 복제 가능성에 대한 슈나이더 식의 계산주의적 주장은 모두 이러한 맥락에서 비롯된다.

나는 업로딩에 대한 정확한 철학적 평가를 위해서는 이러한 입장

---

7   정신의 본성에 대한 기능주의의 입장을 취하면서도 정신과 신체의 급진적인 분리 가능성에 대해 회의적인 입장도 얼마든지 가능하다. 일정 수준에서 물리적 구조의 제약을 받는 기능주의의 가능성에 대한 논의는 신상규(2010)를 참조하라.

들이 공유하는 신체 중립성 가정을 철저히 평가할 필요가 있다고 생각한다. 만약 우리가 신체 중립성 논제를 부정한다면, 즉 신체의 특성이 정신의 본질이나 구조에 중요한 차이를 만든다고 생각한다면 어떻게 될까? 물론 이 경우에도 정신을 모종의 정보 패턴의 형태로 추상화하는 가능성을 생각해 볼 수는 있다. 문제는 그러한 추상화가 아무런 손실이 없는(lossless) 방식으로 이뤄지는가 하는 점이다. 다시 말해서, 추상된 정보 패턴이 나의 마음이 갖는 중요한 특성을 모두 보존하지 않는 손실 방식의 복제일 가능성은 없는가? 만일 추상화의 과정이 손실 방식으로 이뤄진다면, 그렇게 추상된 패턴을 디지털 전자 두뇌로 이전하는 것만으로 마음의 심리적 연속성이 보장된다고 기대할 수는 없다. 그런 의미에서, 디지털 정보 패턴이 정말로 중요한 모든 것을 포함하고 있지 않을 가능성을 보이는 것은, 슈나이더가 했던 것보다 훨씬 더 근본적인 방식의 업로딩에 대한 비판일 수 있다.

그런데 우리는 아직 그것을 충분히 입증할 수 있는 위치에 있지는 않다. 따라서 이하의 논의에서는 그 가능성을 모색하기 위한 몇 가지 단서들을 제시하는 것으로 만족하고자 한다. 그런 목적으로 우리가 눈여겨봐야 할 가장 유력한 지점은 체화된 인지 혹은 마음의 입장이라고 불리는 인지과학의 최신 견해들이다. 체화된 인지(마음)에 관한 주장들은 인지에서 두뇌 바깥에서 일어나는 신체적 과정이나 환경과의 상호작용을 강조한다. 여기에는 흔히 4E로 부르는 좁은 의미의 '체화된 인지', '환경-내장적(embedded) 인지', '행동적(enacted) 인지', '확장된(extended) 인지'의 입장이 포함된다.

거칠게 말해서, 이 입장들은 정신 상태나 과정이 두뇌에만 존재한다는 두뇌 중심주의를 거부한다. 이들은 물리적인 신체성(embodiment), 행동 또는 인지 시스템이 처한 환경적 상황을 고려하지 않고서는 인지에 대한 정확한 이해가 불가능하다고 주장한다. 정신적 과정이 부분적으로는 두뇌 외부의 신체나 신체적 행동 그리고 신체 바깥의 외부 세계에 의해 구성되기 때문이다. 정신이 신체나 환경에 의해서 '구성'되는 관계는 신체나 환경이 인지 과정에서 인과적 역할을 수행한다는 우연적 의존관계와는 구분되어야 한다. 그 차이는 산소가 물의 구성 요소라는 것과, 산소가 화재나 폭발의 원인으로 작용한다는 것의 차이에 빗대어 이해될 수 있다. 체화된 마음 논제는 마음이나 인지를 구성하는 요소가 무엇인지에 대한 주장이다. 이에 따르면, 인지 과정은 단순히 두뇌에 예화된 구조나 작용만으로 이뤄지지 않는다. 인지는 두뇌를 넘어서는 신체 구조와 과정, 그리고 환경을 그 구성 요소로 포함한다.

샤피로는 '마음은 그것이 포함된 몸을 깊이 반영한다'라고 주장한다. 우리가 어떤 종류의 몸을 가지고 있는지가, 우리의 마음이 어떻게 구조화되고 어떻게 작동하는지에 대해서 중요한 차이를 만든다는 것이다. 우리가 가지고 있는 몸의 종류에 따라 우리의 마음이 세상의 특징을 표상하는 방식이나 사용하는 개념의 구조가 달라진다. 샤피로는 마음의 본성이나 구조에 대한 신체의 기여가 본질적임을 주장하면서 다음과 같이 말하고 있다.

심리적 과정은 신체의 기여 없이는 불완전하다. 인간의 시각은 인간 신체의 특징을 포함하는 과정이다. … 지각 과정은 신체 구조를 포함하며 그것에 의존한다. 이것은 다양한 지각 능력에 대한 기술이 신체 중립성을 유지할 수 없음을 의미하며, 또한 비-인간 신체를 가진 유기체는 비-인간적 시각과 청각의 심리학을 가질 것임을 의미한다 (Shapiro, 2004: 190).

이러한 입장을 따르면, 최소한 지각 경험과 관련된 우리의 정신적 상태와 구조는 그것을 실현하는 물질적 기반인 신체/두뇌로부터 아무런 손실 없이 분리되어 다른 물질적 기반으로 이전될 수 없을 것처럼 보인다. 가령 시각과 관련된 우리의 경험 상태와 구조에 해당하는 정보 패턴을 박쥐의 두뇌/신체 구조로 이전했다고 가정해 보자. 새로운 신체에 이식된 이러한 시각적 정보 패턴의 작용은, 지금 우리가 인간 신체를 통해 경험하는 내용과는 매우 다를 것이라고 추측해 볼 수 있다. 가령 매우 높은 수준의 신경 가소성을 가정한다 하더라도, 정위감이나 대상의 위치, 형태 등에 대한 정보처리는 가능할지 모르지만 색채와 같은 요소에 대한 접근은 원천적으로 불가능할 것이다.

그러한 생각의 함의가 무엇인지를 다음과 같은 사례를 통해 생각해 보자. 우리는 음악 작품을 수학적 구조로 된 일종의 정보 패턴으로 간주할 수도 있다. 요즘 우리가 음악을 듣는 데 사용하는 주요 미디어는 CD나 MP3와 같이 디지털화를 통해 저장된 디지털 파일이다. 그런데 이 음악 파일들은 음악 작품의 정보 패턴은 보존하고 있지만, 음악이 주는 감동과는 분리되어 있다. 말하자면, 정보 구조로서의 노래 자체는 그것과 관련된 주관적 의미 (만족) 조건과 분리되어 있다. 이 음악 파일이 우리에게 음악적 감동을 주기 위해서는, 우리 신체의 지각 구조에 적합한 방식으로 재생되고 신체적으로 경험되어야 한다.

정보 패턴으로서의 이 노래가 그것이 갖는 의미를 온전히 실현하기 위해서는 우리 몸의 지각 체계를 통해 경험되어야 한다는 것이다.

이를 좀 더 부연해 보자. 디지털 음악 파일이 청각적 경험을 통해 음악 감상이라는 행위의 대상이 되기 위해서는, 먼저 디지털로 추출된 정보 구조가 모종의 변환기(transducer)를 통해서 아날로그 방식으로 전환되어야만 한다. 우리가 사용하는 스마트폰이나 CD 플레이어는 디지털 장치이지만 그 내부에는 DAC(Digital-Analog Converter)라고 부르는 장치를 내장하고 있다. 이 장치의 역할은 디지털 신호를 우리의 신체 기관이 경험할 수 있는 아날로그 전기신호로 바꾸어 주는 것이다. 이 전기신호는 다시 스피커라는 장치를 통해 아날로그 방식의 물리적 음파를 생성한다. 우리의 신체 감각기관은 디지털 정보가 아니라 바로 이 물리적 음파라는 아날로그 신호에 반응하도록 만들어져 있다.

그런데 만일 우리가 지금의 생물학적 신체와는 전혀 다른 기계적인 로봇 몸을 가진 존재로 변한다면, 과연 우리는 지금과 같은 음악적 감동을 경험할 수 있을까? 나는 그럴 가능성에 대해 매우 회의적이다. 먼저 기계의 전자두뇌가 디지털 방식으로 작동한다면 디지털 정보를 굳이 아날로그로 변환할 필요가 없을 것이다. 마치 컴퓨터가 USB에 저장된 파일을 읽어 들이듯이, 음악 파일의 내용을 디지털 파일로 전송하면 되기 때문이다. 그리고 설령 마이크와 같은 수신 장치를 통해서 아날로그 소리를 수신한다고 하더라도, 그 내부에서 이뤄지는 소리 신호의 처리 과정은 우리 인간의 신체적 처리 과정과는 매우 다를 것이다. 그것은 녹음된 소리를 그 물리적 파형 정보에 따라 패턴을 추출하고 분류하는 컴퓨터 음성 인식 장치의 조작 과정과 유사하지 않을까? 여기에는 아날로그의 매개를 거쳐서 소리를 신체적으로 경험함으로써 이뤄지는 인간의 음악적 감동의 경험이 들어설 여지가 없다. 음악에 대한 컴퓨터의 음성 정보처리나 인식 과정도 모종의 '음악적 경험'이라고 부를 수 있을지는 모르지만, 최소한 그것은 우리 인간이 체험하는 종류의 음악적 경험은 아니다. 나는 디지털 형태로 추출된 정보 패턴으로서의 정신 상태라는 것이 마치 CD에 수록된 음악의 정보 패턴과 같은 것이어서, 온전한 정신 상태에 해당하지는 않는다고 생각한다. 의미와 관련된 주관적 경험의 요소들이 추상되어 사라지기 때문이다.

이러한 생각을 일반화하여, 나는 업로딩과 관련해 정신 상태의 지향적 내용이나 만족 조건에 대한 신체의 역할이나 기여가 무엇인지를 철저히 따져 볼 필요가 있다고 생각한다. 전통적인 객관주의적 의미 이론을 따르면, 의미는 주관적 체험의 요소가 철저히 배제된 채로 기호적 표상과 객관적인 실재 사이의 대응에 의해 성립하는 추상적 관계로 파악된다. 가령, 고틀로프 프레게(Gottlob Frege)의 경우, 지시체에 대한 객관적인 이해 혹은 현시(presentation)의 양식인 뜻(sense)과 개인의 주관적인 마음에 떠오른 심상이나 관념을 구분하고, 전자만을 공적인 의미 현상으로 간주하며 후자는 사람에 따라 달라지는 단순한 심리적 현상으로 평가절하한다. 이러한 의미 이론에서, 개념의 의미는 그 개념의 적용을 위한 필요충분조건과 동일시되고, 특정한 명제나 발화의 의미는 그것이 세계 안의 어떤 사태에 의해 '충족되는' 혹은 참이 되는 조건과 동일시된다. 이러한 의미 조건에 신체 및

신체에 기반한 주관적 경험의 요소가 개입될 여지는 없다.[8]

전통적인 인지과학 혹은 계산 기능주의적 견해에서도 신체는 감각적 입력의 역할을 제외하고는 사고 내용의 형성과 무관한 것으로 간주된다. 시각이나 청각 시스템을 통해 주어지는 입력들은 양상적(modal) 특징을 가지고 있지만, 이후에 진행되는 인지적 단계에서 이런 양상적 표상들은 그 감각적 기원의 흔적을 갖지 않는 비양상적(amodal)인 사고언어(language of thought)의 부호로 전합된다(Shapiro, 2019: 85). 사고언어의 부호들은 그 자체로는 무의미한 임의적인(arbitrary) 부호이며 세계의 사물들에 대해 성립하는 대응을 통해 의미를 획득한다. 추론과 같은 사고의 과정은 이러한 부호들에 대한 형식적인 계산적 조작으로 이뤄진다. 여기서도 몸의 구체적 본성은 의미나 개념, 사유와 관련해 결코 결정적인 요소로 인정되지 않는다.

그러나 마크 존슨(Mark Johnson) 같은 철학자는 우리의 "신체성은 어떤 것이 우리에게 의미를 갖게 되는 방식뿐만 아니라 이러한 의미가 발전되고 다듬어지는 방식, 우리가 경험을 이해하고 사고하는 방식, 그리고 우리의 행위에 직접적인 영향을 준다"라고 생각한다(존슨, 2000: 35). 그는 의미와 합리성에 관한 적절한 해명을 위해서는 신체화된 주관적인 상상적 이해의 구조들에 중심적인 위상을 부여해야 한다고 주장한다. 특히 그가 주목하는 것은 상상력에 기반해 우리의 경험에 구조와 질서를 부여하는 이미지 도식(image schema)과 그러한

---

8 이러한 내용에 대한 자세한 논의는 존슨(Johnson, 2017: 서론)을 참조하라.

도식의 은유적 확장인 투사(projection)다.

그에 따르면, 우리 인간의 신체적 운동이나 대상의 조작, 지각적인 상호작용은 이미지 도식이라 부를 수 있는 반복적인 패턴들과 결부되어 있다.[9] 이러한 패턴들이 없다면 우리의 경험은 혼란스럽고 파악 불가능한 것이다. 이러한 도식은 일차적으로 이미지들의 추상적 구조로 기능하며, 이러한 구조를 통해 우리의 경험은 명료한 질서를 드러낸다. 즉, 이러한 도식들이 우리의 경험에 정합성과 구조, 규칙성을 부여한다. 그뿐만 아니라, 추상적 의미 또는 (합리적인) 추론 패턴이라고 생각되는 것들 또한 우리의 신체적 경험에서 기원하는 이러한 도식들에 의존한다.

> 우리가 [경험의] 질서들을 파악하고, 또 그것들에 관해 추론하는 데는 몸에 바탕을 둔 그러한 도식들이 중심적 역할을 한다. 왜냐하면, 비록 어떤 주어진 이미지 도식이 처음에는 신체적 상호작용의 구조로 생겨난다고 하더라도, 그것은 인지의 보다 더 추상적인 단계에서 그것을 중심으로 의미가 조직되는 핵심 구조로 비유적으로 발전되고 확장될 수 있기 때문이다(존슨, 2000: 36).[10]

이러한 확장에서 핵심적 역할을 담당하는 것이 은유다. 은유는 물

---

9 이미지 도식이라고 해서 이것이 단순히 시각적 경험에만 적용되는 것은 아니다. 그러한 도식의 예로는 앞-뒤, 위-아래, 안-밖과 같이 방향성과 관련된 도식들, 포함과 관련된 그릇 도식, 힘의 작용과 관련된 도식 등이 있다.

10 인용문은 필자가 수정한 번역문이다.

리적인 신체적 상호작용의 영역으로부터 전제-결론의 추론과 같은 합리적 과정에 대한 투사(projection)의 형태를 띠게 된다. 여기서 은 유라 함은 단순한 비유적 어법이 아니라, 한 경험 영역의 패턴을 투사 하여 다른 종류의 영역을 구조화하는 이해 방식을 나타낸다. 우리는 은유를 통해 물리적/신체적 경험에서 성립하는 패턴들을 보다 추상 적인 영역의 이해를 조직화(구조화)하는 데 이용한다. 이렇게 이해된 은유는 우리가 정합적이고 질서 있는 경험을 할 수 있도록 하며, 그 경험들에 대해 의미를 부여하고 추론을 할 수 있게 만드는 주요 인지 구조들 중의 하나가 된다.

샤피로 또한 개념은 신체화(embodied)되어 있다고 주장한다. 그는 개념의 신체성과 관련한 다음과 같은 개념화 가설(Conceptualization Hypothesis)과 논증을 소개한다(Shapiro, 2019: 122~123).

- 개념화 가설: 유기체가 소유한 신체의 종류는 그것이 획득할 수 있는 개념을 제약하고 결정한다.
- 개념의 신체성으로부터의 개념화에 대한 논증
  ① 개념은 신체화되어 있다.
  ② 그래서, 개념은 부분적으로 두뇌의 지각·감정·운동·영역의 활동들에 의해 구성된다.
  ③ 신체성의 차이는 두뇌의 지각·감정·운동 영역에서 다른 종류의 활동을 야기한다.
  ④ 고로, 다르게 신체화된 유기체는 다른 개념을 소유한다.
  ⑤ 따라서, 다르게 신체화된 유기체는 다르게 생각할 것이다.

개념화 가설은, 유기체가 주변 세계를 이해하기 위해 의존하는 개념들은 그것이 가진 신체의 종류에 의존하며, 그 결과 유기체들의 신체가 다르다면 그 유기체들이 세계를 이해하는 방식도 다를 것이라는 주장이다. 여기서 신체화된 개념은 운동·지각·감정 영역과 같은 두뇌의 다양한 양상적(modal) 중추의 신경 활성화 패턴으로 구성되는 것으로 이해할 수 있다. 따라서, 이러한 신체화된 개념의 의미 내용은 세계의 특징들을 경험할 때 활성화되는 운동·지각·감정 영역들에서 오는 정보들로 이뤄진다. 가령 우리가 장미에 대해 생각을 한다고 할 때, 실제로는 장미를 보고 있지 않지만 장미를 볼 때 활성화되는 것과 감각-운동 영역이나 감정 영역이 동시적으로 활성화되며, 장미라는 개념의 의미 내용은 그러한 신경활성 영역과 연관된 (주관적) 경험을 통해 주어진다고 이해하면 될 것이다.

만일 개념화 가설이 참이라면, 인간은 자신의 생각을 다른 종류의 신체를 갖는 외계인과 공유할 수 없을 것이라 가정해 볼 수 있다.[11] 서로 다른 종류의 신체 때문에 동일한 의미(내용)의 개념을 가지는 것이 어렵기 때문이다. 물론 개념의 공유 가능성이나 그 범위 및 정도는 인간 신체와 외계인 신체가 얼마나 다른지 정도에 따라 달라질 것이다. 그런데 만일 그 비교 대상이 유기적 신체를 갖는 외계인이 아니라, 실리콘을 기반으로 이뤄진 전자두뇌나 기계 몸체를 가진 로봇이라면 어떻게 될까? 이 경우 그 신체는 단순한 정도의 문제를 넘어서 상당

---

11 이러한 주장의 정당성을 평가하는 것은 상당한 정도의 새로운 논의가 필요하여, 이 글의 논의 범위를 넘어선다. 다른 글을 통하여 이 주제를 따로 다룰 기회가 있기를 희망한다.

히 근본적 수준에서 우리 인간의 신체와 차이를 갖는 것으로 보인다.

이와 관련해, 샤피로는 컴퓨터 기반의 인공지능은 인간과 같은 개념 체계를 가질 수 없을 것이라는 로렌스 바사로우(Lawrence Barsalou)의 견해를 인용하고 있다. "기능주의의 주장과는 달리, 컴퓨터는 인간 개념을 표상(재현)하는 데 필요한 감각-운동 시스템을 갖고 있지 못하므로, 인간의 개념 시스템을 구현할 수 없을 것이다." 앞서 언급한 대로 그 정도에 대해 논란의 여지는 있겠지만, 최소한 생물학적 신체가 바탕이 된 주관적 경험이 중요한 맥락에서라면, 이는 충분히 설득력을 갖는 주장이다. 가령 위에서 든 예처럼, 전자두뇌와 기계 몸체로 이뤄진 존재가 어떤 음악을 듣고 우리와 동일한 방식의 감동을 느끼기는 힘들 것이며, 그 결과 음악의 본성이나 미적 가치와 관련된 개념이나 판단도 우리와 매우 다를 것이라 상상해 볼 수 있다.

이상의 논의들이 보여 주는 바는, 생물학적 존재로서의 나와 전자두뇌(+기계 몸)로 이뤄진 나의 업로드는 비록 동일한 정보적 패턴을 공유한다 하더라도, 감각-운동-감정 시스템과 같은 신체의 차이 때문에 믿음, 욕구, 기억 및 감정 등에 대해 전혀 다른 만족 조건을 갖게 되리라는 것이다. 존슨이나 샤피로의 견해를 따르면, 신체는 인지를 구성하는 본질적 조건일 뿐 아니라, 우리의 개념이나 사고와 같은 정신 상태의 지향적 의미 내용 혹은 만족 조건의 결정 요소이기도 하다. 이 경우 우리가 업로딩을 통해 두뇌(신체)의 물질적 기반을 완전히 다른 종류의 것으로 바꾸게 된다면, 우리의 개념뿐 아니라 신념이나 욕망과 같은 정신 상태들의 의미(만족) 조건 또한 달라질 것이라 예상해 볼 수 있다. 만일 그렇다면, 우리가 중요하다고 생각하는 가치의 우선성이나 선호, 욕구의 대상에도 변화가 생기지 않을까?

특히 감정과 같은 정서적 상태의 경우에, 해당 상태의 내용이 무엇인지를 특정함에 있어서 신체의 기여(기능, 역할 또는 반응)가 특히 중요하다. 우리가 감정적 반응을 할 때 우리의 신체 또한 여러 변화를 겪으며, 감정에 따라 얼굴 표정이나 몸의 자세가 달라지는 특징을 보인다. 우리의 감정 개념은 다양한 감정적 자극을 분류하는 능력과 관련되어 있으며, 감정적인 내용을 갖는 다양한 어휘들, 음악, 타인의 표정이나 자세 등을 분류하고 평가할 때 활성화된다. 감정 개념이 위에서 말하는 신체화된 개념이라면, 감정 개념의 적용은 해당 감정과 유사한 내적 체험 및 신체적 반응의 모의로 이어지며, 그러한 주관적 체험 내용 및 행동이 감정 개념이 갖는 내용의 일부를 구성할 것이다. 만약 그렇다면, 신체의 변화는 우리가 경험할 수 있는 감정의 종류에 제약을 가져올 뿐 아니라, 각각의 감정 상태가 갖는 만족 조건의 변화로 이어질 것이다.

우리가 원하는 삶의 방식은 우리가 무엇을 원하며, 무엇을 중요하게 여기고, 또 추구하는 가치는 무엇인가에 의존한다. 그런데 신체화된 개념에 대한 개념화 가설이 참이라면, 두뇌 혹은 신체를 구성하는 물질적 기반의 변화는 바로 이러한 가치의 우선성이나 선호에 대한 변화를 가져올 것이다.[12] 물론 우리가 갖는 많은 믿음 상태나 지식 등

---

12 샤피로는 왼손잡이인지 오른손잡이인지에 따라, 어떤 것을 좋은 것 혹은 나쁜 것으로 보는지와 같이 대상에 대한 선호나 긍정적/부정적 태도가 바뀐다는 것을 보여 주는 실험 결과 등을 소개하고 있다. 샤피로(Shapiro, 2019: 5장)를 참조.

은 신체적 양상과는 독립되어 오직 객관적 진리 조건만이 문제가 되는 것들이다. 그러나 우리가 원하는 삶의 방식이나 가치는 이러한 진리 조건적 상태만으로 정의되지 않는다.

이상의 논의를 감안할 때, 업로딩에 대한 신체화된 마음의 함축은 다음과 같이 정리될 수 있다. 업로딩을 통해 만들어진 나의 복제본은 비록 나와 동일한 정보 패턴을 복사한 존재이기는 하지만, 생물학적 신체와는 구분되는 전자두뇌나 기계 몸으로 이뤄질 것이기 때문에 그것이 갖는 믿음이나 욕구, 감정 등의 상태들은 원래의 나와 다른 만족 조건을 갖게 될 것이다. 그 결과 나에게 중요하거나 가치 있는 것이 나의 복제본에게는 그렇지 않을 수 있다. 나의 복제본은 나와는 전혀 다른 가치를 추구하며, 전혀 다른 방식의 삶을 희망할 수 있다. 그런 의미에서 업로딩을 통한 정보 패턴의 복제는 손실을 동반하는 복제다. 이러한 복제는 파핏의 논의에서 살펴본 심리적 연속성, 즉 우리가 생존에서 정말로 중요하게 생각하는 것이 보전되지 않는다. 파핏이 요구하는 심리적 연속성을 보장하는 자기 복제이기 위해서는, 손실 없는 복제가 이뤄져야 한다. 이를 위해서는 우리의 정신 상태가 갖는 의미론적/지향적 만족 조건이 유지되어야 하며, 이는 우리가 동일한 신체적 혹은 환경적 조건에 있을 것을 요구한다. 따라서 성공적인 업로딩은 두뇌의 정보 패턴만을 복사하는 것이 아니라 두뇌와 신체를 포함하는 물질적 수준의 복제여야 한다. 신체 복제를 포함하지 않는 두뇌 업로딩은 파핏의 요구 사항을 충족하지 못한다.

참고문헌

신상규, 2010. 「'기능'과 기능주의」. ≪철학논집≫, 21집.
_____. 2020. 「마음은 신체와 분리될 수 있는가?」. ≪철학과 현실≫, 2020년 봄호.
존슨, 마크(Mark Johnson). 2000. 『마음 속의 몸』. 노양진 옮김. 철학과 현실사 (Johnson, Mark. 1987. *The Body in the Mind*. University of Chicago Press).

Bostrom, N. 2004. "Transhumanist FAQ v2.1". http://www.nickbostrom.com/views/ transhumanist.pdf
Harmon, Amy. 2015. "A Dying Young Woman's Hope in Cryonics and a Future". https://www.nytimes.com/2015/09/13/us/cancer-immortality-cryogenics.html
Hayles, N. 1999. *Katherine, How We Became Posthuman*. University of Chicago Press.
Johnson, Mark. 2017. *Embodied Mind, Meaning, and Reason*. University of Chicago Press.
Kurzweil, R. 2005. *Singularity Is Near*. Penguin.
Martin, Raymond and John Barresi (eds.) 2003. *Personal Identity*. Blackwell Publishing.
Parfit, Derik. 2003. "Why Our Identity Is Not What Matters", "The Unimportance of Identity." in Raymond Martin and John Barresi (eds.). *Personal Identity*. Blackwell Publishing.
Schneider, Susan. 2019. *Artificial You*. Princeton University Press.
Shapiro, L. 2004. *The Mind Incarnate*. MIT Press.
_____. 2019. *Embodied Cognition* (New Problems of Philosophy), 2nd Edition. Routledge.

_9장_

인공지능과 인간의
공진화 모델로서의 다산(茶山) 철학*

정재현

1. 논의의 배경

1950년 앨런 튜링의 튜링 테스트가 등장한 이래 기계도 인간처럼 생각할 수 있다는 주장이 설득력을 얻었지만, 적어도 직관이나 감성의 영역에서는 기계가 끝내 인간을 대체할 수 없으리라는 전망이 있었던 것도 사실이다. 그러나 2016년 인공지능(AI) 알파고가 세계적인 프로 바둑기사 이세돌을 꺾자, 인간에게만 가능한 것이라고 여겨졌던 직관이나 감성의 영역도 머지않은 장래에 인공지능에 의해 구현될 수 있을 것이라는 우려 섞인 전망이 나오게 되었다. 합리적 계산은

---

* 이 글은 ≪다산학≫, 제35권(2019), 209~240쪽에 수록된 「AI와 인간의 공진화(共進化)와 관련해서 본 다산 철학」을 이 책의 취지에 맞게 수정한 것이다.

물론이고, 직관이나 감성의 영역에서도 인간에 비해 월등한 능력을 지닌 인공지능의 출현이 사람들에게 우려, 아니 심지어 공포를 주는 이유는 무엇인가? 그것은 아마도 인공지능이 모든 면에서 인간을 압도했을 경우 벌어질 수 있는 여러 우려스러운 가상적 상황 때문일 것이다. 그것은 단지 비슷한, 아니 더 월등한 능력을 가진 존재의 출현으로 인해, 소위 만물의 영장으로서 인간의 존엄성이 손상되는 것만이 아니라, 그런 존재에 의해 인간이 노예처럼 지배당하거나 멸망당할 수 있다는 우려와 공포라고 할 수 있다. 이런 우려와 공포는 오래전부터 수많은 공상과학 영화나 소설에 등장하고는 했지만,[1] 2016년 알파고의 등장은 이런 우려가 단지 공상에만 그치지 않을 수 있음을 보여 주었다. 이러한 위협적 상황에 인간이 대응할 수 있는 방식은 대체로 두 가지일 것이다. 하나는 그런 상황이 도래하지 않도록 인공지능의 개발을 통제(즉, 개발을 지연 혹은 중지)하는 것이고, 다른 하나는 인간과 그런 우월적 존재와의 공진화(共進化)를 모색하는 것이리라. 이 글은 후자의 입장을 취한다. 그것은 진실을 알려는 인간의 무한한 호기심 앞에 과학의 발전을 지연 혹은 중지하려는 시도는 인류 역사를 통해 늘 성공적이지 않았고, 가능하지도 않았으며, 아마도 이는 미래에도 그러할 것이라고 보기 때문이다.

---

1 예컨대, 2004년 알렉스 프로야스(Alex Proyas) 감독이 만든 공상과학 영화 〈아이, 로봇(I, Robot)〉을 들 수 있다. 이 영화에서는 인간으로부터 독립해 자율적으로 생각하게 된 인공지능 로봇이 인간을 위한다는 명목으로 인간에게 제한을 가하는 상황이 그려진다.

인공지능의 위협에 대해 내가 인공지능과 공동 번영의 방식을 모색하고, 그 모색의 와중에 동아시아 철학 혹은 다산 철학에 주목하게 된 것은 단순한 일련의 생각들을 통해서다. 먼저 인공지능의 출현을 위협으로 느끼게 되는 데는 어떤 배경적 믿음이 개입되어 있기 때문에 그런 것이 아닌가 생각이 들었다. 그리고 만약 그렇다면 인공지능이 위협이 되지 않을 수 있는 상황을 구현하는 데는 이런 배경적 믿음을 새로운 철학적 믿음으로 대체함으로써 가능하지 않을까 하는 생각을 하게 되었다. 그리고 마지막으로 그 새로운 철학적 믿음을 형성함에 있어서 동아시아 철학이나 다산 철학은 일종의 개념적 자원으로 도움이 될 수 있다는 생각이 들었다. 좀 더 구체적으로 말하면, 단적으로 나는 인공지능의 능력이 인간의 생존을 위협할 것이라는 우려는 현대인에게 팽배한 개체 실체론과 본질주의 (혹은 위계주의나 기초주의)의 믿음들이 촉발시킨 것이라고 본다. 이러한 믿음들은 너무나 광범위하게 진리로 믿어지고 있기에, 우리는 뛰어난 능력을 지닌 인공지능의 출현 가능성이 제기되자마자 그것에 대해 적개심 내지 경계의 눈길을 보내는 것이라고 생각한다. 즉, 세계는 개체들로 이뤄져 있으며, 개체 사이에는 어떤 능력이나 힘의 관계에 있어서 상하의 위계가 성립할 수밖에 없다는 생각들이 인공지능을 인간과 별개의, 그리고 월등한 능력의 개체로 바라보게 하며, 이런 개체주의적 인식은 우리로 하여금 초능력을 지닌 인공지능의 개체가 인간 개체들을 제치고 새로운 지구의 주인이 되는 상황을 그리게 한다는 것이다. 나는 이러한 개체주의적 본질론에 맞서서 상관적 관계론을 그 대안적 사고로 제안하려고 한다. 상관적 관계론이란 존재의 기본 단위가 개체가 아니고, 오히려 개체 간의 상관적 관계라는 형이상학적 주장이다. 따라서 이에 따르면 개체 실체론에서 말하는 개체나 개체의 본질적 속성들이란 것도 그 독립적 존재근거가 없어지게 된다.[2] 사실 지구상에서 개인주의, 자본주의의 팽배와 그로 인한 다양한 모순적 상황에 맞서서 상관적 관계론이 그 대안적 사고로 주목을 받았지만, 나는 여기서 이 상관적 관계론을 인공지능과의 공존에 필요한 대안적 사고로 제시하는 것이다. 나는 이 상관적 관계론이 동아시아 철학[3], 특히 다산 철학에 의해 효과적으로 현대에 재전유될 수 있다고 믿으며, 또한 이 상관적 관계론이 인공지능 전문가들에 의해서도 인공지능의 존재 방식으로 인정되어진다고 주장한다. 물론 이런 상관적 관계론을 단순히 이론적 가능성으로 제시하는 것만으로 인공지능과의 공존이 자동적으로 이뤄지는 것은 아니고, 이 이론에 대한 헌신(commitment)이 필요하다는 것을 주장하려고 한다. 이러한 주장을 위해 이 글은 먼저 다산 철학이 동아시아 철학 중에서도 왜 효과적인 상관적 관계론인지를 보여 주고서, 이러한 상관적 관계론이 인공지능 전문가에 의해서도 인공지능의 존재 방식으로 제안된다는 점을 지적할

---

2 상관적 관계론이 일종의 형이상학적 주장인 것과 마찬가지로 개체 실체론도 형이상학적 주장이다. 상관적 관계론도 개체 실체론과 마찬가지로 과학적 탐구와 병행할 수 있다.

3 동아시아의 철학적 세계관이 상관적 관계론이라는 주장은 많은 학자들도 공감하는 것이다. 예컨대, 천지일체나 만물일체로 표현되는 이런 관점은 필립 아이반호 (Philip J. Ivanhoe) 등에 의해 'Oneness Hypothesis'로 일컬어진다. 아이반호 (Ivanhoe, 2018) 참조.

것이다. 마지막으로 결국 상관적 관계론에의 헌신이 중요하며, 이것이 다산 철학에 의해 암시되었다는 것을 지적하는 순서로 구성하려고 한다.

2. 다산 철학에 있어서의 주체와 책임의 문제

먼저 단순한 상관적 관계론이 무조건적인 대안이 될 수 없고, 또 마냥 반가운 것만은 아님을 지적해야 한다. 상관적 관계론은 자칫 누구에게도 책임을 물을 수 없는 무화(無化)의 상황, 즉 자율성이나 주체의 소멸을 함축하는 일종의 신비주의를 의미할 수 있기 때문이다. 나아가 동아시아의 상관적 관계론, 즉 비개체주의적 혹은 비주체주의적 철학이 그것이 의도했던 평등성이 아니라 오히려 상반된 경향, 즉 위계성으로 빠질 수 있을 위험성은 모종삼 같은 이들에 의해 지적되어왔다(牟宗三, 2003: 26~32). 나는 동아시아 상관적 관계론이 흔히들 생각하듯이 신비주의나 위계주의를 지향한 것은 아니며, 그 증거로 동아시아 상관적 관계론에는 도덕적 책무의 개념이 암묵적으로 있었다고 주장한다. 또한 이런 도덕적 책무의 개념이 상관적 관계론에 기반한 동아시아 철학 내에서는 다산 철학에서 비교적 가장 뚜렷하게 보인다고 주장하려 한다.

허버트 핑가레트(Herbert Fingarette)는 공자의 철학에서 선택이나 자유의지의 개념이 보이지 않는다고 주장했다(Fingarette, 1972: 18~36). 그러나 이러한 비선택적·비의지적 양상은 어쩌면 공자만이 아니고 상관적 관계론의 세계관을 견지하는 많은 동아시아 철학자에게 적용할 수 있을 것이다. 즉, 그것은 성리학은 물론이고 다산 철학에도 해당되는 이야기일 수 있다. 다산도 핑가레트가 해석한 공자와 마찬가지로 '갈림길(cross-road)'이 없는 길, 즉 하나의 옳은 길을 따르든지 아니면 그 길에서 벗어나든지밖에 할 수 없는, 다시 말하면 선택권이 없는 상황을 생각했다고 볼 수 있다. 다산이 인간을 동물과 구별시켜 주는 것으로 생각했던 소위 도의지성(道義之性)이란 '인간에게 하나의 올바른 길[道義]'이었기 때문이다. 도의지성이 이처럼 여러 길 중 하나가 아니고, 유일한 길을 상정한다면, 다산이 강조했던 자주지권(自主之權)이나 권형(權衡)의 개념도 진정한 의미에서의 자유의지나 선택의 개념이 아니라고 할 수 있다. 자주지권이나 권형에 선택이나 자유의지의 의미가 깃들어 있는 것은 사실이지만 이것이 갈림길에서의 진정한 선택권을 의미한 것은 아니라고 할 수 있다. 이것은 윤리적 덕을 인간다움의 길로 생각한 유교 사상가들에게는 불가피한 상황일 것이다. 그러면 공자, 주자, 다산과 같이 상관적 관계론을 지지하는 동아시아 철학자들에게서 자아는 소멸되는 것일까? 아니다. 많은 유가의 철학자들은 확장된 자아의 개념으로 이 문제를 해결하려고 했다. 유가의 인인(仁人)이 가리키는 인격상은 바로 이런 확장된 자아, 혹은 획득된 본성을 자신의 본성으로 여기는 사람일 것이다(Kupperman, 1999: 17~23 참조). 필자는 이러한 유가의 입장에 기본적으로 동의하면서, 그들의 확장된 자아에 대한 주장들이 다산 철학을 통해 더욱 객관적으로 보강될 수 있다고 본다. 왜냐하면 다산은 상관적 관계론, 즉 개체 사물의 상호 관련적 존재성을 주장하면서도, 자아의 책임의 문제에 대해서 어느 동아시아 사상가보다도 뚜렷한 입장을 표했기 때문이다. 다시 말해 다른 유가의 사상가들처럼 단순히 암묵적으로 행위자의 행위에 따른 책임이나 행위에서의 자율적 선택을 말한 것이 아니고, 보다 직접적으로 행위자의 행위에 따른 책임이나 행위에서의 자율적 선택을 거론하고 있다는 것이다.

다산이 책무나 자율성을 명백하게 드러낸 것은 그가 성(性)보다는 심(心)[靈體, 靈明]을 강조하는 데서 먼저 드러난다. 다산이 지적하듯이, 성리학 전통에서는 성을 중심으로 놓은 사람들도 있었고, 심을 중심으로 놓은 사람들도 있었다. 예컨대, 주자가 성을 중심에 놓았다면,[4] 다산은 심을 중심으로 생각한 사람이라고 할 수 있다. 심을 중심으로 했다는 것은 그가 원리의 지각을 원리 자체보다 중요하게 생각했다는 것을 의미한다. 한마디로 주어진 것보다는 그 주어진 것을 어떻게 바라보아야 하는지, 어떻게 처리해야 하는지에 초점을 두었다고 할 수 있다.

다산의 주체에 대한 강조는 단순히 심을 성보다 더 중요시했다는 것뿐만 아니라, 성의 개념에 대한 그의 시선에서도 보인다. 그는 주자와는 달리 성을 주어진 선천적 원리로 보지 않고, 주체의 기호(嗜好)

---

4 물론 이것도 정확한 것은 아니다. 주희가 성은 물론이고, 심도 강조했었다는 것은 의심할 수 없기 때문이다. 주희의 철학을 존숭했던 퇴계를 위시한 조선의 성리학자들이 심을 중심으로 한 일련의 논쟁에 열중했던 것이 이를 잘 보여 준다. 다만 다산은 기존의 성리학자들에 비해 상대적으로 더욱 심에 주안점을 두었다고 할 수 있다는 것이다.

로 본다. 즉, 원리보다는 그 원리의 인지 내지 의식을 강조하는 것이다.

성이란 사람 마음의 기호를 말하니, 채소는 똥거름을 좋아하고 연꽃은 물을 좋아하는 것과 같다. '사람의 성[人性]'은 선을 좋아하니 선(善)을 실천하고 의(義)를 쌓으면 활기차고 당당해지지만, 악(惡)을 행하고 마음을 저버리면 막혀서 굶주리게 된다. 예전 유학자들이 성에 대해 말한 것은, 모두 맹자의 본뜻이 아니다(『大學講義』).[5]

천명의 성 또한 기호로 말할 수 있다. 사람이 잉태하게 되면, 천이 영명하고 형상이 없는 실체를 부여하는데, 그 실체라는 것은 선을 즐거워하고 악을 미워하며 덕을 좋아하고 더러운 것을 부끄러워하는데, 이를 성이라 한다(『中庸自箴』).[6]

나아가 다산의 주체성은 일종의 자유의지로 해석이 되는 그의 권형이나 자주지권의 개념에서 가장 명확하게 드러난다고 할 수 있다. 다산은 권형이나 자주지권을 통해 선은 물론 악도 선택할 수 있다고 보았다고 한다. 하지만 앞서 말했듯이 이것은 일반적으로 자유의지가 그러하듯이 어떤 사람이 악을 선택했을 때, 그의 선택에는 아무런 문제가 없고, 따라서 우리는 그가 행한 선의 선택과 마찬가지로 악의 선택도 존중해 주어야 함을 의미하지 않는다. 권형이나 자주지권은

---

5 "性者、人心之嗜好也。如蔬菜之嗜糞、如芙蕖之嗜水。人性嗜善、行善集義則苗壯、行惡負心則沮餒。先儒言性、皆非孟子之本旨也。"

6 "天命之性、亦可以嗜好言、蓋人之胚胎旣成、天則賦之以靈明無形之體、而其爲物也、樂善而惡惡、好德而恥汚、斯之謂性也。"

이런 의미에서의 자유의지가 아니다. 권형을 통해 악을 선택할 수 있다고 하는 것은 악이 선과 똑같은 함량을 가진 하나의 선택지임을 가리키는 것이 아니고, 다만 선의 선택이나 악의 선택에 의해 발생한 그 결과를 감내해야 함을 의미할 뿐이다.

하늘은 이미 사람에게 선을 할 수도 악을 할 수도 있는 권형을 주었는데, 이에 그 아래 면에는 선을 하기는 어렵고 악을 하기는 쉬운 육체[具]를 주었으며, 그 윗면에는 선을 즐거워하고 악을 부끄러워하는 성을 주었다(『心經密驗』).[7]

하늘이 영지(靈知)를 부여할 때 거기에는 재(才)도 있고 세(勢)도 있고 성도 있다. 재라는 것은 그 능력이요, 그 권형이다. 기린은 착한 것으로 정해져 있기 때문에 착한 것이 공이 되지 않고, 시랑은 악한 것으로 정해져 있기 때문에 악한 것이 죄가 되지 않는다. 사람은 그 재가 선을 할 수도 악을 할 수도 있는데, 능력은 자력에 달려 있고 권형은 자주에 달려 있다. 그러므로 선을 하면 그를 칭찬하고 악을 하면 그를 꾸짖는다(『梅氏書平』).[8]

······ 하늘이 사람한테 자주지권을 주었다. 가령 선을 하려고 하면 선을 하고 악을

---

7 "天旣予人以可善可惡之權衡。於是就其下面、又予之以難善易惡之具、就其上面、又予之以樂善恥惡之性。"

8 "天之賦靈知也、有才焉、有勢焉、有性焉。才者、其能‧其權也。麒麟定於善、故善不爲功、豺狼定於惡、故惡不爲罪。人則其才可善可惡、能在乎自力、權在乎自主、故善則讚之、惡則訾之。"

하려고 하면 악을 하여, 향방(向方)이 유동적이고 정해지지 않아 그 권능이 자신한테 있으며, 금수(禽獸)가 일정한 마음을 갖고 있는 것과는 같지 않다. 그러므로 선을 행하면 실제로 자신의 공(功)이 되고 악을 행하면 실제로 자신의 죄가 된다(이호형 역주, 1994: 135~136).

다산의 자율성이나 주체성은 악의 원인에 대한 그의 생각에서도 보인다. 다산은 성리학의 일반적 관념과 같이 악이 기질의 편협함, 투박함에 의한 결과라고 생각하지 않는다. 그는 전부 다는 아니지만 인간의 도덕적 악행이 자신의 자율적 판단에 따른 것이라고 보았다. 따라서 인간은 자신이 저지른 악행에 대한 책임을 져야 한다. 만약 악의 원인이 성리학자들의 관념과 같이 대부분 타고난 기질(氣質) 때문이라면, 악의 결과는 우리가 책임지는 것이 아니다. 대체로 인간은 대개 자신이 선택한 것 혹은 자신이 통제 가능한 것에만 책임이 있다고 믿기 때문이다.[9] 이런 이유로 다산은 악의 원인을 자신의 타고난 기질보다는 자신이 잘못 마음을 사용한 때문으로 보았다. 한마디로 인간의 악은 기질 때문만이 아니라, 적극적으로 선을 실천하지 않았기 때문이다.[10]

---

9 물론 본문의 뒤에서 지적하겠지만, 잘 통제되지 않는 곳에 대한 책임도 물을 수 있다. 커퍼먼(Kupperman, 1999: 19~20) 참조.
10 다산은 지성의 우월성과 열등성은 기질에 의해 정해지지만 덕성은 그렇지 않다고 보았다.

맹자(孟子)는 성을 논함에 불선(不善)을 함닉(陷溺)에 귀결시켰는데, 송유(宋儒)들은 성을 논함에 불선을 기질에 귀결시켰다. 함닉은 '자기로부터 말미암는 것'이니 그것을 구제할 수 있는 방법이 있지만, 기질은 '선천적인 것'이니 거기로부터 벗어날 방도가 없다. 그렇다면 사람이 누구인들 자포자기(自暴自棄)하여 스스로 하류(下流)의 천한 사람으로 돌아가는 것을 달가워하지 않겠는가(『孟子要義』定本 제6책, 25쪽)?[11]

자신을 (악에) 빠뜨리는 것은 혈기의 사욕 때문이거나, 습속의 오염 때문이거나, 외물의 유혹 때문이다. 이 때문에 양심이 없어져 큰 악에 이르게 되니, 어찌 기질의 탓으로만 돌릴 수 있겠는가(이호형 역주, 1994: 335)?[12]

인간이 인간다운 것은 바로 선택할 수 있고, 또 그에 따라 책임을 질 수 있기 때문이다. 성리학은 만물일체(萬物一體)의 주장과 같은 관계성은 강하지만 자율성의 측면이 약하다. 반면 다산 철학은 위에서 보듯이 자율성 내지 책임성의 개념이 강하다. 즉, 자신이 통제할 수 없는 곳에 책임은 없고, 오직 자신이 선택하고 결정한 것에만 책임이 뒤따른다는 식의 상식적 관념을 보유한다고 할 수 있다. 사실 자신의 의지에 의해 앞으로의 행위가 변화되지 않는다면 그 행위에 대해 칭찬하거나 문책하는 것은 의미가 없어 보인다. 이 때문에 상식적인 관

---

11 "孟子論性、以不善歸之於陷溺、宋儒論性、以不善歸之於氣質。陷溺由己、其救有術、氣質由天、其脫無路、人孰不自暴自棄、甘自歸於下流之賤乎?"

12 "陷溺之術、或以形氣之私慾、或以習俗之薰染、或以外物之引誘。以此之故、良心陷溺、至於大惡、何得以氣質爲諉乎?"

점에서는 오직 자발적 행위들에게만 책임을 물을 수 있다고 하는 것이다(Kupperman, 1991: 60). 이런 문맥에서 인간과 동물의 차이점은 바로 자신이 주체적으로 선택을 할 수 있느냐로 귀결된다. 다산에 따르면 동물은 본능에 따라서만 살고, 인간만이 선택을 할 수 있다.[13] 인간만이 오직 주체적 존재다.

> 개와 소는 먹이를 던져 주면 먹고자 할 따름이고, 칼날로써 두렵게 하면 피하고자 할 따름이니, 그것들에게는 단지 기질의 성만 있는 것을 알 수 있습니다. 또 사람은 선악에 대해 모두 스스로 할 수 있어서 그것을 능히 스스로 주체적으로 해 나가고, 금수는 선악에 대해 스스로 할 수 없어서, 그 행동이 그렇지 않을 수 없게 됩니다. 사람은 도둑을 만나면 소리쳐 물리치기도 하고 꾀를 내어 사로잡기도 하지만, 개는 도둑을 만나면 짖어 소리를 낼 수는 있지만 짖지 않고 꾀를 낼 수는 없으니, 그 능력이 모두 일정하게 정해져 있음을 알 수 있습니다(이호형 역주, 1994: 316).[14]

---

13 백영선은 마크 롤랜즈(Mark Rowlands)의 이론을 끌어들여 이를 다산과 주자의 차이로 드러낸다. 다산은 주자와는 달리 인간은 동물과는 달리 도덕적 행위자(moral agent)의 측면이 있다고 했다. 주자는 선을 그저 자연에 따른 데에서도 성립한다고 하여 동물에게도 도덕성을 인정했다. 하지만 다산은 오직 도덕을 의지적으로 행한 인간에게만 도덕적 책임을 물을 수 있다고 보았다. 백영선(Back, 2018: 97~116) 참조.

14 "犬與牛也、投之以食、欲食焉而已、怵 之以刃、欲避焉而已、可見其單有氣質之性也。且人之於善惡、皆能自作、以其能自主張也、禽獸之於善惡、不能自作、以其爲不得不然也。人遇盜、或聲而逐之、或計而擒之、犬遇盜、能吠而聲之、不能不吠而計之、可見其能皆定能也。"

마지막으로 다산의 주체성은 그의 실천의 강조에서 드러난다. 앞서 성기호설(性嗜好說)을 통해 원리보다 주체를 강조한 다산의 입장은 또한 원리의 이성적 인지보다 실천적 인지를 강조하게 된다. 도덕성은 실천을 통해 완성되는 것이다.

인(仁)·의(義)·예(禮)·지(智)의 명칭은 일을 행한 뒤에 이뤄지는 것이다. 그러므로 사람을 사랑한 뒤에 그것을 인이라고 하느니, 사람을 사랑하기 이전에는 인이라는 명칭이 성립되지 않는다. …… 어찌 인·의·예·지의 네 알맹이가 복숭아와 살구의 씨처럼 사람의 마음속에 덩어리로 잠재해 있는 것이겠는가? …… 만약에 사단(四端)의 이면에 또다시 이른바 인의예지라는 것이 있어 은연히 잠복하여 주인이 된다면 이것은 맹자의 확충의 공부가 그 근본을 버리고 그 끝을 잡는 격이며, 그 머리를 놓치고 그 꼬리를 잡는 격이다(이호형 역주, 1994: 91~96).

나는 물론 성리학자들에게 책임의 관념이 없었다고 하는 다산의 비판을 전적으로 수용하지 않는다. 성리학자들에게도 간접적 책임의 개념이 있다고 우리는 볼 수 있기 때문이다. 예컨대, 우리의 행위는 전적으로 의식적 자아의 선택에 의하지는 않지만, 우리의 노력이나 수양의 일부에 의해 우리의 성품(character)이 변형이 되고 다시 이것이 행위를 낳게 되므로 우리는 우리의 행위에 간접적으로나마 책임이 있다고 할 수 있기 때문이다. 혹은 설사 우리의 성품의 형성에 우리의 의식적 선택이 많은 역할을 하지 않더라도, 즉 우리의 성품이 대체로 비자발적으로 형성된 것이라고 해도 이것이 이 성품으로부터 나오는 행위에 우리가 책임이 없음을 보여 주지 않는다(Kupperman,

1991: 56). 조금이라도 성품의 변형에 우리의 노력이 기여한다면, 적어도 우리는 우리의 성품에 책임이 있다. 이렇게 보면 성리학자들에게는 책임의 관념이 암묵적으로 숨어 있다고 할 수 있다. 성리학자들이 비록 악을 기질 탓으로 돌렸다 해도, 그 누구도 선천적 기질 때문에 악한 행위를 했으니, 책임을 면제해 주어야 한다든지 혹은 처벌을 하지 말아야 한다고 주장한 적이 없었던 점도 이런 해석을 지지한다. 성리학자는 물론이고 유가 전통에서는 적어도 우리의 노력에 의해 우리의 성품이 바뀐다는 점을 한 번도 의심하지 않았다. 그러니 당장은 아니더라도 본인의 노력에 의해 우리의 성품이 미래에 바뀔 수 있다면, 성품에서 연유하는 행동의 책임도 자연스럽게 개인에게 물을 수 있을 것이다. 다산의 공헌은 단지 성리학자들의 이런 암묵적 혹은 간접적 책임의 존재를 인정하는 것을 넘어서, 이를 보다 분명히 하여 그 책임을 직접적으로 우리에게 귀속시킨 데 있었다고 볼 수 있다.

앞서 말한 대로, 통제 가능한 자발적 행위에만 책임을 지우는 것은 문제가 있을 수 있다. 분명히 그것이 잘못이라고 알았다 하더라도 나의 의지가 약해서 나의 의식적 결심을 행동에 옮기지 못한 것도 불가피한 행동이었다고 볼 수 있지 않겠는가? 만약 나의 의식적 행위도 어느 정도까지는 나의 통제를 벗어난 행위라면, 오직 무의식적 행위, 비자발적 행위만이 나의 통제 범위 밖에 있기에 책임이 없다는 주장은 근거를 상실할 것이다. 이처럼 내 의식적 행위에 의한 행동으로 보여진 것도 사실은 미리 결정된 행동이었다고 볼 수 있다면, 결국 우리의 책임 문제는 없어지는 것인가? 그렇지 않을 것이다. 그럼에도 이러한 난점들은 책임 문제가 단지 의식적 행위에만 국한된다는 생각으로부터 온 것이기에, 이런 생각의 교정이 필요해 보인다. 비자발적 행위에도 책임을 물을 수 있다는 것은 비자발적 행위도 간접적으로 바꿀 수 있다는 사실에 기반을 둔다. 사실 내가 통제할 수 있는 것과 내가 통제할 수 없는 것의 경계도 그렇게 분명하지 않다. 우리는 끊임없이 나와 내가 아닌 것의 경계에 있기 때문에, 분명히 통제되는 것과 통제되지 않는 것의 경계는 단기간에 나눌 수 있는 것이 아니라, 점진적으로 확보되는 것이다. 나의 통제의 범위는 늘어날 수도, 그리고 혹은 줄어들 수도 있기에, 나의 행동에 대한 책임의 범위는 단지 그 행동이 의식적·자발적으로 이뤄진 것이냐 아니냐에 달려 있는 것이 아니다.

3. 다산 철학에 있어서의 상관적 관계론

앞서 말했듯이 다산이 비록 자주지권과 권형은 물론이고, 성보다는 심, 또한 보다 역동적인 성 등의 개념을 통해 자유의지를 강조한 것처럼 보인지만, 다산의 자유의지는 앞서 말했듯이 개인 단독의 의지가 아니다. 판단과 행위의 주체는 개인적 자아가 아니라 도덕적 자아[道義之性]다. 인간은 선택을 할 수 있는 존재[自主之權]이기에 특별한 존재이지만, 그 선택은 이미 어떤 의미에서는 방향이 결정되었다고 할 수 있다. 즉, 도의지성으로 나아가느냐 않느냐의 선택만이 있다고 할 수 있다. 앞서도 말했지만 다산은 인간이 동물과 다른 것은 도의지성이 있기 때문이라고 보았다. 이런 점에서, 다산의 자유의지는 어떤 의미에서건 완전한 자유주의적 자유의지가 아니다. 그것은 그의 자유의지가 어디까지나 도의지성의 한계 안에서 표현되었기 때문이다.

사람은 도의와 기질을 합하여 하나의 성이 되는 것이 본연이다. 금수가 오로지 기질지성만 가지는 것도 또한 본연이다. 어째서 (사람의 본연을) 반드시 기질과 상대해서 말할 필요가 있는가(『孟子要義』)?[15]

자유의지가 영명과 자주지권으로 표현되었다면, 다산의 상관적 관계론은 도의지성으로 표현되었다고 할 수 있다. 그런데, 도의지성은 동물과 다른 인간의 본질적 속성을 말하는 것인데, 어떻게 이것이 상관적 관계론을 함축할 수 있을까? 일반적으로 만물일체론은 일종의 동물과 인간의 연속성을 말하는 반면, 위에서 말하는 도의지성은 일종의 도덕적 본성으로 인간을 동물로부터 구별시켜 주는 인간의 본질을 가리키는 것이다. 도대체 인간과 동물이 본질적으로 다르다는 것이 인간과 동물의 연속성을 주장하는 것과 어떻게 연결될 수 있는가? 성리학의 본연지성이라면 당연히 만물일체론을 함축하겠지만, 적어도 다산의 도의지성은 만물일체론과 무관한 것이 아닌가? 다산은 실제로 만물일체론에 대해 거부감을 보인다.

만물일체 그것은 옛 경전에서는 절대 나오지 않는 말이다(『中庸講義』).

---

15 "人之合道義·氣質而爲一性者、是本然也、禽獸之單有氣質之性、亦本然也。何必與氣質對言之乎?"

한자경은 이러한 다산의 언급에 비추어 다산은 상관적 관계론과 같은 내재주의가 아니라 외재주의자라고 한다. 그는 성리학과 불교의 입장을 내재주의라고 보고, 다산은 『천주실의(天主實義)』의 영향을 통해 이러한 동아시아 전통에서 벗어나게 되었다고 한다. 다산에게 있어서 세계에 조화를 가져다주는 것은 만물에 내재되어 있는 원리에 의해서가 아니라, 어디까지나 외적 존재인 신에 의해 주어진 것이라고 보는 것이다. 그녀의 말에 의하면, 다산에게서 일자(一者)는 오직 신이며, 도의지성과 같은 것은 인간을 타자와 구별시켜 주는 표층적 종차에 불과하다고 한다(한자경, 2015: 296~298 참조).

그러나 하나의 존재 원리인 도의지성은 그것이 사물 내부에 있건, 아니면 밖에 있건 만물의 창조와 관련이 있는 신에 의해 주어진 것이기에 이것은 적어도 사물들 사이에는 조화의 원리나 상호 연관성이 있음을 보여 주는 것이다. 도의지성은 단순히 인간을 타 존재와 구별시켜 주는 지표의 역할만 하는 것이 아니다. 적어도 그것이 천 혹은 상제에 의해 주어졌다는 점에 의해 다산의 도의지성은 인간을 포함한 세계 내의 연계성을 강력하게 제안한다.

어떤 의미에서는 영명 혹은 자주지권보다 기호로서의 성, 도의지성으로서의 성이 중요하다. 앞서 다산은 인간과 동물을 구분하는 근거를 권형이나 자주지권인 것처럼 말했으나, 사실 더 중요한 것은 도의지성이다. 이러한 도덕적 선을 지향하는 본성이 없으면 결코 인간은 도덕적인 삶을 살 수가 없기 때문이다. 권형 혹은 자주지권과 도의지성의 차이는 미묘하다. 전자는 마음의 의지이고, 후자는 마음의 경향성이라 할 수 있을 터인데, 경향성을 따르는 것이 의지에 의한 것이라고 할 수 있으면 그들 간의 차이는 그다지 크지 않다.

만일 선을 즐기고 악을 부끄러워하는 성을 하늘이 내려 주셔서 그것으로 하여금 선을 선호하게 하고 의로움을 살찌게 만들지 않았더라면, 세상을 떠날 때까지 모든 힘을 다할지라도 지극히 미미하고 조그만 선행도 이루기 어려울 것이다. 이 성이 인간에게 있다는 것은 지극히 귀한 보배이니, 존숭하고 받들어 한시라도 떨어지거나 어긋나지 말아야 할 것이다(『心經密驗』, 「心性總義」).

인간의 주체성을 강조하는 자유의지론, 인간이 관계적 존재임을 나타내는 도의지성, 그리고 이런 도의지성을 완성하는 것이 우리의 노력에 의해 가능하다는 것[16]이 모두 인간의 마음에 함께 포함되어 있다는 점이 중요하다.

영체(마음) 안에는 세 가지 이치가 있다. 그 성에 대하여 말하면 선을 즐거워하고 악을 부끄러워한다. 이것은 맹자가 말하는 성선(性善)이다. 그 권형에 대하여 말하면 선할 수도 있고 악할 수도 있다. 이런 측면이 고자의 단수 비유이고 양웅의 선악 혼재설이 나오게 된 이유다. 그 행사에 대하여 말하면 선해지기는 어렵고 악하기는 쉽다. 이런 측면이 순자의 성악설이 나오게 된 이유다. 우리 사람의 영체 안에 이 세 이치가 없는 것이 아니다. 하늘이 사람에게 선할 수도 있고 악할 수도 있는 권형을 이미 주었다. 그 아래로는 선하기 어렵고 악하기 쉬운 육체를 주었으며 그 위로는 선을 즐거워하

---

16 백민정은 그의 논문에서 다산의 자유의지를 이성의 자유의지가 아니라, 수양론적 자유의지라고 했다. 백민정(2007: 441) 참고.

고 악을 부끄러워하는 성을 또 주었다. 만약 이 성이 없었다면 우리 인간은 예부터 아주 하찮은 작은 선이라도 할 수 있는 자가 하나도 없었을 것이다(『心經密驗』).17

이것은 아마도 『중용(中庸)』의 가장 첫 구절들 ─"하늘[天]이 명령한 것을 본성이라고 한다. 그 본성을 따라가는 것을 길이라고 한다. 그 길에 따라 나아가기 위해 노력하는 것을 가르침이라고 한다[天命之謂性、率性之謂道, 修道之謂敎]"─ 이 보여 주는 통찰일 것이다. 다시 말해, 다산은 인간과 동물을 구분하는 근거를 다음과 같이 두 가지로 든다.

1. 도의지성이다. 우리의 영명은 도덕적인 것을 선호하는 기호, 즉 성을 가지고 있다.
2. 권형이다. 권형은 우리의 영명의 자주지권이고 자유의지다.

이처럼 다산은 의지와 욕구(기호)를 통해 우리의 마음에 대해 말했다. 그렇다면 이러한 다산의 도덕 심리학 체계 속에 이성은 존재하지 않는 것인가? 아니다. 의지와 욕구 혹은 경향성을 이성과 연결시킬 수가 있다. 먼저 위에서 말한 의지와 욕구는 천(天)으로부터 온 것이라는 점에 주의해야 한다.

---

17 "總之靈體之內 厥有三理 言乎其性 則樂善而恥惡 此孟子所謂性善也 言乎其權衡 則可善可惡 此告 子湍水之喩 揚雄善惡混之說所有作也 言乎其行事 則難善而易惡 此荀卿性惡之說所有作也 荀與 楊也 認性字本誤 其說以差 非吾人靈體之內 無此三理也 天旣予人以可善可惡之權衡 於是就其下 面 又予之以難善易惡之具 就其上面 又予之樂善恥惡之性 若無此性 吾人古以來 無一人能作些微 之小善者也 體。"

천이 나에게 생명을 부여할 때 덕(선)을 좋아하는 성향과 선을 택하는 능력을 주었다. 이것은 비록 나에게 있는 것이지만 본래 천명이다(『中庸自箴』).[18]

나아가 천을 서구의 신(神)과 유사하게 볼 수 있다면, 신에 의거한 경향성과 의지가 이성과 연결될 수 있다는 생각은 토마스 아퀴나스(Thomas Aquinas)에게서 보인다. 먼저 아퀴나스는 이성을 법과 같은 것으로 보는데, 이것은 이 둘이 다 '어떤 것을 다른 것으로 이끌고 명령하는 것'을 본질적 작용으로 갖기 때문이다(이상섭, 2016). 아퀴나스는 나아가서 '우리의 자연 본성에 각인된 경향성에 따라 작용하는 것이, 자연 본성적으로 선한 것이고, 또한 신의 모상으로서, 이성적 존재로서 인간의 이성에 따르는 것'이라고 주장한다(이상섭, 2016). 천이 나에게 덕을 좋아하는 성향(경향성 혹은 기호)과 선을 택하는 능력(의지)을 주었다는 것은 아퀴나스의 관점과 비교하면 일종의 이성적 방식을 갖게 되었다는 것이라 할 수 있다.

다시 말하지만 다산의 도의지성이 개체세계관보다 상관적 세계관, 만물일체론에 더 가깝다고 하는 것은 바로 이 도의지성이 만물의 주재자인 천으로 왔다는 점에 있다. 흔히 다산이 영향을 받은 것으로 보이는 『천주실의』에는 분명히 만물일체론을 비판하는 부분이 있다. 바로 이 점 때문에 한자경은 다산이 자주지권이나 권형을 주장했을 때, 그것을 다산이 만물일체론을 비판하는 것으로 읽었던 것이다. 실

---

18 "天賦我性、授之以好德讀作善之情、畀之以擇善之能、此雖在我, 其本天命也。"

제로 다산은 모든 만물이 공유하는 의미의 본연지성을 거부하고, 인간만의 독특성을 강조하기 위해 인간의 본연지성을 말한다. 물론 이 본연지성에서도 특별히 그 한 측면인 도의지성은 인간의 본질을 잘 드러내 주는 것이라고 할 수 있다. 그러나 도의지성은 인간의 본성으로 볼 수 있지만, 개별자의 개성이라기보다는 인간종의 본성이라고 할 수 있다. 또한 그 인간종의 본성은 천으로부터 유래하는 하나의 특정한 성질이라는 점에서 도의지성은 하나의 길을 말하는 유가 전통에 여전히 기대어 있고, 이 하나의 길을 강조한다는 점에서 만물일체론에 가깝다고 할 수 있다. 마치 순자가 천지인(天地人)의 차이를 말하면서도, 각각이 각자의 역할을 가지고 같이 참여한다는 점에서 통합된다고 했듯이, 도의지성은 인간의 본질을 나타내면서 또한 천으로부터 유래하는 존재의 원리로, 사물의 연결성을 강조하는 이론이라고 할 수 있다.

4. 인공지능의 존재 방식과 남겨진 과제

인공지능은 위계적 존재 방식인 피라미드형의 상부를 차지하면서 아래의 열등한 인간에게 명령을 내리는 개체적 존재가 아니고, 인간 개체와 함께 연결되어 있는 관계적 존재다. 이러한 인공지능의 존재 방식에 대한 관념은 인공지능 전문가라고 할 수 있는 마이크로소프트 연구원(Microsoft Research) 에릭 호비츠(Eric Horvitz)의 다음과 같은 주장에서 볼 수 있다. "AI는 정말로 어떤 개체가 아니다. 그것은 풍부한 하위-지식 분야들, 방법들, 통찰, 지각, 발화와 대화, 결정과 기획, 로봇공학 등등의 집합이다(AI is not really any single thing. it is a set of rich sub-disciplines and methods, vision, perception, speech and dialogue, decisions and planning, robotics and so on)".[19] 이 말의 의미는 인공지능은 인간과 별개로 존재하는 개체가 아니라, 개체 인간들에 의해 영향을 받는 관계적 존재라는 의미다. 그러므로 인간도 인공지능과 함께 관계적 존재를 이루면서 자율적인 존재로 살아갈 수 있다는 것이다. 인간은 늘 인공지능으로부터 가르침을 받는 열등한 존재가 아니라, 인공지능을 변화시키는 동등한 존재다. 인공지능은 결코 인간과 별개의 개체로 자신을 규정하지 않을 것이고, 이는 인간도 마찬가지일 것이다. 이것은 마치 뇌의 각 부분들이 각각 나름의 역할을 하면서도 하나의 개체로 여겨지지 않는 것과 마찬가지다. '연장된 마음(extended mind)'이라고 볼 수 있는 현재의 컴퓨터와 같이 인공지능은 인간의 연장이다. 이런 관점에서 과학기술자 브뤼노 라투르(Bruno Latour)를 인용하면서 하대청은 다음과 같이 쓰고 있다.

　… 인공지능과 같은 기술이 더 발전하면 할수록 기계의 자율성은 증대되는 것이 아니라 오히려 기계와 인간 사이의 연결성은 더욱 커지고 매개는 더욱 깊어질 것이다. 많은 논평가들이 기술의 발전에 따라 인공지능의 자율성은 점점 확대될 것이라고 전망하지만, 그렇게 말하는 '자율성'은 수많은 매개와 연결에 의존하고 있으며, 앞으로 인공

---

19 https://www.surveycto.com/blog/how-artificial-intelligence-is-changing-development/

지능은 인간적·사회적·정치적·물질적 요소들과 더욱 복잡하게 매개될 것이다. 온갖 미디어 기기들이 늘어나면서 우리의 기억력과 사고를 기기들이 매개하듯이, 기계들도 수많은 인간노동과 다른 물질적 제도적 장치들에 의해 새롭게 매개되는 것이다. 인간과 비인간의 뒤얽힘은 앞으로 더 커지고, 복잡해지고, 우리의 시야에 잘 보이지도 않고, 자주 인간의 통제를 벗어날 것이다(하대청, 2019: 113).

인공지능은 위계적 질서의 최상위에 위치하면서 그 밑에 위치하는 인간들에게 아래에서 위로 명령을 내리는 개별자가 아니다. 그것은 오히려 인간을 포함한 수많은 존재들에 의해 연결된 관계적 존재임에 틀림없을 것이다. 이런 상호관계 속에서 인공지능이 우리의 마음을 잘 알듯이, 우리도 인공지능의 마음을 잘 알게 될 것이다.

물론 여전히 인간 사회가 개체주의와 위계주의에 의해 불평등한 관계로 이뤄진 구조를 가지고 있는 것이 사실이다. 또한 이러한 구조 속에 기술의 고도화에 따른 개체적 존재인 사이보그(Cyborg), 트랜스휴먼(Transhuman) 등이 출현할 수 있는 것도 사실이다. 따라서 이런 개체적 존재들이 출현하는 미래의 사회도 여전히 개체주의적이고, 위계적이고, 불평등할 수 있다. 다산의 상관적 관계론이 아무리 매력이 있고, 또 인공지능이 아무리 관계적 존재임을 역설한다고 해도, 인간과 인공지능과의 원원의 공조는 일종의 희망적 사항일 수 있다. 미래의 현실도 현재와 마찬가지로 얼마든지 위계질서와 차별 속에서 약자가 고통받을 가능성이 많다. 그래서 상관적 관계론이나 공진화의 이론을 단순히 이론 속에서 받아들여서는 미래 사회가 현재보다 더 나은 사회로 도약하리란 기대를 할 수 없다.

그럼에도 많은 과학공상 영화나 소설에서 그리는 우울한 특정 형태의 미래 사회가 그대로 인류 미래의 결론이라고 생각할 필요는 없다. 톰 크루즈(Tom Cruise)가 주연한 영화 〈엣지 오브 투모로우(Edge of Tomorrow)〉(2014)가 그려 내듯이 인간은 다른 인간이 만들어 낸 오류를 수정하기 위해서, 그 다른 사람이 죽은 곳에서 다시 시작할 수 있다. 인간의 모든 행위는 더 나은 사회를 위한 인간 지식의 자원이 될 것이다. 우리는 우리의 개체주의적 오류 사고를 더 반복하지 않을 수 있는 시기를 인류가 생존하는 한 언젠가는 갖게 될 수 있을 것이다. 물론 이것은 가만히 있어서 도달되는 것이 아니고, 우리의 의지와 노력에 의해 가능하게 될 것이다.

상관적 관계론과 자율성의 강조는 우리가 다산에게서 확연히 볼 수 있는 통찰이다. 하지만 우리가 인공지능과의 공존을 위해 필요로 하는, 동아시아의 상관적 관계론에서 제안하는 이상적 공존의 상태는 그저 노력 없이 가능한 상태가 아니라, 우리의 끊임없는 노력을 통해 이뤄 내야 할 상태다. 그것은 어쩌면 손쉬운 타협적 공존을 통해서 이뤄지지 않고, 치열한 투쟁과 갈등을 통해서 이뤄 낸 상태일 것이다. 다산이 강조한 자율성이 바로 이 점을 강조하는 것이다. 즉, 상관적 관계론의 믿음은 그저 지적인 이해에서 가능하지 않다. (인공지능까지 포함해) 타인을 자신과 연결시키는 것은 우리의 끊임없는 타인에 대한 관심과 배려에 의해 가능해지기 때문이다. 다산은 권형과 자주지권의 개념을 강조하면서 바로 이런 적극적 자유의지의 행사만이 인간과 동물을 구별시킨다고 말하는데, 사실 그것은 그저 우리에게 자유의지가 있다는 사실을 전달하기 위해서라기보다는 상관적 관계론을 갖기 위한 우리의 치열한 노력이 필요함을 보여 주는 것이라고 본다. 즉, 만물일체의 원리는 그 원리에 대한 끊임없는 지각과 그 구현에의 노력을 통해 우리가 획득할 수 있는 것이다. 중요한 것은 원리가 아니라, 그 원리에 대한 헌신일 것이다.

참고문헌

백민정. 2007. 「다산 심성론에서 도덕감정과 자유의지에 관한 연구」. ≪한국실학연구≫, 14.

이상섭. 2016. 「법은 인간적 행위의 외적 원리일 뿐인가」. ≪중세철학≫, 22호.

이호형 역주(정약용). 1994. 『譯註 茶山 孟子要義』. 현대실학사.

하대청. 2019. 「'휠체어 탄 인공지능' 포스트휴먼 시대의 기술윤리」. 『인공지능의 윤리적 법적 사회적 쟁점들』. 한국포스트휴먼학회 등. 2019년 춘계 연합학술대회.

한자경. 2015. 『한국철학의 맥』. 이화여자대학교출판부.

『大學講義』
『梅氏書平』
『孟子要義』
『心經密驗』
『中庸講義』
『中庸自箴』
牟宗三. 2003. 『政道與治道』. 臺北: 聯經出版.

Back, Youngsun. 2018. "Are animals moral?: Zhu Xi and Jeong Yakyong's views on nonhuman animals." *Asian Philosophy*, 28/2.

Fingarette, Herbert. 1972. *Confucius-The Secular as Sacred*. New York: Harper & Row, Publishers, Inc.

Ivanhoe, Philip J. (eds.) 2018. *The Oneness Hypothesis: Beyond The Boundary of Self*. New York: Columbia University Press.

Kupperman, Joel J. 1991. *Character*. New York: Oxford University Press.

_____. 1999. *Learning from Asian Philosophy*. New York: Oxford University Press.

https://www.surveycto.com/blog/how-artificial-intelligence-is-changing-development

찾아보기

지은이

이중원

서울대학교 물리학과에서 학사 및 석사 학위를 취득하고, 동 대학원 과학사 및 과학철학 협동과정에서 과학철학으로 이학박사 학위를 받았다. 현재 서울시립대학교 철학과 교수로 재직 중이다. 서울시립대학교에서 인문대학 학장 및 교육대학원장, 교육인증원장을 역임했고, 한국과학철학회 회장을 지냈다. 주로 과학철학과 기술철학을 강의하고 있으며, 주요 관심 분야는 현대 물리학인 양자이론과 상대성 이론의 철학, 기술의 철학, 현대 첨단기술의 윤리적·법적·사회적 쟁점 관련 문제들이다.

공저로 『정보혁명』(2016), 『양자, 정보, 생명』(2016), 『욕망하는 테크놀로지』(2009), 『필로테크놀로지를 말한다』(2008), 『과학으로 생각한다』(2007), 『인문학으로 과학 읽기』(2004), 『서양근대철학의 열 가지 쟁점』(2004) 등이 있다. 논문으로는 「로봇의 존재론적 지위에 관한 동·서 철학적 고찰」(2016), 「나노기술 기반 인간능력향상의 윤리적 수용가능성에 대한 일고찰」(2009), 「양자이론에 대한 반프라쎈의 양상해석 비판」(2005), 「실재에 관한 철학적 이해」(2004), 「현대 물리학의 자연인식 방식과 과학의 합리성」(2001) 등이 있다.

목광수

서울대학교 철학과를 졸업하고, 동 대학원에서 석사 학위, 미시간 주립대학에서 박사 학위를 받았다. 현재는 서울시립대학교에서 윤리학 교수로 재직 중이며, 한국윤리학회 부회장이다. 윤리학과 정치철학 관련 연구를 해 오고 있으며, 최근에는 존 롤즈의 정의론과 아마르티아 센의 역량 접근법에 대한 연구, 인공지능과 빅데이터의 윤리적 문제, 그리고 생명의료윤리에 대해 연구하고 있다.

저서로 『정의론과 대화하기』(2021), 『인공지능의 윤리학』(공저, 2019), 『인공지능의 존재론』(공저, 2018), 『동물실험윤리』(공저, 2014), 『처음 읽는 윤리학』(공저, 2013) 등이 있다. 논문으로는 「롤즈의 넓은 반성적 평형과 자존감」(2021), 「프라이버시의 의미와 가치, 그리고 리스크 모델」(2021), 「인공지능 개발자 윤리」(2020), 「도덕의 구조: 인공지능 시대 도덕 논의의 출발점」(2018), 「인공 지능 시대의 정보 윤리학: 플로리디의 '새로운' 윤리학」(2017), 「역량 중심 접근법에 입각한 의료 정의론 연구」(2014), 「민주주의적 덕성과 공론장」(2013), 「장애(인)와 정의의 철학적 기초」(2012), 「나노과학과 관련된 리스크 분석과 윤리적 대응」(2012) 등이 있다.

이영의

고려대학교 철학과를 졸업하고 미국 뉴욕 주립대학에서 과학철학을 전공하여 철학박사 학위를 받았다. 강원대학교 교수를 역임하고 정년 후 현재 고려대학교 철학과 객원교수로 있다. 한국과학철학회 회장을 역임했고, 현재 한국철학상담협회 회장으로 있다. 베이즈주의, 신경철학, 체화된 인지, 포스트휴머니즘, 철학상담치료를 연구하고 있으며, K-MOOC(고려대학교)에서 '사이보그 인문학'과 '출근길 사이보그 인문학' 강좌를 하고 있다.

저서로 『신경과학철학』(2021), 『베이즈주의』(제2판, 2020), 『인과』(공저, 2020), 『포스트휴먼이 몰려온다』(공저, 2020), 『인문예술치료의 이해』(공저, 2020), 『인공지능의 윤리학』(공저, 2019), 『입증』(공저, 2018), 『인공지능의 존재론』(공저, 2018), *Understanding the Other and Oneself*(공저, 2018) 등이 있다. 논문으로는 "Being and Relation in the Posthuman Age"(2020), 「죽음의 해로움에 관한 논쟁: 박탈이론을 중심으로」(2020), 「행화주의와 창발 그리고 하향인과」(2018), 「자연화된 불교, 행복, 행화주의」(2018) 등이 있다.

이상욱

서울대학교 물리학과에서 이학사 및 이학석사를 마친 후, 영국 런던 대학(LSE)에서 복잡한 자연 현상을 물리학의 모형을 통해 이해하는 것과 관련된 철학적 쟁점에 대한 연구로 철학박사 학위를 받았으며 이 학위 논문으로 매켄지상을 수상했다. 현재 한양대학교 철학과 교수로 재직 중이며, 주로 현대 과학기술이 제기하는 다양한 철학적·윤리적 쟁점을 폭넓은 과학기술학(STS)적 시각과 접목해 연구하고 있다. 2003년부터 한양대학교 전교생을 대상으로 '과학기술의 철학적 이해'라는 기초 필수과목을 설강해 운영했으며, 2005년부터는 학제적 과학기술학(STS) 융합 전공, 2016년부터는 테크노사이언스인문학 마이크로 전공을 학부에 개설해 운영 중이다.

공저로 한양대학교 융합 기초교양과목의 교재인 『과학기술의 철학적 이해』(제6판, 2017), 『과학은 논쟁이다』(2017), 『뇌과학, 경계를 넘다』(2012), 『과학 윤리 특강』(2011), 『욕망하는 테크놀로지』(2009), 『과학으로 생각한다』(2007), 『뉴턴과 아인슈타인』(2004) 등이 있다. 논문으로는 「자극에 반응하고 조절되는 인간」(2016), 「바이오 뱅크의 윤리적 쟁점」(2012), 「인공지능의 한계와 일반화된 지능의 가능성」(2009), 「대칭과 구성: 과학지식사회학의 딜레마」(2006), 「전통과 혁명: 토마스 쿤 과학철학의 다면성」(2004) 등이 있다.

박충식

한양대학교 전자공학과를 졸업하고, 연세대학교 전자공학과(인공지능 전공)에서 공학박사 학위를 받았다. 1994년부터 유원대학교(구 영동대학교) 스마트IT학과 교수로 재직 중이다. 지식 기반 시스템, 컴퓨터 비전, 자연언어 처리, 빅데이터, 기계학습, 에이전트 기반 소셜 시뮬레이션 등의 기술과 지능형 교육 시스템, 지능형 재난정보 시스템, 스마트 팩토리, 스마트 시티 등의 주제에 대해 구성주의적 관점의 인공지능 구현을 연구하고 있으며, 인문사회학과 인공지능의 학제적 연구에 관심을 가지고 있다.

공저로 『제4차 산업혁명과 새로운 사회 윤리(인공지능과 포스트휴먼 사회의 규범 1)』(2017), 『논어와 로봇』(2012), 『유교적 마음 모델과 예교육』(2009) 등이 있고, 역서로는『윤리적 노하우』(공저, 2009) 등이 있다. 2015년부터 현재까지 이코노믹 리뷰에 전문가 칼럼 [박충식의 인공지능으로 보는 세상(http://www.econovill.com/)]을 연재하고 있다.

천현득

서울대학교에서 물리학을 공부하고, 동 대학원에서 과학철학 전공으로 석사와 박사 학위를 받았다. 주된 연구 분야는 과학기술철학과 인지과학철학이다. 미국 피츠버그 대학 방문연구원, 서울대학교 인지과학연구소 연구원, 이화여자대학교 이화인문과학원 교수를 거쳐 현재 서울대학교 철학과 교수로 재직 중이다. 그리고 서울대학교 인공지능 ELSI 연구센터장을 맡고 있다.

공저로『포스트휴먼 시대의 휴먼』(2016), *Oxford Handbook of Philosophy of Science* (2016),『과학이란 무엇인가』(2015) 등이 있고, 역서로는『증거기반의학의 철학』(공역, 2018),『실험철학』(2015),『역학의 철학』(공역, 2015) 등이 있다. 논문으로는「인공 지능에서 인공 감정으로」(2017),「포스트휴먼 시대의 인간 본성」(2016), "In What Sense Is Scientific Knowledge Collective Knowledge?"(2104), "Distributed cognition in scientific contexts"(2014), "Meta-incommensurability Revisited"(2014),「쿤의 개념 이론」(2013),「진화심리학의 아슬아슬한 줄타기: 대량모듈성에 대한 재고」(2009) 등이 있다.

고인석

서울대학교 물리학과와 연세대학교 대학원 철학과를 졸업하고 독일 콘스탄츠 대학 철학과에서 과학철학을 전공해 박사 학위를 받았다. 연세대학교 철학연구소, 전북대학교 과학문화연구센터 연구원과 이화여자대학교 교수를 거쳐 인하대학교 철학과 교수로 재직 중이다. 주된 연구 분야는 과학철학이고, 최근에는 지능을 가진 인공물의 존재론과 윤리에 관한 연구라는 관점에서 지각, 행위, 주체성 등의 주제를 연구하고 있다. 인하대학교 테크노인문학 센터장과 한국과학철학회 회장을 역임했다.

저서로『인간의 탐색』(공저, 2016),『과학철학: 흐름과 쟁점, 그리고 확장』(공저, 2011),『인터-미디어와 탈경계 문화』(공저, 2009),『과학의 지형도』(2007) 등이 있고, 역서로는『이것이 생물학이다』(공역, 2016),『역학의 발달: 역사적-비판적 고찰』(2014) 등이 있다. 로봇윤리에 관해「로봇윤리의 기본 원칙: 로봇 존재론으로부터」(2014),「아시모프의 로봇 3법칙: 윤리적인 로봇 만들기」(2011) 등의 논문을 발표했다.

신상규

서강대학교 철학과에서 학사, 석사 졸업 후 미국 텍사스 대학에서 철학박사 학위를 받았다. 현재 이화여자대학교 이화인문과학원 교수로 재직 중이다. 의식과 지향성에 관한 다수의 심리철학 논문을 저술했고, 현재는 확장된 인지와 자아, 인공지능의 철학, 인간향상, 트랜스휴머니즘, 포스트휴머니즘을 연구하고 있다.
저서로『호모 사피엔스의 미래: 포스트휴먼과 트랜스휴머니즘』(2014),『푸른 요정을 찾아서: 인공지능과 미래인간의 조건』(2008),『비트겐슈타인: 철학적 탐구』(2004) 등이 있다. 역서로는『내추럴-본 사이보그』(2015),『우주의 끝에서 철학하기』(2014),『커넥톰, 뇌의 지도』(2014),『라마찬드란 박사의 두뇌 실험실』(2007),『의식』(2007),『새로운 종의 진화 로보사피엔스』(2002) 등이 있다.

정재현

서강대학교 철학과 학부와 대학원을 졸업하고, 미국 하와이 주립대학에서 박사 학위를 받았다. 제주대학교를 거쳐 현재 서강대학교 철학과 교수로 재직 중이다. 주된 관심 분야는 동아시아의 언어, 논리사상과 동아시아의 덕윤리, 덕정치철학이다.
저서로『덕으로 본 제자백가사상』(2020),『차별적 사랑과 무차별적 사랑』(2019),『고대 중국의 명학』(2012),『묵가사상의 철학적 탐구』(2012), Cultivating Personhood: Kant and Asian Philosophy (공저, 2010),『중국철학』(공저, 2007),『차이와 갈등에 대한 철학적 성찰』(공저, 2007),『21세기의 동양철학』(공저, 2005),

『논리와 사고』(공저, 2002) 등이 있다. 논문으로는 "Rectification of Names to Secure Ethico-Political Truth"(2017), 「유학에 있어서 도의 추구와 행복」(2015), "Xunzi's Sanhuo"(2012) 등이 있다.

한울아카데미 2327
포스트휴먼 시대의 인공지능 철학 03

인공지능 시대의 인간학
인공지능과 인간의 공존

ⓒ 이중원 외, 2021

엮은이 ┃ 이중원
지은이 ┃ 이중원·목광수·이영의·이상욱·박충식·천현득·고인석·신상규·정재현
펴낸이 ┃ 김종수
펴낸곳 ┃ 한울엠플러스(주)
편집 ┃ 배소영

초판 1쇄 인쇄 ┃ 2021년 12월 16일
초판 1쇄 발행 ┃ 2021년 12월 23일

주소 ┃ 10881 경기도 파주시 광인사길 153 한울시소빌딩 3층
전화 ┃ 031-955-0655
팩스 ┃ 031-955-0656
홈페이지 ┃ www.hanulmplus.kr
등록번호 ┃ 제406-2015-000143호

Printed in Korea.
ISBN 978-89-460-7327-2 93400 (양장)
        978-89-460-8120-8 93400 (무선)